北太天元

科学计算编程与应用

主　编◎李　若　卢　朓
副主编◎廖汉卿　刘浩洋
张　敏　王刘彭

北京大学出版社
PEKING UNIVERSITY PRESS

图书在版编目(CIP)数据

北太天元科学计算编程与应用 / 李若，卢朓主编. 北京 ： 北京大学出版社，2025.1. -- ISBN 978-7-301-35338-7

Ⅰ. O245

中国国家版本馆 CIP 数据核字第 2024NP3993 号

书　　名　北太天元科学计算编程与应用
　　　　　BEITAITIANYUAN KEXUE JISUAN BIANCHENG YU YINGYONG

著作责任者　李　若　卢　朓　主编

责任编辑　尹照原

标准书号　ISBN 978-7-301-35338-7

出版发行　北京大学出版社

地　　址　北京市海淀区成府路 205 号　100871

网　　址　http://www.pup.cn　　新浪微博：@北京大学出版社

电子邮箱　zpup@pup.cn

电　　话　邮购部 010-62752015　发行部 010-62750672　编辑部 010-62752021

印 刷 者　河北博文科技印务有限公司

经 销 者　新华书店

　　　　　787 毫米×1092 毫米　16 开本　17.5 印张　441 千字
　　　　　2025 年 1 月第 1 版　2025 年 1 月第 1 次印刷

定　　价　55.00 元

序

北太天元是我国为了解决发达国家对我国禁用国外基础工具软件的“卡脖子”问题，完全自主开发的国产替换软件产品。过去的几年里，经过北太天元开发团队的不懈努力，终于可以交出一个令人比较满意的产品。但是，我们非常清楚，北太天元从产品能力上依然和国外对标软件有较大差距，而且还面临严峻的挑战，没有广大用户的参与，就没有北太天元的进一步发展和完善。

国外对标软件在全球的教育、科研和生产等完整产业链条中，具有生态性的垄断地位。在我国数千所大学里，理工科院系和部分技术性较强的院系，每学期都会开设以国外对标软件作为教学软件的课程。在我国大学教育中，每年以工程师身份毕业的学生数以百万计，大部分都使用国外对标软件作为自己的科研和生产工具。这样的用户群把对国外对标软件的依赖带到了后继的科研环境和生产场景之中，形成了庞大的生态环境。

为了能够完成彻底的国产替换，北太天元除了不断完善产品本身，更要进行软件生态的替换。通过对国外对标软件的生态结构的分析，我们看到，要尝试替换其生态，必须从其生态的根本之处着手，在我国的高等教育范围内首先完成替换。这正是本书推出的初衷。

为了尽量减少生态替换过程中的阵痛，降低用户的迁移成本，以完全兼容用户已开发的程序为目标，北太天元在软件的兼容性上付出了巨大的努力。同时，本书期望能够作为生态替换的助推器，在全书结构和行文上也较大程度地近似国外对标产品的相应教材，目的是使得用户能够不但在产品使用上降低成本，在教学过程中也可尽量无感过渡。

我们期待使用者们能够多向我们反馈问题，提出意见，帮助我们做得更好。我们期待更多的力量加入，成为我们的开发者，一起来创造中国通用型科学计算软件的历史。北太天元是我们的，也是你们的！

前言

北太天元是一款数值计算通用软件，其版本正在迅速演进更新中，目前已经具备了相当强大的功能，它将向量和矩阵计算、数据可视化、数值分析、数据优化和算法开发等诸多功能集成在一个易于使用的平台中，既可以作为简单方便但能力超群的计算工具，也可以作为研究复杂问题求解程序的开发环境，为科学研究、工程设计等领域与数值计算和科学计算相关的问题场景提供基本而系统的解决方案。伴随着北太天元在我国的教育、科研、生产应用全生态的国产替换进程，掌握北太天元软件的使用将成为应用数学、信息与计算科学，以及诸多数学的应用学科等专业大学生和研究生日常工作的基本技能。

本书的主要内容就是介绍北太天元在部分与应用数学和科学计算高度相关领域提供的功能，力图为读者掌握北太天元的使用提供引导和帮助。为了使得零基础的读者可以轻松学会北太天元的使用，本书内容的编写以由浅入深、循序渐进作为基本原则。我们从基础知识开始，对北太天元的基本功能进行了比较细致的介绍，后继则逐渐转到北太天元在数值计算、图形绘制、最优化设计和外部接口编程等应用性更强的领域和更为深入的技术话题，这些内容对已经有一定基础的读者会更有价值，读者完全可以很快就掌握利用北太天元进行科学计算及工程分析的高阶技能。作为一门实操性极强的应用程序的入门书籍，本书以步骤详尽和实例丰富作为其最大特点。在介绍知识点时，本书结合基本的使用经验和开发设计的细节，对北太天元的使用方法与技巧进行了详细讲解，几乎所有知识点都辅以各种简单易懂的实例，以及这些例子的分析和设计过程思路，以帮助读者快速理解并掌握北太天元的知识要点和使用技巧。

本书基本依据北太天元 3.6 版本进行编写，分为 6 个部分，共有 13 章和附录。在介绍北太天元的集成环境的基础上，对北太天元中常用的知识和工具进行分类说明。

- 基础部分，包括第 1 章北太天元概述、第 2 章认识北太天元、第 3 章数据类型。这部分的目的是帮助读者快速掌握北太天元的基础知识。
- 数学应用部分，包括第 4 章矩阵和数组、第 5 章数值计算。
- 工程应用部分，包括第 6 章拟合与插值、第 7 章优化问题。
- 基础编程部分，包括第 8 章北太天元编程基础、第 9 章数据可视化。读者在这个部分将掌握在北太天元上进行编程的基本技术，并应可以利用北太天元的基本功能解决一些有一定复杂度的问题。

- 高级编程部分，包括第 10 章数据文件 I/O、第 11 章北太天元基础计算技巧、第 12 章北太天元编程技巧、第 13 章北太天元插件开发。这个部分是北太天元的进阶用法，读者学习这些知识以后，完全可以有能力使用北太天元解决科研和工作中遇到的很多复杂而困难的问题。
- 应用拓展部分，附录展示北太天元在全国大学生数学建模竞赛中的应用。

本书的顺利完成，凝聚了多名北太天元团队成员的智慧和心血。我们谨向所有为本书作出贡献的同人们表示最诚挚的感谢。参与编写本书的成员还有（人名按拼音顺序排列）：陈庭艳、范旭东、高兆坤、金则宇、李昂、李迪、梁圣通、刘琦、鲁一逍、王琼赟、向导、翟佳音、张雅琪、郑威、周金钢等。他们不仅提供了必要的技术支持，还协助进行了多次软件测试，确保了书中内容的准确性。此外，也非常感谢出版社及其编辑团队，他们在出版过程中提供了专业的帮助，使本书能够顺利与读者见面。最后，尽管我们在编写过程中已尽力确保内容的准确性与完整性，但恐有疏漏之处，恳请广大读者批评指正。

目 录

第1章

北太天元概述

§1.1 什么是数值计算

数值计算是一门涵盖广泛且实用性很强的学科。早在秦汉时期,《九章算术》中就记载了开平方、开立方、解一元二次方程和三元一次方程的方法;南北朝时期,著名数学家祖冲之就已将圆周率算至小数点后7位,并保持此纪录近千年;南宋数学家秦九韶在其著作《数学九章》中提出的联立一次同余式和高次方程数值解的算法,比西方提出的算法早五百多年。随着近代数学的逐渐成熟和电子计算机的快速发展,人们得以通过计算机技术和数值计算方法来解决现实世界中的复杂问题。

数值计算这一领域的主要目标是开发和实施高效、准确的算法,通过在计算机上执行数学计算,得到实际问题的近似或精确解。常用的数值计算方法包括有限差分方法、有限体积方法、有限元方法、蒙特卡罗方法等。数值计算涵盖各个领域,包括但不限于科学、工程、金融、计算机科学、工程设计等。例如:在科学研究和工程实践中,数值计算可以帮助建模、仿真、优化和分析数据;在工程设计中,数值计算可以用来优化结构设计、电子电路模拟、通信系统设计等。

数值计算与计算机的发展相辅相成,相互促进。大量数值计算的需要,促使计算机体系结构及性能不断更新。高性能计算机和并行计算技术使得处理大规模复杂问题成为可能。同时,新的数值算法和优化技术的不断涌现,也推动了数值计算在科学研究和工程实践中的应用。然而,数值计算也面临一些挑战,如计算精度、数值稳定性、舍入误差、计算复杂性等。总体而言,数值计算在推动科学、工程和技术创新方面发挥着不可替代的作用。它为解决现实生活中的问题提供了强大的工具,使得研究人员和工程师能够更深入地理解和解决各种复杂的实际工程问题。

改革开放以来,我国的科技水平和工业制造水平取得了巨大进展,但仍有许多核心技术尚未攻克。数值计算软件作为其中的重要一环,其使用受到众多限制,极大地影响了国内各科研、工业机构的工作。我国“十四五”规划指出,要坚持创新驱动发展,强化国家战略科技力量。因此,开发一款拥有自主知识产权的国产数值计算软件迫在眉睫。

§1.2 北太天元简介

北太天元数值计算通用软件，是在北京大学的指导下，在北京大学数学科学学院、北京大学大数据分析与应用技术国家工程实验室和北京大学重庆大数据研究院的共同支持下，由北太振寰（重庆）科技有限公司（由北京大学重庆大数据研究院基础软件科学研究中心成果转化）突破关键核心技术，独立自主研发的国产通用型科学计算软件（以下简称“北太天元”）。

北太天元面向高校教学、科学研究、工业生产等多领域用户，提供科学计算、可视化与交互式程序设计环境；具备丰富的底层数学函数库；支持数值计算、数据分析、数据可视化、数据优化、算法开发等工作；提供 SDK 与标准 API 接口，使得用户或合作开发者可以扩展各类学科与行业场景应用能力；为各领域科学家与工程师提供优质、可靠的科学计算平台。在国家科技战略上，北太天元扮演着重要角色：

一是作为国内工业研发设计类软件的计算底层，将推动关键核心工业软件的发展；

二是作为各专业软件的计算内核，将推进数字化智能制造进程；

三是汇集多学科知识，研究、孵化及成果转化尚未实现的核心技术，推动从根本上实现软件定义制造。

北太天元语言是一种解释性高级编程语言，适合向量化编程，可移植性高，可拓展性强，且兼容 M 脚本文件。用户可以通过软件内置的语言接口，零成本、高效率地将科研、工程项目中的过往工作成果便捷地迁移到软件内。此外，本软件已实现对 Windows、Ubuntu 等国外操作系统和 deepin、统信 UOS、银河麒麟等国产操作系统的兼容。在硬件适配方面，除主流硬件环境外，北太天元已完成对国产 CPU 龙芯、飞腾、鲲鹏的适配。同时支持 CSV、XLSX 等常用数据格式的导入导出，以及 MAT 文件格式的读写。

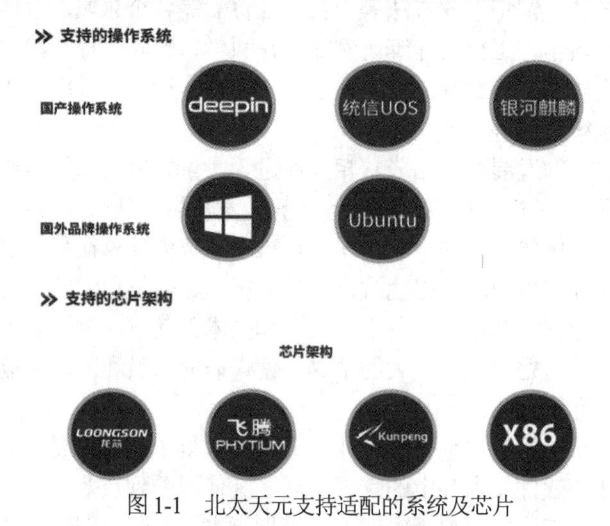

图 1-1　北太天元支持适配的系统及芯片

现阶段（2024 年 7 月）北太天元已更新至 V3.6，涵盖数学、语言、数据导入分析、编程、绘图等各类函数，并提供通用工具箱，包括：优化工具箱、数值积分和微分方程工具箱、统计工具箱、符号计算工具箱（上海交通大学、吉林大学）、图像处理工具箱（河北师范大学）、曲线拟合工具箱（浙江大学）等。

§1.3 北太天元功能简介

北太天元的基本功能有：基础计算功能、数值计算、优化、曲线拟合、分析和访问数据、数据可视化、SDK与插件机制。

1.3.1 基础计算功能

北太天元基础计算功能包括命令执行、矩阵和数组、数据类型、运算操作、程序结构五大类。

在命令执行方面，北太天元针对软件提供的各种语句或函数命令输入和执行，提供智能输入检测、格式化内容输出、中断指令执行、历史指令记忆、错误提示等功能，有利于提升用户的开发效率。

在矩阵和数组方面，北太天元支持矩阵和数组相关运算，包括矩阵和数组的创建、合并、比较大小、重构和排序、索引等基本操作。

在数据类型方面，北太天元包含数值、逻辑值、字符和字符串、结构体、元胞数组和函数句柄六类数据类型。用户可以使用提供的数据类型标识函数来确定变量的数据类型，也可以使用特定的函数进行数据类型的转换。如果用户没有指明变量的具体类型，软件会默认将变量存储为双精度浮点值。

在运算操作方面，北太天元支持的运算类别包含算术运算、矩阵运算、关系运算、逻辑运算。

在程序结构方面，北太天元支持的程序结构包含顺序结构、循环结构和分支结构。

1.3.2 数值计算

北太天元提供了一些常用的数学函数，用于进行数学运算和数据分析。具体包含：

- 矩阵操作和线性代数
- 多项式与插值
- 傅里叶分析和筛选
- 数据分析和统计
- 数值积分和常微分方程求解
- 稀疏矩阵运算

北太天元的数据类型主要包括：数值、逻辑值、字符和字符串、结构体、元胞数组和函数句柄。矩阵是数值计算通用软件语言中最基本的数据结构，从本质上讲它是数组。向量可以看作只有一行或一列的矩阵（或数组）；标量也可以看作矩阵，即一行一列的矩阵；字符串也可以看作矩阵（或数组），即字符矩阵（或数组）；而元胞数组和结构体可以看作以任意形式的数组为元素的多维数组，需要注意的是结构体的元素具有属性名。

1.3.3　工具箱

1. 优化工具箱

在科学研究、经济管理、工程生产等实际应用中，用户需要从多种方案中选择最佳方案；在数学上，人们把这样的问题统称为优化问题。北太天元提供了优化工具箱，其中包含一系列优化函数，专门用于优化问题的求解。通过调用这些函数，用户只需要掌握优化问题的基本概念就可以求解相关问题。

目前，北太天元优化工具箱支持几类常见的优化问题求解，包括：线性规划问题、混合整数规划问题、二次规划问题、多目标规划问题、无约束优化问题、有约束优化问题、最小二乘优化问题和非线性方程（组）求解。

2. 曲线拟合工具箱

实际工程中，多变量之间的关系往往呈现非线性，如服药后血药浓度与时间的关系，疾病疗效与疗程长短的关系，这些变量值（离散点值）一般通过实验或工程实践获得。曲线拟合是指选择适当的曲线来拟合观测数据，从而获得变量之间的内在关系。

目前，北太天元曲线拟合工具箱支持对数据进行曲线拟合处理、探索性数据分析、预处理和后处理数据、比较候选模型和删除异常值、非参数建模技术。例如：绘制样条曲线、数据插值和数据平滑处理。

1.3.4　数据分析和处理

1. 分析和访问数据

北太天元提供矩阵分析、数值计算、曲线拟合等功能用于数据分析和运算。对于数据访问，北太天元主要支持 MAT、XLSX、XLS、CSV 和 TEXT 文件的访问。

2. 数据可视化

北太天元提供数据可视化功能，可以将计算结果输出为常见的图像格式。用户可以通过添加多个坐标轴、更改线条颜色和大小、添加标签和注释、绘制图像形状等操作，对图像进行自定义。

1.3.5　SDK 与插件机制

北太天元提供开发者工具箱（SDK），允许用户和开发者基于软件主体开发不同类型的扩展功能。开发者可以通过 SDK 直接访问北太天元的底层数据，将自己的 C/C++/FORTRAN[①]程序以插件的形式整合到软件中直接调用。北太天元的符号计算、曲线拟合等功能都是基于该机制实现的。

---

① FORTRAN 程序需要 C 形式的中间接口层。

第 2 章

认识北太天元

本章主要对北太天元的安装、启动、退出、界面基础操作等内容进行总体概括。

§ 2.1 北太天元的安装与启动

本节介绍在 Windows、Linux 平台上北太天元的安装步骤。

2.1.1 北太天元的安装

1. Windows 平台

下面介绍在 Windows 平台上安装北太天元的详细步骤，以在 Windows10 操作系统上安装北太天元 3.6 版本为例。

（1）在北太振寰官网(https://www.baltamatica.com)下载北太天元安装包，如图 2-1 所示。

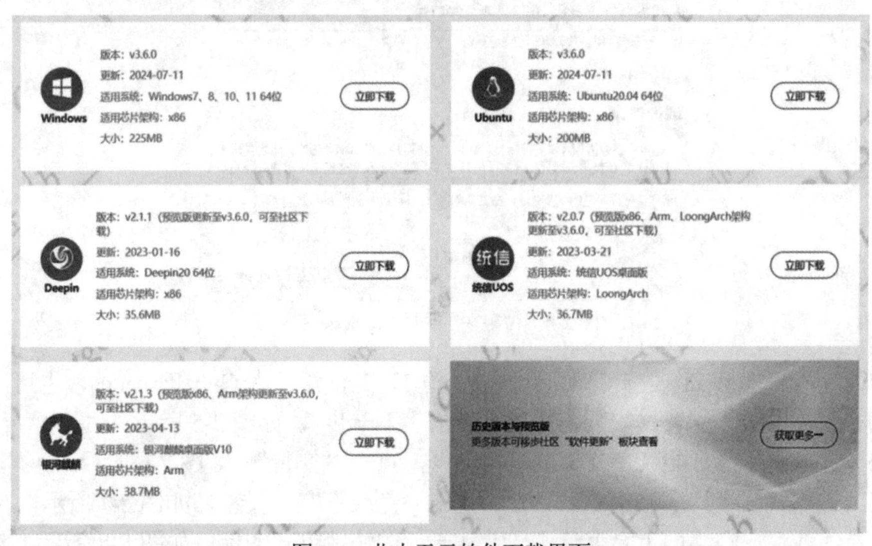

图 2-1 北太天元软件下载界面

（2）双击安装包（见图 2-2）应用程序进入“安装程序”对话框，点击“下一步”，如图 2-3 所示。

图 2-2　北太天元安装包

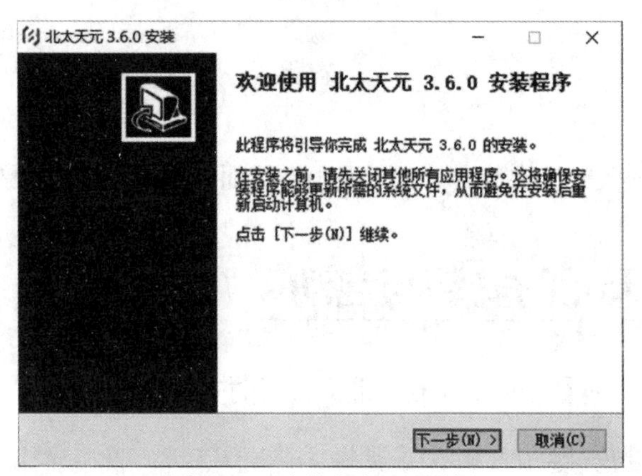

图 2-3　“安装程序”对话框

（3）进入“软件许可协议”对话框，点击“我接受”，如图 2-4 所示。

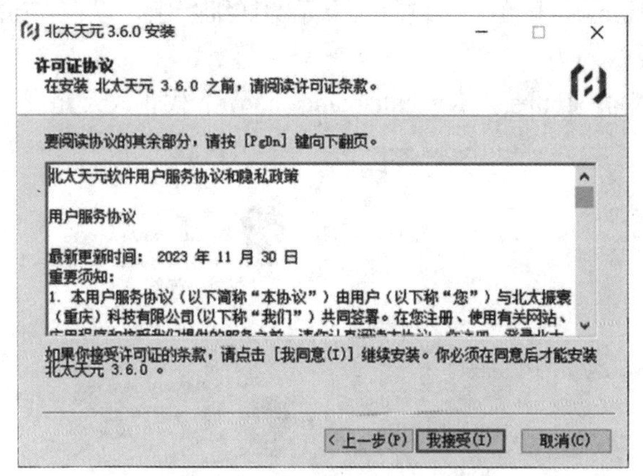

图 2-4　“软件许可协议”对话框

（4）进入“选择安装位置”对话框，程序安装默认路径为 C:\baltamatica，也可以选择其他路径进行安装，配置好安装路径后，点击“下一步”，如图 2-5 所示。

（5）进入“选择开始菜单文件夹”对话框，点击“安装”，如图 2-6 所示。

（6）进入“安装程序结束”对话框，点击“完成”完成安装，如图 2-7 所示。

安装完成后，在桌面上会默认生成北太天元的快捷方式图标，如图 2-8 所示；双击图标，即可启动北太天元。

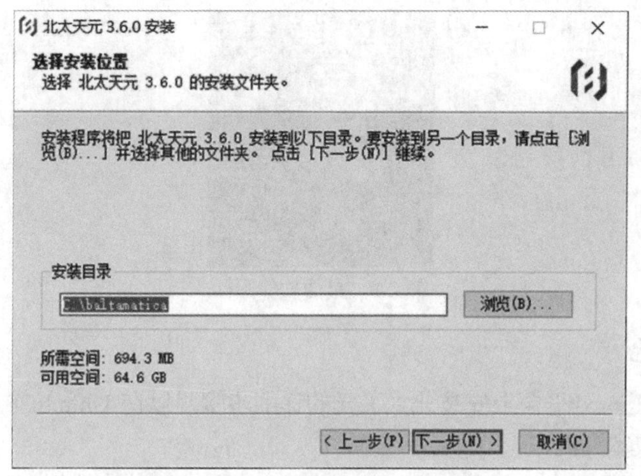

图 2-5 “选择安装位置”对话框

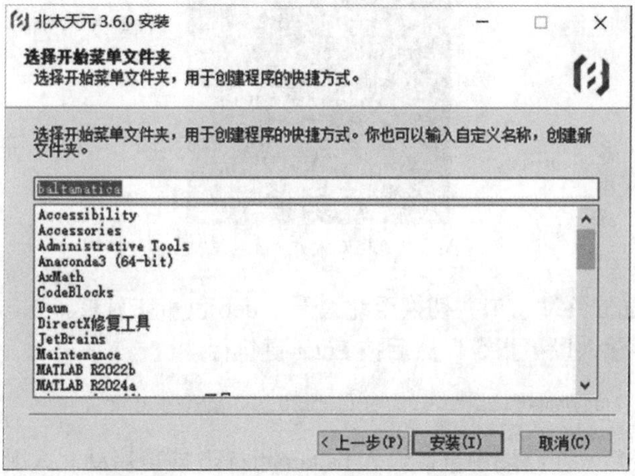

图 2-6 “选择开始菜单文件夹”对话框

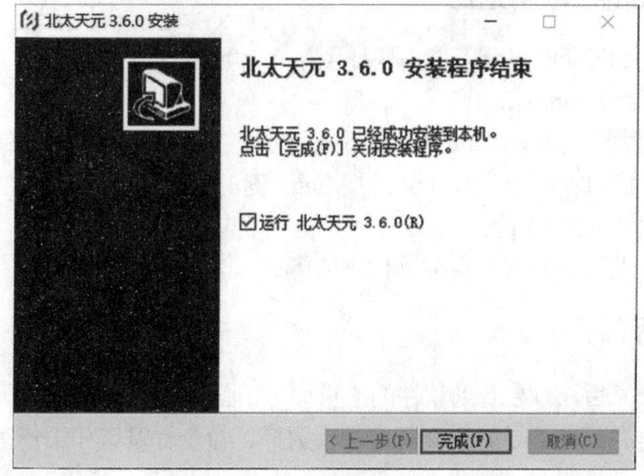

图 2-7 “安装程序结束”对话框

图 2-8　桌面软件图标

2. Linux 平台

下面介绍在 Linux 平台上安装北太天元的详细步骤，以在 Ubuntu20.04 操作系统上安装北太天元 3.6 版本为例。

（1）在北太振寰官网(https://www.baltamatica.com)下载北太天元安装包，如图 2-9 所示。

图 2-9　北太天元 deb 安装包

（2）打开 Ubuntu 终端窗口并切换至北太天元 deb 包所在目录。

（3）在终端中输入以下指令，然后按 Enter 键执行。

```
sudo dpkg -i baltamatica_3.6.0_ubuntu20.04_amd64.deb
```

（4）安装完成后，在终端中直接输入 baltamatica.sh 即可启动北太天元。

2.1.2　北太天元的启动与退出

当需要启动北太天元时，可以双击快捷图标（例如在 Windows 系统），或在终端输入 baltamatica.sh（例如在 Linux 下）。

当需要退出北太天元时，可以使用以下几种方式：

（1）在命令行窗口输入 exit 或 quit 后按 Enter 键；

（2）使用快捷键 Alt+F4 键；

（3）点击北太天元界面右上角标题栏中的✕。

2.1.3　操作界面简介

当启动北太天元后，即会看到软件的主页面，如图 2-10 所示。北太天元主页面主要由菜单栏、快捷工具栏、地址导航栏、脚本编辑窗口、命令行窗口和工作区窗口组成。

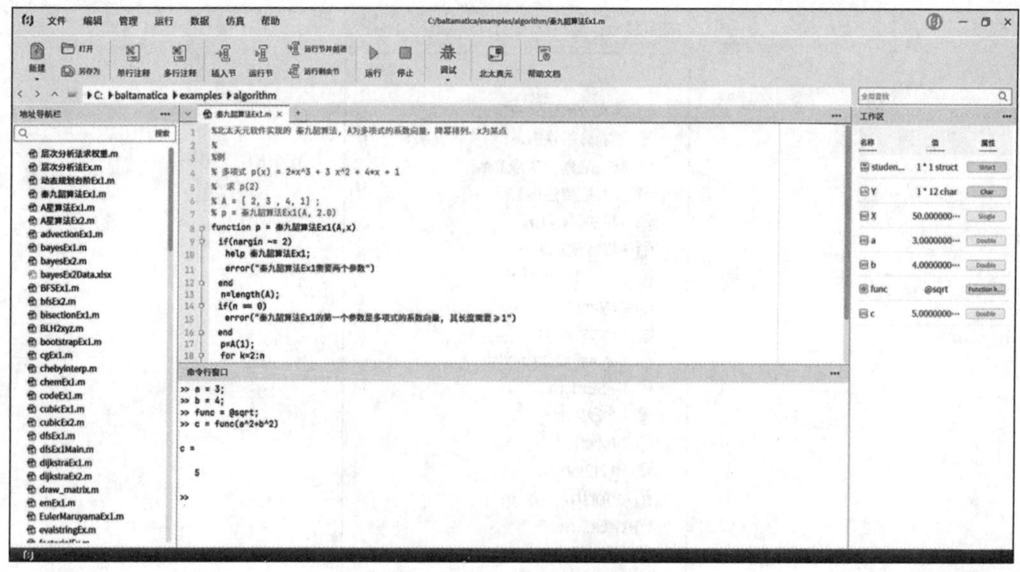

图2-10　北太天元主页面

1. 菜单栏

菜单栏如图2-11所示。菜单栏最右侧的3个按钮— □ ×用于控制工作界面的显示。其中，—为最小化显示工作界面功能按钮，□为最大化显示工作界面功能按钮，×为关闭工作界面功能按钮，

图2-11　菜单栏

2. 快捷工具栏

快捷工具栏可以用来快捷地操作文件，例如：新建和保存脚本，运行和调试脚本，以及打开系统仿真工具北太真元等，如图2-12所示。

图2-12　快捷工具栏

3. 地址导航栏

地址导航栏用于显示当前工作路径中的文件，方便用户快速地查看和管理，用户可以通过双击文件快捷地切换到自己需要的工作路径中。地址导航栏如图2-13所示。

图 2-13　地址导航栏

4. 脚本编辑窗口

脚本编辑窗口用于编辑脚本，如图 2-14 所示。

```
秦九韶算法Ex1.m
1  %北太天元软件实现的 秦九韶算法, A为多项式的系数向量, 降幂排列, x为某点
2  %
3  %例
4  % 多项式 p(x) = 2*x^3 + 3 x^2 + 4*x + 1
5  %  求 p(2)
6  % A = [ 2, 3 , 4, 1] ;
7  % p = 秦九韶算法Ex1(A, 2.0)
8  function p = 秦九韶算法Ex1(A,x)
9    if(nargin ~= 2)
10     help 秦九韶算法Ex1;
11     error("秦九韶算法Ex1需要两个参数")
12   end
13    n=length(A);
14   if(n == 0)
15     error("秦九韶算法Ex1的第一个参数是多项式的系数向量, 其长度需要≥1")
16   end
17    p=A(1);
18    for k=2:n
19       p=p*x+A(k);
20      end
21 end
22
```

图 2-14　脚本编辑窗口

5. 命令行窗口

命令行窗口用于输入交互式指令以及展示运行结果，如图 2-15 所示。

```
命令行窗口
>> a = 3;
>> b = 4;
>> func = @sqrt;
>> c = func(a^2+b^2)

c =

   5

>>
```

图 2-15　命令行窗口

6. 工作区窗口

工作区窗口用于展示变量名、变量值，及其相关属性，如图 2-16 所示。

名称	值	属性
studen...	1 * 1 struct	Struct
Y	1 * 12 char	Char
X	50.000000···	Single
a	3.0000000···	Double
b	4.0000000···	Double
func	@sqrt	Function h...
c	5.0000000···	Double

图 2-16　工作区窗口

§ 2.2 命令行窗口运行入门

北太天元命令行窗口是用于输入数据，运行北太天元函数和脚本，并显示运行结果的主要工具之一。默认情况下，北太天元命令行窗口位于北太天元操作界面的中下部。

命令行窗口中的“>>”为运算提示符，表示北太天元正处在准备状态。在提示符后面输入命令并按 Enter 键后，北太天元将显示计算结果；如果计算失败，则显示相应的错误提示信息，然后再次进入准备状态；当命令行窗口中的运算提示符为“K>>”时，表示当前处于调试状态，如图 2-17 所示。

```
命令行窗口
>> a = 3;
>> b = 4;
>> func = @sqrt;
>> c = func(a^2+b^2)

c =

   5

>>
>>
K>>
```

图 2-17　命令行窗口操作界面

2.2.1　命令行的使用

例 2-1　矩阵输入示例。

在命令行窗口输入如下命令：

```
>> A = [1 2 3;3 4 5; 5 6 7]
```

按下 Enter 键后，即可运行相应的指令，得到如下运行结果：

```
A =
    1   2   3
    3   4   5
    5   6   7
```

例 2-2　基本运算示例。

在命令行窗口输入如下命令：

```
>> 31*10-(3+4)^2/2
```

按下 Enter 键后，北太天元会根据运算符优先顺序进行计算，得到如下运行结果：

```
ans =
   285.5000
```

例 2-3　绘图示例。

在命令行窗口输入如下指令：

```
>> x = linspace(-2*pi,2*pi);
>> y = cos(x);
>> plot(x,y)
```

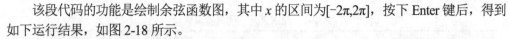

该段代码的功能是绘制余弦函数图，其中 x 的区间为[−2π,2π]，按下 Enter 键后，得到如下运行结果，如图 2-18 所示。

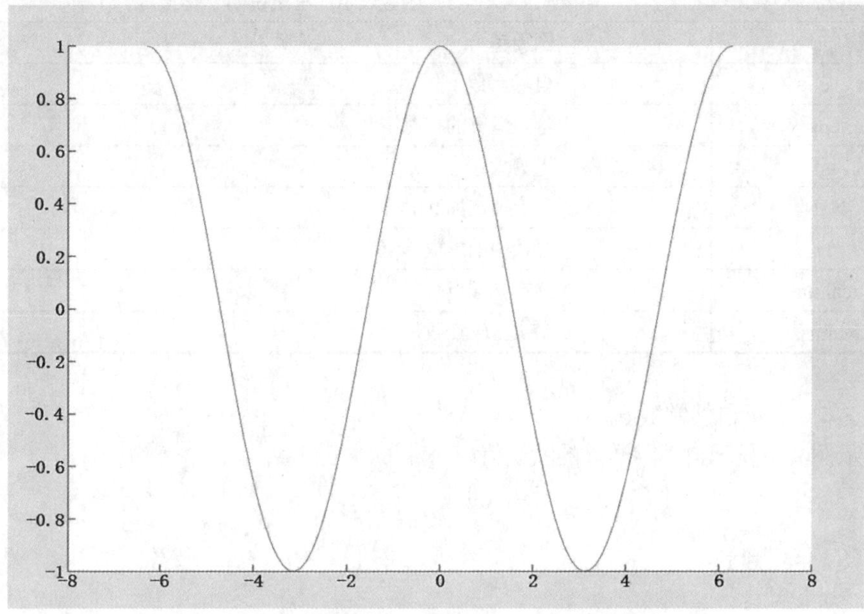

图 2-18　余弦函数 cos$x$ 在区间 [−2π,2π] 上的图像

2.2.2　变量

变量是北太天元软件语言（简称北太天元语言）的基本元素之一。与 C、C++、Java 等常规编程语言不同，北太天元并不需要对使用的变量进行提前声明，也不要求指定变量类型，北太天元会依据变量值或进行的操作来自动识别变量的类型。在对变量赋值时，若该变量已存在，则会以新值覆盖旧值。北太天元中对变量进行命名时应遵循如下规则：

（1）变量名必须以字母、下划线以及汉字开头，其后可以添加任意的字母、数字、下划线或汉字；

（2）变量名区分字母的大小写，如 A 与 a 代表的是两个不同的变量；

（3）为了代码的可读性以及编写方便，建议变量名称简洁易懂。

北太天元语言中需要注意变量作用域的问题，这与其他程序设计语言类似。一般情况（未加特殊说明）下，北太天元语言将所识别的全部变量视为局部变量，即仅在当前工作区或函数内有效。若要将变量定义为全局变量，则应先使用关键字 global 对变量进行声明。

2.2.3　数学常数

数学中有一些固定不变的数值，被称为数学常数，例如圆周率 π、自然对数的底数 e。对此北太天元语言设置了一系列预定义的函数予以表示，用户在使用这些函数时，可将其看做常量。表 2-1 给出了北太天元中被表示为常量的部分函数。

表 2-1　北太天元中的常量函数

函数名称	函数表示的常量说明
pi	圆周率
e	自然常数
eps	浮点运算的相对精度
inf	无穷大
NaN	不定值，如 0/0
i,j	复数中的虚数单位
realmin	最小正浮点数
realmax	最大正浮点数

例 2-4　显示自然常数 e。

本示例演示显示自然常数 e 的默认值。

```
>> e
ans =
   2.7183
```

2.2.4　命令行的特殊输入方法

北太天元命令行有一个特殊的使用方法，即在同一行内输入多个指令。

在同一行内输入多个指令

在多个指令之间加入逗号或者分号将各个指令分开，即可实现在同一行内输入多个指令。例如，可以在一行之内定义 3 个变量。

例 2-5　同一行内定义多个变量。

```
>> a = [1:2:9]; c = 2; a = a*c
 a =
   2    6    10   14   18
```

在上述命令行窗口中，同一行内多个指令按照从左至右的顺序依次被执行。

2.2.5　命令行窗口的显示格式

北太天元支持多种显示格式，但在存储和计算中采用双精度浮点型形式。在默认情况下，若数据为整数，就以整数表示：若数据为实数，则以保留小数点后 4 位的精度近似表示。用户可以自行设置数字显示格式。控制数字显示格式的命令是 format，调用格式如表 2-2 所示。

表 2-2 format 调用格式

调用格式	说明
format short	（默认）短格式，显示小数点后 4 位
format long	长格式，显示小数点后 15 位（双精度）或 7 位（单精度）
format short e	短格式科学记数法，显示小数点后 4 位
format long e	长格式科学记数法，显示小数点后 15 位（双精度）或 7 位（单精度）
format short g	短格式灵活形式，自动选择普通形式或科学记数法，总共显示 5 位
format long g	长格式灵活形式，自动选择普通形式或科学记数法，总共显示 15 位
format hex	16 进制输出
format bank	货币格式，显示小数点后两位（四舍五入）
format rational	有理数格式，分子或分母较大时用"*"符号代替
format compact	不显示空行，使得输出更加紧凑
format loose	（默认）输出中加入空行增强可读性

2.2.6 命令行窗口的常用快捷键与命令

为了方便用户快速使用，表 2-3 列出了北太天元常用的快捷键及其功能。表 2-4 列出了一些在命令行中常用的操作命令及其含义。

表 2-3 常用的快捷键及其功能

快捷键	具体功能
↑	显示前一个输入的命令
↓	显示后一个输入的命令
←	光标向左移动一个字符
→	光标向右移动一个字符
Ctrl+←	光标向左移动一个单词
Ctrl+→	光标向右移动一个单词
Del	清除光标所在位置后面的字符
Backspace	清除光标所在位置前面的字符
Ctrl+C	中断正在执行的命令

表 2-4 常用的操作命令及其含义

命令	含义
cd	设置当前目录
clf	清除当前图形窗口
clc	清除当前命令窗口的显示内容
clear	清除当前工作区中变量
dir	列出指定目录下的文件和子目录清单
whos	显示当前工作空间中的所有变量信息
exit/quit	退出软件

§ 2.3 默认工作路径

北太天元默认工作路径为安装目录下的 examples 文件夹，地址导航栏显示当前路径，用户可通过工具栏中的 更改当前路径，如图 2-19 所示。

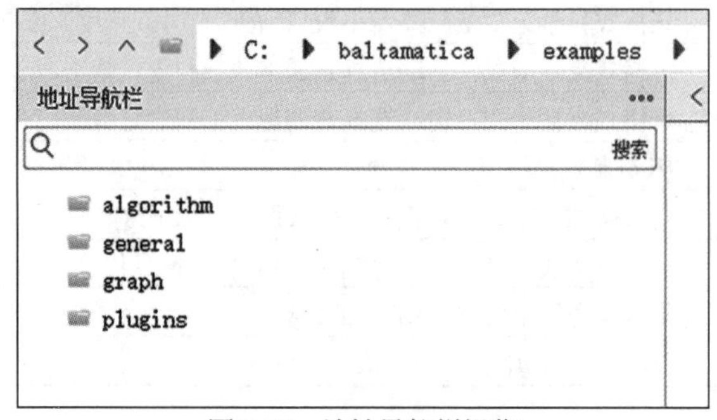

图 2-19　地址导航栏操作

§ 2.4 工作区和变量编辑窗口

2.4.1　工作区窗口

北太天元作为通用型科学计算软件，对于数据的处理是必不可少的，北太天元工作区用来管理内存空间。工作区中，将显示目前内存中所有的北太天元变量的变量名、数据结构、属性。用户可查看变量名、变量类型和值，工作区内的变量可以随时被调用。

2.4.2　变量编辑窗口

如图 2-20 所示，对于工作区中的变量 A，可以双击工作区中的变量名，也可以双击鼠标左键或者单击鼠标右键进行选择打开，打开后会出现一个变量编辑窗口，如图 2-21 所示，然后可以对变量编辑窗口中的数据进行编辑操作。

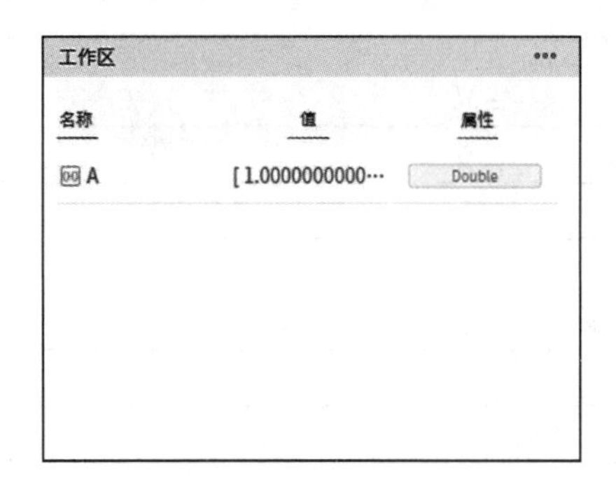

图 2-20　工作区窗口

图 2-21　变量编辑窗口

§2.5 命令行辅助功能

为了方便初学者学习使用，北太天元加入了Tab辅助功能，帮助用户在命令行窗口中查询和输入函数。北太天元中Tab键会对用户输入的命令进行提示补全，这样用户就可以减少拼写错误，并节省查询帮助文档和其他书籍的时间。

北太天元可以帮助用户完成以下内容的输入：当前目录下或者搜索路径中的函数或者模型；文件名和目录；工作区中的变量名。

用户仅需要输入函数或者对象的前几个字母，然后按Tab键，即可补全。在北太天元脚本编辑窗口中也可以使用Tab键完成输入。下面举例说明在命令行窗口中如何使用Tab键来完成输入。

如果工作区中有变量correct_num，那么在命令行窗口中只需要输入：

```
>> correct
```

然后按Tab键，会弹出“提示框”，根据提示选择要调用的变量名或函数名即可自动完成变量名字的输入，显示为：

```
>> correct_num
```

如果在变量空间中还有一个名为correct_string的变量，那么在输入correct并按Tab键之后，会出现两个候选提示，只要通过上下键移动光标或者鼠标单击就可以完成输入，具体操作如图2-22所示。

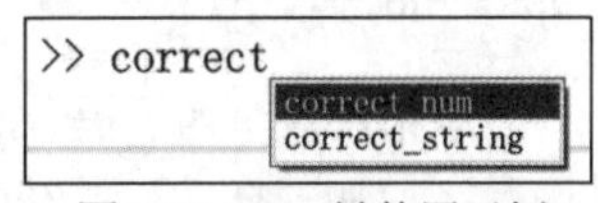

图2-22　Tab键使用示例

§2.6 插件

北太天元为用户提供了开发者工具，其中一种为插件开发，它可以使用户高效率、灵活地进行开发工作。第13章中将详细介绍该功能。

北太天元为用户提供了一些特殊的插件函数，比如快速傅里叶变换fft函数、曲线拟合工具箱的spmak、spapi等函数。用户可以根据需求，加载对应的插件来获取函数。

2.6.1　插件管理

北太天元提供以下两种加载和卸载插件的方法：

（1）在北太天元主窗口的“管理”选项卡中单击“设置”选项。打开插件管理界面，如图2-23所示，在最后一栏“状态”选项中可以选择加载或卸载对应插件。

（2）直接在命令行窗口中输入load_plugin('插件名')以加载插件，然后输入plugin_help ('插件名') 即可查看该插件提供的所有函数的名称。当用户不再使用该插件时，在命令行窗口输入unload_plugin('插件名')即可卸载该插件。

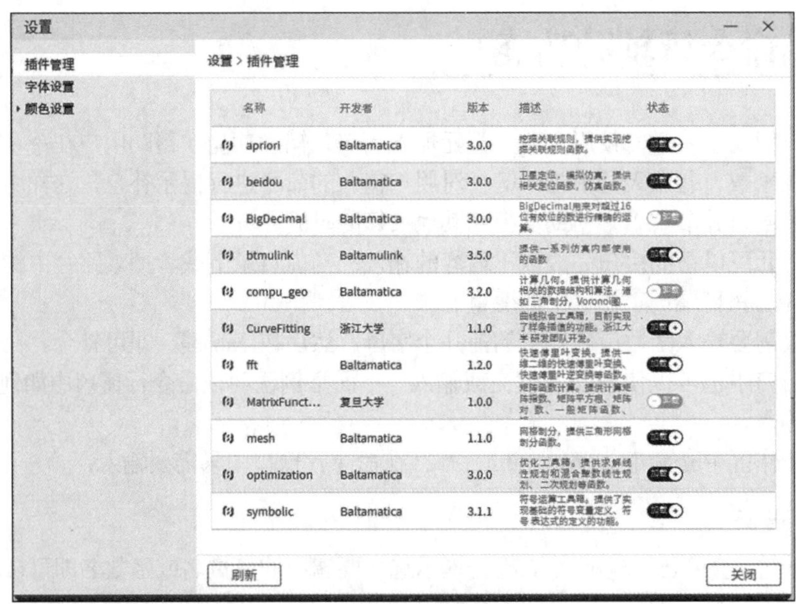

图 2-23　插件管理界面

2.6.2　插件使用

一般情况下，为了提升软件的效率，在使用插件的时候需要“即插即用”，即在使用插件函数之前加载插件，并在使用结束后卸载插件。例如，用户需要进行快速傅里叶变换，在命令行窗口输入 load_plugin('fft')即可加载 fft 插件，然后输入 plugin_help('fft')查看帮助信息，使用结束后输入 unload_plugin('fft')卸载该插件，如图 2-24 所示。

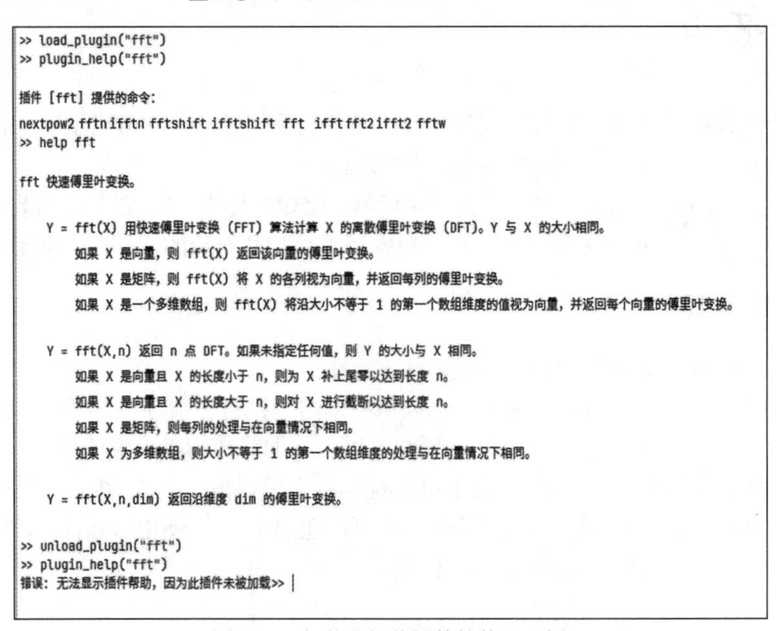

图 2-24　加载和卸载插件的使用示例

§ 2.7 查询帮助

北太天元提供了大量函数，每个函数对应多种不同的操作或者算法，用户很难清晰地记住每一个函数的功能及用法。北太天元的帮助文档是该软件应用开发最好的教科书，其内容讲解清晰、透彻，查阅方式简单。本节将主要介绍使用 help 命令查询帮助以及如何查阅软件内置帮助文档。

2.7.1 在命令行窗口中查询帮助

用户可以在命令行窗口下使用 help 命令查询帮助。

1. 使用 help 获取帮助

在命令行窗口输入 help 命令，将会返回北太天元上获取帮助与支持的方式，如图 2-25 所示。

```
>> help

如果您不熟悉北太天元的用法，可以尝试使用如下的方式获取帮助与支持：

[*] 使用 help <名称> 来获取函数或变量等相关的帮助，例如 help size

[*] 使用北太天元帮助系统（位于菜单栏【帮助】以及快捷工具栏【帮助】按钮）

[*] 要获得插件相关帮助信息，可使用 list_plugins 和 plugin_help("插件名") 等命令

[*] 访问北太天元开发者社区 https://www.baltamatica.com/community.html

[*] 若使用字符前端，可使用默认浏览器打开如下本地文档：
    http://localhost:1169/homepage.html
```

图 2-25　help 指令输出结果

2. 使用 help 获得指令帮助

在北太天元中，用户若想要准确地知道所需函数的使用方式，最简单的方式就是使用 help +函数名获得帮助信息。例如，要查看 size 函数的使用说明，可在命令行窗口输入 help size，如图 2-26 所示。

```
>> help size

size 数组的大小。

    sz = size(A) 返回数组 A 的大小，sz 为行向量，元素是 A 对应维度的大小。例如 A 是 3 x 4 矩阵，
    则 size(A) 返回 [3, 4]。

    szdim = size(A, dim) 返回维度 dim 的长度。这里 dim 还可以为正整数向量，以一次可查询多个维度。
    例如 size(A, [2, 3]) 以 1 x 2 行向量的形式返回 A 的第 2 个维度和第 3 个维度的大小。

    szdim = size(A, dim1, dim2, ...) 以行向量的形式返回维度 dim1, dim2, ... 的大小。

    [sz1, sz2, ... , szN] = size(...) 以标量的形式分别返回各个维度。当指定维度时，输出参数个数
    必须和指定维度的个数相匹配；当不指定维度时，若
       - 输出参数个数小于 A 的维数，则所有剩余维数长度会折叠到最后一个输出参数中。例如，A 是 3 x 4 x 5
         的数组，则 [sz1, sz2] = size(A) 返回 sz1 = 3, sz2 = 20
       - 输出参数个数多于 A 的维数，则多出的尾部参数返回 1

示例：
    如果
      X = rand(2,3);
    则
      d = size(X)              返回  d = [2 3]
      [m,n] = size(X)          返回  m = 2, n = 3
      n = size(X,2)            返回  n = 3

>>
```

图 2-26　help size 命令输出结果

2.7.2 帮助系统

北太天元的帮助文档非常全面，进入帮助系统的方法有以下两种：

（1）单击北太天元主窗口工具栏的“帮助文档”按钮，如图 2-27 所示。

图 2-27　工具栏的“帮助文档”按钮

（2）在北太天元主窗口的“帮助”选项卡中点击“帮助”按钮，如图 2-28 所示。

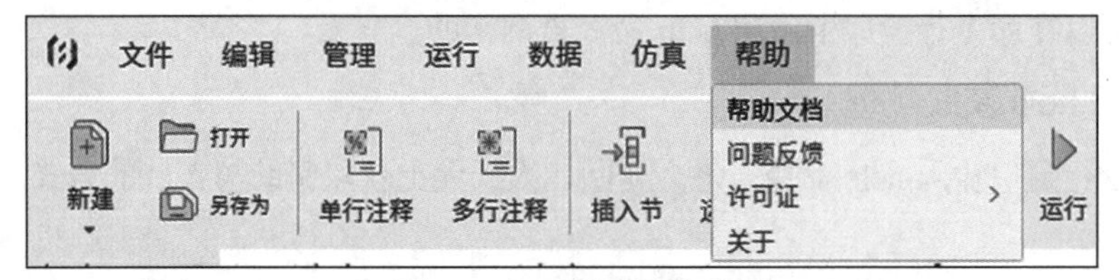

图 2-28　“帮助”选项

点击帮助文档，会在默认浏览器中打开帮助系统，如图 2-29 所示。

图 2-29　帮助系统界面

点击查看帮助后，左边是类别选项，包括介绍北太天元操作指南、语言基础知识、数据导入和分析、数学、图形、编程、软件开发工具、环境和设置、APP 构建、北太真元操作指南、仿真能力、优化工具箱、全局优化工具箱、信号处理工具箱、控制系统工具箱以及统计工具箱等模块。在右上方的搜索文本框中输入想要查询的内容，即可得到相关信息，用户可根据需求选择和查找对应的帮助信息。例如，用户想要了解软件如何导入 Excel 文件的数据，则可以点击“数据导入和分析”→“数据导入和导出”→“标准文件格式”→

"电子表格" → "读取和写入矩阵和数组"，即可查询到能使用 readmatrix 函数。然后点击函数名，右侧即呈现 readmatrix 函数的用法、参数说明和示例等帮助信息，如图 2-30 所示。

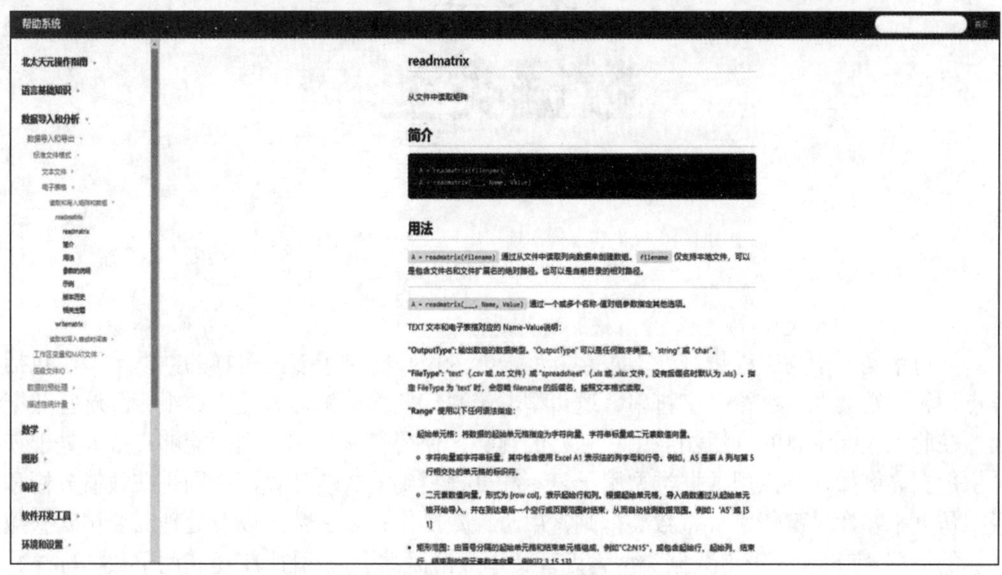

图 2-30 readmatrix 函数帮助信息

第3章

数据类型

针对不同科学与工程领域的需求，北太天元为用户提供了多种多样的数据类型，包括浮点型、整数类型、字符、字符串、逻辑型、函数句柄、结构体和元胞数组等。这些数据类型在北太天元中具有广泛的应用和独特的优势，使得科学家和工程师能够高效地处理和分析数据。例如，浮点型数据类型用于表示和处理精确的数值计算，特别是在数值分析和模拟仿真中发挥关键作用。整数类型则常用于计数操作、索引数组以及处理需要精确整数计算的情况。字符和字符串数据类型为处理文本数据提供了灵活性，广泛应用于数据标注、文件操作和用户交互等场景。逻辑型数据类型用于布尔运算和条件判断，是控制流结构如if-else语句和while循环的核心。函数句柄是一种强大的工具，允许用户将函数作为变量传递，在第8章中将会对函数句柄进行详细介绍。结构体和元胞数组提供了处理复杂数据结构的能力，结构体可以将不同类型的数据组织成一个整体，而元胞数组则允许存储任意类型的元素，为处理多维数据和异构数据提供了便利。北太天元通过提供这些丰富的数据类型，帮助用户在各自的领域内更有效地进行数据管理和算法实现，从而推动科研与工程实践的创新与发展。

在北太天元数据类型中，除函数句柄以外，其他的数据类型均可表示为数组。

§ 3.1 数值型

北太天元提供四种数值型数据类型：有符号整数、无符号整数、单精度浮点数和双精度浮点数。北太天元默认使用双精度浮点数数组来存储数据。用户无法更改默认设置，但可以选择用整数或者单精度浮点数数组来存储数据，这样可以更高效地利用内存资源。

北太天元中的数值型数组均支持各种基本操作，例如数组的拼接和重构等。所有数值型数组均可以使用相应的数学运算符直接进行计算。

例如对两个向量进行拼接操作：

```
>> a = 1:5
a =
   1    2    3    4    5
>> b = 6:10
b =
```

```
   6    7    8    9   10
>> [a b]
ans =
    1    2    3    4    5    6    7    8    9   10
```

3.1.1 整数

北太天元支持8种整数数据类型，如表3-1所示，涵盖8位、16位、32位和64位有符号和无符号整数。

表3-1 北太天元中的整数数据类型

数据类型	说明
uint8	8位无符号整数，数值范围为0～255 ($0\sim2^8-1$)
int8	8位有符号整数，数值范围为-128～127 ($-2^7\sim2^7-1$)
uint16	16位无符号整数，数值范围为0～65535 ($0\sim2^{16}-1$)
int16	16位有符号整数，数值范围为-32768～32767 ($-2^{15}\sim2^{15}-1$)
uint32	32位无符号整数，数值范围为0～4294967295 ($0\sim2^{32}-1$)
int32	32位有符号整数，数值范围为-2147483648～2147483647 ($-2^{31}\sim2^{31}-1$)
uint64	64位无符号整数，数值范围为0～18446744073709551615 ($0\sim2^{64}-1$)
int64	64位有符号整数，数值范围为-9223372036854775808 ～ 9223372036854775807 ($-2^{63}\sim2^{63}-1$)

由于北太天元中默认采用双精度浮点数来存储数据，因此在定义整型变量时，用户需要明确指定该变量的具体数据类型。如下示例：

例3-1 使用uint8定义整数。

```
>> a = uint8(200)
a =
  1x1 uint8
   200
>> b = uint8(300)
b =
  1x1 uint8
   255
>> c = uint8(-10)
c =
  1x1 uint8
   0
```

可以观察到，当需要定义的数据在uint8的数值范围之内时，可以得到正确的结果；但如果数据超出该数值范围，结果则相应变为该数值范围的上限或下限。

例3-2 整数类型的运算。

```
>> x1 = int16([1:5])
```

```
x1 =
  1x5 int16
   1   2   3   4   5
>> x2 = int32([6:10])
x2 =
  1x5 int32
   6   7   8   9   10
>> x1 + x2
整数数组只能与相同类型整数或双精度类型数组运算。
>> x1 + 4
ans =
  1x5 int16
    5   6   7   8   9
```

可以观察到，不同整数类型的数据之间无法直接使用数学运算符进行数学运算。然而，北太天元允许双精度浮点数标量数据和整型数据之间直接使用相应的数学运算符进行数学运算，这是因为北太天元会自动地将双精度浮点数标量数据转换为整型数据，然后再进行计算。

3.1.2 浮点数

北太天元的默认数据类型是双精度浮点数类型（double）。同时，北太天元也支持将数据按照单精度浮点数类型（single）存储以节省内存资源。用户可以使用 realmin、realmax 函数来获取这两种数据类型的取值范围，可以使用 eps 函数来获取单精度浮点数类型的精度。此外，当单精度浮点数类型的数据和双精度浮点数类型的数据进行混合运算时，最终结果将以单精度浮点数类型返回。

浮点数类型数据仅以十进制方式表示，具体分为十进制数形式和指数形式：

- 十进制数形式：由数字 0~9 和小数点组成，如 0.1、.45、0.19、3.212、300、−267.8230。
- 指数形式：由十进制数、阶码标志（e 或 E）和阶码（只能为整数，可以带±符号）组成。其一般形式为 ae(E)n，其中 a 为十进制数，n 为十进制整数，表示的值为 $a\times10^n$。例如，5.56e10 就是 5.56×10^{10}。

下面展示一些不合法的浮点数类型数据的例子：

- e7：阶码标志 e 之前无十进制数。
- 53.-e3：负号出现在错误的位置。
- 2.7E：阶码标志 E 之后无阶码。

例 3-3 浮点数类型的运算。

```
>> realmin('double')
ans =
  2.2251e-308
>> realmax('double')
ans =
  1.7977e+308
```

```
>> realmin('single')
ans =
  1x1 single
  1.1755e-38
>> realmax('single')
ans =
  1x1 single
  3.4028e+38
>> x1 = single(2:2:10)
x1 =
  1x5 single
    2    4    6    8   10
>> x2 = ones(2,3,'single')
x2 =
  2x3 single
   1   1   1
   1   1   1
>> x3 = x2 + 5
x3 =
  2x3 single
   6   6   6
   6   6   6
```

3.1.3 复数

复数是形如 $a+b\mathrm{i}$（a, b 均为实数）的数，在北太天元软件中是一种特殊的数据结构，实质上是以二元双精度浮点数来进行存储的。其中 a 称为复数的实部，b 称为复数的虚部，i 是虚数单位。虚部等于 0（即 b=0）的复数可以视为实数；而当复数 z 的虚部不等于 0，实部等于 0（即 a=0 且 b 不为 0）时，即 $z=b\mathrm{i}$，则称 z 为纯虚数。

复数的四则运算规定如下：

➢ 加法法则

$(a+b\mathrm{i})+(c+d\mathrm{i})=(a+c)+(b+d)\mathrm{i}$

➢ 减法法则

$(a+b\mathrm{i})-(c+d\mathrm{i})=(a-c)+(b-d)\mathrm{i}$

➢ 乘法法则

$(a+b)\times(c+d\mathrm{i})=(ac-bd)+(bc+ad)\mathrm{i}$

➢ 除法法则

$(a+b\mathrm{i})/(c+d\mathrm{i})=[(ac+bd)/(c^2+d^2)]+[(bc-ad)/(c^2+d^2)]\mathrm{i}$

北太天元提供了多种函数以便对复数进行操作。例如：

➢ real(z)：计算复数的实部

➢ imag(z)：计算复数的虚部

➢ abs(z)：计算复数的模

➢ angle(z)：计算复数的辐角（以弧度为单位）

例 3-4 复数的运算。

```
>> a = 1+2i
a =
  1x1 complex double
  1.0000 + 2.0000i
>> real(a)                    % 复数实部
ans =
   1
>> imag(a)                    % 复数虚部
ans =
   2
>> angle(a)                   % 复数相位角
ans =
   1.1071
```

§ 3.2 逻辑型

逻辑型数据类型在编程中扮演着非常重要的角色，是用户经常需要使用的数据类型。本节将具体介绍北太天元中的逻辑型数据类型。

3.2.1 逻辑型数据类型

逻辑型数据类型仅具有“true”（即逻辑“真”）和“false”（即逻辑“假”）两种可能取值。北太天元在显示逻辑型数据时，用 1 表示逻辑“真”，用 0 表示逻辑“假”。在北太天元中，所有数值均可以参与到逻辑运算中。北太天元规定所有的非零值被视为逻辑“真”，零值被视为逻辑“假”。

逻辑型数据只能通过数值型转换，或者使用特殊的函数生成：

（1）logical 函数。可将任意数据类型的数组转换为逻辑型数组。其中非零元素转换为逻辑“真”，零元素则转换为逻辑“假”。

（2）true 函数。建立元素全为逻辑“真”的数组。

（3）false 函数。建立元素全为逻辑“假”的数组。

例 3-5 创建逻辑型数组。

```
>> A = magic(3) - 3
A =
   3  -2   5
   4   2   0
  -1   6   1
>> B = logical(A)
B =
```

```
  3x3 logical
   1   1   1
   1   1   0
   1   1   1
>> C = true(3)
C =
  3x3 logical
   1   1   1
   1   1   1
   1   1   1
```

3.2.2 逻辑运算

在表 3-2 中列出了北太天元中逻辑运算的一些运算符和函数，它们的返回结果是逻辑型。注意，北太天元中的大部分数学运算符不支持逻辑型数据。参与逻辑运算的数据可以是其他数据类型，但最终的运算结果始终为逻辑型数据类型。

表 3-2　逻辑运算

<table>
<tr><th>运算符或函数</th><th>说明</th><th>运算符或函数</th><th>说明</th></tr>
<tr><td>&&</td><td>逻辑与（短路求值），仅能处理标量</td><td>==</td><td>关系运算符，A 是否等于 B</td></tr>
<tr><td>||</td><td>逻辑或（短路求值），仅能处理标量</td><td>~= 或 !=</td><td>关系运算符，A 是否不等于 B</td></tr>
<tr><td>&</td><td>元素“与”操作</td><td><</td><td>关系运算符，A 是否小于 B</td></tr>
<tr><td>|</td><td>元素“或”操作</td><td>></td><td>关系运算符，A 是否大于 B</td></tr>
<tr><td>~</td><td>逻辑“非”操作</td><td><=</td><td>关系运算符,A 是否小于等于 B</td></tr>
<tr><td>xor</td><td>逻辑“异或”操作</td><td>>=</td><td>关系运算符,A 是否大于等于 B</td></tr>
<tr><td>any</td><td>确定是否有任何数组元素非零，是返回 true，否返回 false</td><td>isempty, isfloat, isnan 等逻辑判断函数</td><td>对某些参数进行逻辑判断操作</td></tr>
<tr><td>all</td><td>确定所有的数组元素是否为非零，是返回 true，否返回 false</td><td>strcmp
strcmpi</td><td>对字符向量或字符串进行比较</td></tr>
</table>

“短路求值”是一种优化策略，当逻辑运算符如 &&或 || 出现时，如果前面的条件已经能够确定整个表达式的值，后面的条件就不会被计算。例如，在 a && b 中，如果 a 为 false，那么整个表达式必然为 false，因此 b 不会被计算。在使用 || 运算符时，如果第一个操作数为 true，则整个表达式必然为 true。因此，后面的表达式将不会被考虑。

关系运算符可以比较各种数据类型的变量，运算的结果是逻辑型数据。在北太天元中，关系运算符可以对矩阵和数组进行逐元素比较，结果是一个与输入矩阵/数组大小相同的逻辑矩阵/数组，每个元素表示相应位置的比较结果。标量也可以和数组直接进行比较，此时标量将会自动扩展，以匹配数组的尺寸，最终返回的结果是和数组相同维度的逻辑型数据类型的数组。

例 3-6 两个矩阵的逻辑与、或、非。

```
>> a = [1 3 5;2 4 6];
>> b = [1 0 1;0 -1 -2];
>> A = a & b                    % 逻辑“与”
A =
  2x3 logical
   1   0   1
   0   1   1
>> B = a | b                    % 逻辑“或”
B =
  2x3 logical
   1   1   1
   1   1   1
>> C = ~b                       % 逻辑“非”
C =
  2x3 logical
   0   1   0
   1   0   0
```

例 3-7 逻辑 any 和 all 来判断矩阵。

```
>> a = [0 0 1;1 0 9;1 2 1]
a =
    0   0   1
    1   0   9
    1   2   1
>> A = all(a)                  % 元素为非零时返回真
A =
  1x3 logical
   0   0   1
>> B = any(a)                  % 元素存在非零时返回真
B =
  1x3 logical
   1   1   1
```

在例 3-7 中，数组 a = [0 0 1;1 0 9;1 2 1] 可以视为由三个列向量组成。由于 a 的前两列元素中包含了 0，而第三列的元素所有元素均大于 0，因此 all 函数返回的结果 A 的前两个元素为逻辑“假”，第三个元素为逻辑“真”。由于数组 a 的每一列都含有非 0 元素，因此 any 函数返回的结果 B 的所有三个元素均为逻辑“真”。

例 3-8 两个向量的关系运算。

```
>> a = [-2 0 3];
>> b = [2 -1 3];
```

```
>> a < b
ans =
  1x3 logical
   1   0   0
>> a > b
ans =
  1x3 logical
   0   1   0
>> a <= b
ans =
  1x3 logical
   1   0   1
>> a >= b
ans =
   0   1   1
>> a == b
ans=
  1x3 logical
   0   0   1
>> a ~= b
ans =
  1x3 logical
   1   1   0
```

一般情况下，如果希望比较两个矩阵是否完全相同，可以使用 isequal 函数，而不是简单的 ==。

3.2.3 运算符的优先级

当遇到需要处理复杂的运算表达式时，北太天元支持组合各种运算符来实现。但是，与大多数其他高级编程语言相同，北太天元中的运算符也具备不同的计算优先级。按照计算优先级从高到低的顺序，可以将北太天元中的运算符如下排列：

（1）括号（）。

（2）数组转置（.'），数组的幂（.^），共轭转置（'），矩阵幂（^）。

（3）代数正号（+），代数负号（-），逻辑非（~）。

（4）数组乘法（.*），数组除法（./），矩阵乘法（*），矩阵右除（/），矩阵左除（\）。

（5）加法（+），减法（-）。

（6）冒号运算符（:）。

（7）小于（<），小于等于（<=），大于等于（>=），等于（==），不等于（~=）。

（8）元素与（&），元素或（|）。

（9）短路逻辑与（&&），短路逻辑或（||）。

在一个表达式中，如果有多个同级别的运算符，将会按照从左到右的顺序依次进行计算。为了确保表达式按预期顺序进行计算，建议使用括号明确指定计算顺序。

§ 3.3 字符和字符串

在北太天元中，将多个字符用两个单引号括起来可以构成一个字符向量，将多个字符用两个双引号括起来可以构成一个字符串。字符向量被当作行向量处理，其中的每个字符（包括空格）以其字符编码的形式存储，而对外仍然以可读字符的形式显示。

3.3.1 创建字符向量和字符串

1. 一般字符向量与字符串的创建

在北太天元中，输入和赋值字符向量时，需要用两个单引号将多个字符括起来。例如，可以在北太天元命令窗口输入：

```
>> a = 'Beijing'
a =
    'Beijing'
```

在字符向量中，每个字符（包括空格）都作为相应矩阵中的一个元素。例如，上述例子中的变量 a 是 1×7 阶的矩阵，可以通过 size(a)命令获取它的尺寸：

```
>> size(a)
ans =
   1   7       % 1 行 7 列
```

在北太天元中，输入和赋值字符串时，需要用两个双引号将多个字符括起来。例如，可以在北太天元命令行窗口输入：

```
>> b = "Beijing"
b =
    "Beijing"
```

一个字符串为一个单独的元素，通过 size(b)命令可以查询到：

```
>> size(b)
ans =
   1   1       % 1 行 1 列
```

2. 中文字符向量与字符串的创建

无论是字符向量还是字符串，北太天元都能很好地支持和处理中文文本。但需要注意的是：在定义中文字符向量时，两侧的单引号必须是英文状态下的单引号。例如：

```
>> A = '北太天元'
A =
    '北太天元'
>> size(A)
ans =
    1   12
```

注 北太天元采用的是 UTF-8 编码，一个汉字通常会占据三个字节的空间，相当于三个英文字符占据的空间，因此，在上述例子中 A 的大小是 1×12，不建议用户使用字符向量来处理中文。

字符串同样也能使用中文作为内容，中文字符串两侧的双引号同样也必须为英文状态的双引号。例如：

```
>> B = "北太天元"
B =
    "北太天元"
```

3. 字符向量的访问

北太天元支持通过坐标来实现字符向量的访问。字符向量中的字符按照从左到右的顺序依次编号为（1，2，3，…）。访问字符向量的操作与访问普通矩阵的操作完全相同。然而，在实际使用中，不推荐用户对包含中文的字符向量进行访问，因为获取的位置可能不准确，从而引发错误：

```
>> A = '北太天元'; A(2:4)
ans =
    '□□□'
```

4. 字符数组与字符串数组的创建

创建二维字符数组和字符串数组与数值数组的建立方式类似，直接输入即可完成。

例 3-9 示例

```
>> S = ['welcome to';'Beijing   ']
S =
  2x10 char
    'welcome to'
    'Beijing   '
```

在对字符数组进行上下并置时，需要注意每个字符向量列数必须是一样的。

```
>> D = ["welcome to";" Beijing "]
D =
  2x1 string
    "welcome to"
    " Beijing "
```

可以观察到，直接输入字符串数组时，每个字符串的长度不必相同。

3.3.2 比较字符向量与字符串

北太天元提供了多种对字符向量的操作，例如：

- 比较两个字符向量是否相等；
- 比较字符向量中的单个字符是否相等；
- 对字符向量中的元素进行分类，判断各元素是否是空格。

下面是判断两个字符向量是否相等的两个常用函数：

➢ strcmp：判断两个字符向量是否相等。
➢ strcmpi：判断两个字符向量是否相等（忽略字母大小写的差异）。

例 3-10 有这两个字符向量：

```
>> str1 = '您好';
>> str2 = '北太天元';
```

由于字符向量 str1 和 str2 并不相等，所以使用 strcmp 函数来判断的话，将会返回逻辑“假”，例如：

```
>> c = strcmp(str1,str2)
c =
  1x1 logical
   0
```

在北太天元中，字符向量可以通过关系运算符进行比较，但相比较的字符向量大小必须相同，或者其中一个是标量。例如，可以使用 == 运算符来比较两个字符向量，检查它们中的哪些字符是相同的。

```
>> A = 'Hubei';
>> B = 'Hunan';
>> A == B
ans =
  1x5 logical
   1   1   0   0   0
```

字符向量中的对应字符可以使用所有关系运算符进行比较。同时，== 运算符可以用于检查两个字符串是否相等。

```
>> A = "Hubei";
>> C = "Guangdong";
>> A == C
ans =
   1×1 logical
     0
```

3.3.3 类型转换

在北太天元中，字符向量可以和不同数据类型的数据之间相互转换，用户需要使用特定的函数来完成这些转换。同时，相同的数据（尤其是整数）可以用多种格式表示，例如整数可以表示为十进制、二进制或者十六进制。相关函数见表 3-3。

表 3-3 数字与字符向量之间的转换关系

函数	说明	函数	说明
num2str	将数字转换为字符向量	sprintf	向字符串或字符数组输出格式化数据
str2double	将字符串转换为双精度值		

3.3.4 字符向量应用函数小结

为了便于用户使用，北太天元为字符向量的处理提供了一系列常用函数。表 3-4 对这些常用的字符向量函数进行了分类总结。

表 3-4 字符向量函数

函数		说明
字符向量创建函数	'str'	由单引号（英文状态）创建字符向量
	blanks	创建空格字符向量
	sprintf	向字符串或字符数组输出格式化数据
	strcat	水平串联字符串
字符向量修改函数	deblank	删除尾部的空白字符
	lower	将字符转换为小写
	sort	对数组元素排序
	upper	将字符转换为大写
字符向量的操作	eval	将一个字符向量作为北太天元命令执行
字符向量比较函数	strcmp	比较字符向量
	strcmpi	比较字符向量，并忽略大小写差异

§ 3.4 数组类型

数组在北太天元的计算与处理过程中扮演着核心角色。为了实现高效计算，北太天元将数组作为基础的存储与运算单元，所以单个标量数据将存储为 1×1 数组。这种设计思想赋予了北太天元极大的灵活性，使其能够便捷地进行各种复杂的数值计算。

在北太天元中，数组的创建、索引与操作在北太天元中显得尤为关键，几乎所有的计算和处理都依赖于对数组的高效操作。为了满足不同的计算需求，北太天元提供了丰富多样的数组的创建和操作方法，使数值计算变得更加直观和易于理解，并且提升了操作的便捷性。

数组的创建和操作构成了北太天元运算的基础。针对有不同维数的数组，北太天元提供了灵活的数据创建方式，能够通过低维数组来生成高维数组。这种灵活性使得北太天元在处理高维数据时更加高效，同时也满足了不同领域的数值计算需求。

3.4.1 一维数组的创建

总的来说，创建一维数组可以通过多种途径实现，具体包括以下几种方法：

（1）直接输入法：用户可以手动输入数组元素，通过空格、逗号和分号分隔每个元素，然后系统将这些元素组合生成一个一维数组。这种方法可以立即获得数组结果，非常适合快速创建小型或特定的数组。

（2）步长生成法：此方法通过指定数组的起始值、终止值以及元素间的间隔步长来创建一维数组。格式为 x = a:inc:b，其中 a 和 b 分别为数组的起始值和终止值，inc 为元素之间的步长。如果用户省略 inc，则默认生成间隔为 1 的数列。步长 inc 可以为正数或负数，生成相应的向量数组。这种方法适用于需要生成规律性数组的场景。

（3）等间距线性生成方法：通过 linspace 函数来创建等间距的一维数组。使用格式为 x = linspace(a, b, n)，其中 a 和 b 分别为数组的起点和终点，n 是希望生成的元素数量。该方法指定在区间 $[a, b]$ 内生成 n 个线性等间距的数据点，非常适合需要在特定范围内生成精确数量的均匀分布点的情况。

（4）等间距对数生成方法：使用 logspace 函数生成对数等间距的一维数组。格式为 x = logspace(a, b, n)，在给定采样点总数 n 下，生成 n 个对数尺度上均匀分布采样点。该方法特别适用于生成数据范围跨越多个数量级的场景。

通过这些方法，用户可以根据具体需求灵活创建各种类型的一维数组，满足不同的数值计算和数据处理需求。每种方法都有其独特的应用场景和优势，合理选择可以提高工作效率和代码的可读性。

例 3-11 一维数组的创建。

```
>> x1 = [0,0.2*pi,e,3.2,-1]       % 直接输入数据生成数组
x1 =
    0.0000    0.6283    2.7183    3.2000   -1.0000
>> x2 = -1:0.4:1                  % 步长生成法
x2 =
  -1.0000   -0.6000   -0.2000    0.2000    0.6000    1.0000
>> x3 = linspace(-2,2,5)          % 等间距线性生成法
x3 =
  -2  -1   0   1   2
>> x4 = logspace(1,6,4)           % 等间距对数生成法
x4 =
  1.0e+06 *
    0.0000    0.0005    0.0215    1.0000
```

创建数组后，访问数组中的元素可以通过多种方式实现。首先，如果想访问单个元素，可以直接指定该元素的索引。索引是一个正整数，用于标识元素在数组中的位置。若要访问数组中的某个区域或子集，可以使用冒号表示法（:）来指定范围。这种方式非常适合需要批量访问连续元素的情况，使操作更加简洁高效。对于更复杂的需求，比如需要访问特定的非连续元素，能够通过构造访问序列或向量列表的方式来实现。这种方法在处理复杂数据时非常有用，允许灵活地选择和操作数组中的数据。需要注意的是，无论使用哪种方法进行元素访问，索引数组必须为正整数，否则系统将返回错误信息。

例 3-12 一维数组的访问（采用例 3-11 中的 x1）。

```
>> x1(4)                 % 索引访问数组元素
ans =
    3.2000
>> x1(1:3)               % 访问一块数据
ans =
```

```
   0.0000    0.6283    2.7183
>> x1(2:end)                % 访问一块数据
ans =
   0.6283    2.7183    3.2000   -1.0000
>> x1(2:2:4)                % 构造访问数组
ans =
   0.6283    3.2000
>> x1([5 2 3 4 3])          % 直接构造访问数组
ans =
   -1.0000    0.6283    2.7183    3.2000    2.7183
>> x1(2,3)
索引超出数组元素的边界(1)。
```

一维数组可以定义为行向量或列向量，这取决于元素之间的分隔方式。在定义过程中，若使用分号“;”分隔元素，那么数组将被定义为列向量；若使用空格或逗号分隔元素，则数组将被定义为行向量。行向量和列向量之间可以通过转置操作符“'”实现相互转换。然而，需要特别注意的是，当数组的元素为复数时，转置操作符“'”将生成复数的共轭转置；而采用点转置操作符“.'”时，生成的转置数组不会进行共轭操作。

例 3-13 一维复数数组的运算。

```
>> A = [1 3 5 7 9]
A =
   1   3   5   7   9
>> B = A'
B =
   1
   3
   5
   7
   9
>> C = linspace(-1,4,5)
C =
  -1.0000    0.2500    1.5000    2.7500    4.0000
>> Z = (A+C*i)'
Z =
  5x1 complex double
   1.0000 + 1.0000i
   3.0000 - 0.2500i
   5.0000 - 1.5000i
   7.0000 - 2.7500i
   9.0000 - 4.0000i
>> Z1 = Z'
Z1 =
  1x5 complex double
  列 1 -- 4
```

```
   1.0000 - 1.0000i   3.0000 + 0.2500i   5.0000 + 1.5000i   7.0000 + 2.7500i
  列 5
   9.0000 + 4.0000i
>> Z2 = Z.'
Z2 =
  1x5 complex double
  列 1 -- 4
   1.0000 + 1.0000i   3.0000 - 0.2500i   5.0000 - 1.5000i   7.0000 - 2.7500i
  列 5
   9.0000 - 4.0000i
```

3.4.2 多维数组的创建

对于二维数组和三维数组的创建方法，与一维数组有所不同。以下是创建二维数组（即矩阵）的方法：

（1）直接输入二维数组的元素：这种方法允许用户手动输入二维数组的元素。具体来说，二维数组的行和列可以通过一维数组的形式创建。每一行中的元素可以用逗号或空格分隔，不同的行之间则使用分号分隔。

（2）通过数据表格实现输入：对于需要处理大规模数据的情况，手动输入可能变得烦琐且容易出错。此时，可以使用数据表格的方式进行输入。用户可以通过单击数据选项并选择“导入数据”，然后将预先准备好的矩阵数据文件导入到工作区中。

（3）利用北太天元提供的函数生成二维数组。例如，可以使用 zeros(m, n)生成一个 m 行 n 列的全零矩阵，或者使用 ones(m, n)生成一个全 1 矩阵等。这些函数为用户提供了便捷的工具，能够快速生成满足特定需求的二维数组。

例 3-14 二维数组的创建。

```
>> A = [1 3 5 7 9;linspace(-1,4,5);2:2:10;1:5]
A =
    1.0000    3.0000    5.0000    7.0000    9.0000
   -1.0000    0.2500    1.5000    2.7500    4.0000
    2.0000    4.0000    6.0000    8.0000   10.0000
    1.0000    2.0000    3.0000    4.0000    5.0000
>> B = [1 3 5 7 9;linspace(-1,4,6);2:2:10;1:5]
矩阵列数不同，不能上下并置。
>> C = [2 4 6
   1 3 5
   7 8 9]
C =
   2   4   6
   1   3   5
   7   8   9
```

在创建二维数组时，必须确保每一行的元素数量相等，以保证矩阵的行数和列数一致，否则系统将提示错误信息。

对于更高维度的数组（n 维数组），结构变得更加复杂。例如三维数组，存在行、列和页的三维结构，每一页都可以被视为一个独立的二维矩阵。在北太天元中，可以创建更高维的 n 维数组，但实际应用中，三维数组是最常用的高维数组。以下是创建三维数组的几种方法：

（1）直接创建法：北太天元提供了多个内置函数，可以直接生成三维数组，如 zeros、ones、rand、randn 等。这种方法简便快捷，适用于需要快速生成初始矩阵的场景。

（2）直接索引创建法：可以通过逐个指定三维数组的元素来创建和填充数组。使用这种方法时，用户通过指定行、列、页的索引为数组赋值。这种方法适合用于构建具有特定结构或非均匀数据的三维数组。

（3）通过二维数组转换：北太天元提供了 reshape 和 repmat 等函数，允许用户将二维数组转换为三维数组。这些方法对于从已有数据中构建三维结构的场景非常实用，特别是在需要扩展或重塑数据维度时。

例 3-15 三维数组的创建。

```
>> A = zeros(3,3,3)
A =
(:,:,1) =
   0   0   0
   0   0   0
   0   0   0
(:,:,2) =
   0   0   0
   0   0   0
   0   0   0
(:,:,3) =
   0   0   0
   0   0   0
   0   0   0
>> B = zeros(2,2)              % 创建二维数组
B =
   0   0
   0   0
>> B(:,:,2) = ones(2,2)        % 向二维数组中添加另一个二维数组来增加页
B =
(:,:,1) =
   0   0
   0   0
(:,:,2) =
   1   1
   1   1
>> B(:,:,3) = 5                % 通过标量扩展得到三维数组的另外一页
B =
(:,:,1) =
```

```
   0   0
   0   0
(:,:,2) =
   1   1
   1   1
(:,:,3) =
   5   5
   5   5
>> C = reshape(B,2,6)
C =
   0   0   1   1   3   3
   0   0   1   1   3   3
>> C = [B(:,:,1) B(:,:,2) B(:,:,3)]          % 直接扩展得到二维数组
C =
   0   0   1   1   3   3
   0   0   1   1   3   3
>> reshape(C,2,2,3)                          % 将得到的二维数组重新生成三维数组
ans =
(:,:,1) =
   0   0
   0   0
(:,:,2) =
   1   1
   1   1
(:,:,3) =
   3   3
   3   3
```

综上所述，用户可以根据实际需求灵活创建和操作三维数组。在使用内置函数进行创建时，读者可以通过 help 命令查找相应的帮助信息，以了解这些函数的其他用法。

3.4.3 数组的运算

数组的运算涵盖了数组与标量之间的运算，以及数组与数组之间的运算。这两种运算在实现和结果上具有显著的不同。

数组与标量之间的运算将标量值与数组中的每个元素进行逐一运算，操作较为简单。对于数组与数组之间的运算，特别是在乘除运算和乘方运算中，需要注意运算的类型。如果使用点运算符，表示的是数组元素之间的逐元素运算；如果直接使用运算符进行乘、除、乘方运算，则表示的是向量或矩阵之间的矩阵运算，通常涉及更复杂的线性代数计算。

另外，还需注意向量的除法运算中左除“\”和右除“/”的区别。它们的除数和被除数不同，因而在计算中具有不同的含义。

例 3-16 数组的基本运算。

```
>> A = [1 1 3;2 0 4;-1 6 -1]
A =
```

```
   1   1   3
   2   0   4
  -1   6  -1
>> B = [2 19 8]
B =
   2   19   8
>> A.*B
ans =
     2      19    24
     4       0    32
    -2     114    -8
>> A./B
ans =
    0.5000    0.0526    0.3750
    1.0000    0.0000    0.5000
   -0.5000    0.3158   -0.1250
>> A.\B
ans =
    2.0000   19.0000    2.6667
    1.0000       inf    2.0000
   -2.0000    3.1667   -8.0000
>> A/B
ans =
    0.1049
    0.0839
    0.2424
>> A\B'
ans =
   34.5000
    5.0000
  -12.5000
>> A.^2
ans =
     1    1    9
     4    0   16
     1   36    1
>> A^2
ans =
     0   19    4
    -2   26    2
    12   -7   22
```

矩阵的加减运算及其他点运算，均是针对矩阵元素逐一进行的。而更复杂的运算，如矩阵的乘、除、乘方等运算则通过矩阵运算实现，具有特定的数学意义。关于数组和矩阵运算的更多详细内容，读者可以参考矩阵运算相关的数学理论书籍。

3.4.4 常用的标准数组

常用的标准数组包括元素全为 0 的数组、元素全为 1 的数组、单位矩阵、随机矩阵、对角矩阵、元素为指定常数的数组等。北太天元提供了一些用于创建常见标准数组的函数，如表 3-5 所示。

表 3-5 北太天元标准数组生成函数

函数	说明	用法
eye	生成单位矩阵	y = eye(n) y = eye(m,n) y = eye(size(A)) y = eye(m,n,classname) y = eye([m,n],classname)
ones	生成元素全 1 数组	y = ones(n) y = ones(m,n) y = ones([m,n]) y = ones(m,n,p,___) y = ones(size(A)) y = ones(m,n,___,classname) y = ones([m,n,___],classname)
rand	生成随机数组，数组元素均匀分布	y = rand() y = rand(m) y = rand(m,n) y = rand([m,n]) y = rand(m,n,p,___) y = rand([m,n,p,___]) y = rand(size(A)) y = rand(___,classname)
randn	生成随机数组，数组元素服从正态分布	y = randn() y = randn(m) y = randn(m,n) y = randn([m,n]) y = randn(m,n,p,___) y = randn([m,n,p,___]) y = randn(size(A)) y = randn(___,classname)
zeros	生成元素全 0 数组	y = zeros(n) y = zeros(m,n) y = zeros([m,n])

续表

函数	说明	用法
zeros	生成元素全0数组	y = zeros(m,n,p,___) y = zeros([m,n,p,___]) y = zeros(size(A)) y = zeros(m,n,___,classname) y = zeros([m,n,___],classname)

例 3-17 常用标准数组的创建。

```
>> A = eye(4)
A =
   1   0   0   0
   0   1   0   0
   0   0   1   0
   0   0   0   1
>> B = randn(2)
B =
   -1.5071   -1.1936
    1.1491    1.1410
>> C = 1:2:5
C =
   1   3   5
>> diag(C,1)
ans =
   0   1   0   0
   0   0   3   0
   0   0   0   5
   0   0   0   0
>> diag(C,-3)
ans =
   0   0   0   0   0   0
   0   0   0   0   0   0
   0   0   0   0   0   0
   1   0   0   0   0   0
   0   3   0   0   0   0
   0   0   5   0   0   0
```

3.4.5 低维数组的寻址和搜索

若数组中包含多个元素，在访问数组中的单个元素或多个元素时，需要进行寻址操作。对于低维数组（包括一维和二维数组），北太天元提供了强大的功能函数，能够确定数组元素的索引、插入、提取以及重排数组的子集。具体参数详见表 3-6。

表 3-6　数组寻址技术

寻址方法	说明
A(r,c)	用定义的索引向量 *r* 和 *c* 来寻址 *A* 的子数组
A(r,:)	用向量 *r* 定义的行和对应行的所有列得到 *A* 的子数组
A(:,c)	用向量 *c* 定义的列和对应列的所有行得到 *A* 的子数组
A(:)	用列向量方式重新排列数组 *A* 的所有元素。如果 A(:)出现在等号的左侧，则表明在保持 *A* 的形状不发生变化的前提下，用等号右侧的元素来填充数组 *A*。
A(k)	用线性索引（按列排序进行索引）向量 *k* 来寻找 *A* 的子数组
A(x)	用逻辑数组 *x* 来寻找 *A* 的子数组，*x* 的维数和 *A* 的维数必须一致

例 3-18　数组寻址技术的用法。

```
>> A = magic(3)
A =
   6   1   8
   7   5   3
   2   9   4
>> A(3,3) = 2                           % 设置二维数组的元素数值
A =
   6   1   8
   7   5   3
   2   9   2
>> A(:,1) = 1                           % 改变二维数组的一列元素数值
A =
   1   1   8
   1   5   3
   1   9   2
>> B = A(3:-1:1,1:3)                    % 通过寻址方式创建新的二维数组
B =
   1   9   2
   1   5   3
   1   1   8
>> C = A([1 2],1:3)                     % 通过列向量来创建二维数组
C =
   1   1   8
   1   5   3
>> D = A(:)                             % 通过提取 A 的各列元素延展成列向量
D =
   1
   1
   1
   1
   5
   9
```

```
   8
   3
   2
>> A(:,1) = []                          % 通过空赋值语句删除数组元素
A =
   1   8
   5   3
   9   2
```

排序是数组操作中的重要方面，广泛应用于数据整理、分析和处理。北太天元提供了sort函数用于执行排序操作。要获取sort函数的具体使用方法和参数说明，可以执行help sort语句进行查询。对于一维数组，默认地进行升序排列。可以将sort函数的第二个参数设置为'descend'，从而进行降序排列。

例3-19 一维数组的排序。

```
>> A = magic(3);
>> A = A(:)';
A =
  6   7   2   1   5   9   8   3   4
>> [As,idx] = sort(A,'ascend')
As =
   1   2   3   4   5   6   7   8   9
idx =
   4   3   8   9   5   1   2   7   6
```

在对二维数组进行排序时，sort函数默认是对数组的列进行排序。这意味着函数将独立地对每一列的元素进行排序，而不会对整个行进行排序。这种操作在许多情况下是有用的，尤其是当用户希望根据每列的数据顺序对列进行排序时。如果需要对行进行排序，则需要将sort函数的第二个参数设置为2。例如，下面的程序：

```
>> A = magic(4)
A =
    1  14  15   4
    8  11  10   5
   12   7   6   9
   13   2   3  16
>> [As,idx] = sort(A)
As =
    1   2   3   4
    8   7   6   5
   12  11  10   9
   13  14  15  16
idx =
    1   4   4   1
    2   3   3   2
```

```
     3   2   2   3
     4   1   1   4
>> [tmp,idx] = sort(A(:,2))              % 对第二列进行排序
tmp =
     2
     7
    11
    14
idx =
   4
   3
   2
   1
>> As = A(idx,:)                         % 利用 idx 向量来重新排序
As =
    13    2    3   16
    12    7    6    9
     8   11   10    5
     1   14   15    4
>> A = sort(A,2)                         % 对行进行排序
As =
    -1    4   14   15
     5    8   10   11
     6    7    9   12
     2    3   13   16
```

在北太天元中，对一个数组进行搜索以找出符合特定条件的子数组或元素，可以通过使用系统提供的 find 函数实现。该函数会返回符合条件的元素在数组中的索引位置，对于二维数组，返回的是符合条件元素的行和列下标。有关 find 函数及其使用方法的更多详细信息，用户可以通过执行 help find 获取帮助。

例 3-20 数组搜索方法示例。

```
>> A = magic(3);
>> A = A(:)'
A =
     6   7   2   1   5   9   8   3   4
>> h = find(A > 5)
h =
    1   2   6   7
>> B = magic(3)
B=
    6   1   8
    7   5   3
    2   9   4
>> [i,j] = find(B > 5)
```

```
i =
   1
   2
   3
   1
j =
   1
   1
   2
   3
>> h = find(B > 5)
h =
   1
   2
   6
   7
>> x = randperm(8)
x =
   1   4   6   2   7   3   8   5
>> find(x > 5)
ans =
   3   5   7
>> find(x > 5,1)
ans =
   3
>> find(x > 5,2,'last')
ans =
   5   7
```

在数据分析和处理过程中，查找数组中的最大值和最小值是非常常见的操作。北太天元提供了 max 和 min 函数。对于二维数组，这两个函数将分别返回每一列的最大值或最小值。例如：

```
>> A = rand(4,4)
A =
    0.9026    0.0993    0.3582    0.0384
    0.4499    0.9698    0.7507    0.6343
    0.6131    0.6531    0.6078    0.9589
    0.9023    0.1709    0.3250    0.6528
>> [mx,rx] = max(A)                  % 搜索每一列的最大值
mx =
    0.9026    0.9698    0.7507    0.9589
rx =
   1   2   2   3
>> [mx,rx] = min(A)                  % 搜索每一列的最小值
```

```
mx =
    0.4499    0.0993    0.3250    0.0384
rx =
    2    1    4    1
```

3.4.6 低维数组的处理函数

北太天元中处理低维数组的相关函数详见表 3-7。

表 3-7 低维数组的处理函数

函数	说明
fliplr	以数组的垂直中线为对称轴，将数组从左向右翻转
flipud	以数组的水平中线为对称轴，将数组从上向下翻转
rot90	将数组逆时针旋转 90°
circshift	循环平移数组的一行或一列
reshape	结构变换函数，交换前后函数的元素个数相等
diag	对角线元素提取函数
triu	返回一个矩阵的上三角部分
tril	返回一个矩阵的下三角部分
kron	两个数组的 Kronecker 乘法，构成新的数组
repmat	数组复制生成函数

例 3-21 低维数组处理函数示例。

```
>> A = magic(4)
A =
     1    14    15     4
     8    11    10     5
    12     7     6     9
    13     2     3    16
>> B = fliplr(A)                    % 左右对称变换
B =
     4    15    14     1
     5    10    11     8
     9     6     7    12
    16     3     2    13
>> C = flipud(A)                    % 上下对称变换
C =
    13     2     3    16
    12     7     6     9
     8    11    10     5
     1    14    15     4
>> D = rot90(A)                     % 旋转 90°
D =
```

```
     4     5     9    16
    15    10     6     3
    14    11     7     2
     1     8    12    13
>> circshift(A,1)                    % 循环移动第一行
ans =
    13     2     3    16
     1    14    15     4
     8    11    10     5
    12     7     6     9
>> circshift(A,[0,1])                % 循环移动第一列
ans =
     4     1    14    15
     5     8    11    10
     9    12     7     6
    16    13     2     3
>> circshift(A,[-1,1])               % 循环移动行和列
ans =
     5     8    11    10
     9    12     7     6
    16    13     2     3
     4     1    14    15
>> diag(A,1)                         % 选取对角元素
ans =
    14
    10
     9
>> tril(A)                           % 选取上三角矩阵
ans =
     1     0     0     0
     8    11     0     0
    12     7     6     0
    13     2     3    16
>> tril(A,1)
ans =
     1    14     0     0
     8    11    10     0
    12     7     6     9
    13     2     3    16
>> triu(A)                         % 选取下三角矩阵
ans =
     1    14    15     4
     0    11    10     5
     0     0     6     9
     0     0     0    16
```

```
>> triu(A,2)
ans =
     0     0    15     4
     0     0     0     5
     0     0     0     0
     0     0     0     0
```

在选取对角元素以及上三角和下三角矩阵时，第二个参数用于确定对角线的起始位置。该参数的值表示相对于主对角线的偏移量。主对角线的偏移量为0，向上三角方向移动时，偏移量（*k*值）增加，而向下三角方向移动时，*k*值减少。特殊地，针对非方阵，起始对角线以经过第一个元素的方阵的对角线为基准。

例3-22 举例说明Kronecker乘法。

```
>> A = [1 3 5;2 4 6]
A =
   1   3   5
   2   4   6
>> I = eye(3)
I =
   1   0   0
   0   1   0
   0   0   1
>> kron(A,I)
ans =
   1   0   0   3   0   0   5   0   0
   0   1   0   0   3   0   0   5   0
   0   0   1   0   0   3   0   0   5
   2   0   0   4   0   0   6   0   0
   0   2   0   0   4   0   0   6   0
   0   0   2   0   0   4   0   0   6
>> kron(I,A)
ans =
   1   3   5   0   0   0   0   0   0
   2   4   6   0   0   0   0   0   0
   0   0   0   1   3   5   0   0   0
   0   0   0   2   4   6   0   0   0
   0   0   0   0   0   0   1   3   5
   0   0   0   0   0   0   2   4   6
```

kron函数实现了变量的Kronecker张量积运算，这是一种特殊的矩阵运算，将两个矩阵组合成一个更大的矩阵，通过将第一个参数数组的每一个元素与第二个参数数组进行乘法运算，最终生成一个分块矩阵，且Kronecker张量乘法具有不可交换性。例3-22说明了这一特点 。

3.4.7 高维数组的处理和运算

随着数组维数的增加，对数组的处理和计算难度也逐渐增大。北太天元提供了多种函数和工具来帮助用户有效地对三维及更高维数组进行处理和计算。本节将介绍高维数组（主要为三维数组）的一些处理和运算函数。常见的高维数组处理和运算函数详见表3-8。

表3-8 高维数组的处理和运算函数

函数	说明
squeeze	用此函数删除长度为1的维度，对数组进行降维
sub2ind	将数组下标转换为线性索引数值
ind2sub	将数组的线性索引数值转换为数组的下标
size	返回数组各维数的值

例3-23 处理和操作高维数组。

```
>> A = [1 3 5 7;2 4 6 8;1 1 2 2]
A =
   1   3   5   7
   2   4   6   8
   1   1   2   2
>> B = reshape(A,[2 2 3])
B =
(:,:,1) =
   1   1
   2   3
(:,:,2) =
   4   5
   1   6
(:,:,3) =
   2   8
   7   2
>> C = reshape(B,[2 3 1 2])
C =
((:,:,1,1) =
   1   1   4
   2   3   1
(:,:,1,2) =
   5   2   8
   6   7   2
>> D = squeeze(C)                           % 降维操作
(:,:,1) =
   1   1   4
   2   3   1
(:,:,2) =
```

```
     5    2    8
     6    7    2
>> sub2ind(size(D),1,2,2)              % 索引转换
ans =
     9
>> [i,j,k] = ind2sub(size(D),11)
i =
     1
j =
     3
k =
     2
```

§ 3.5 结构体

结构体（structure）是北太天元中的一种数据类型，可以用来将不同类型的数据组合在一起。结构体由若干个数据容器—域（field）组成，每个域存储一个数据（数组），这个数据是独立的且可以是北太天元支持或用户自定义的任意数据类型，但输入数据必须符合语法。域名通常设置为所存储数据的实际意义，用户通过明确的域名可以清晰地访问所需的各类数据。图 3-1 是一个结构体 S 的示意图，其包含了 a，b，c 三个域。

结构体的每个域中存储的数据类型和大小都可以完全不同。例如，在图 3-1 所示的结构体 S 中，第一个域 a 中存储了 1×4 single 类型的数组，第二个域 b 中存储了 1×3 的字符向量类型的数组，第三个域 c 中存储了 3×3 double 类型的数组。

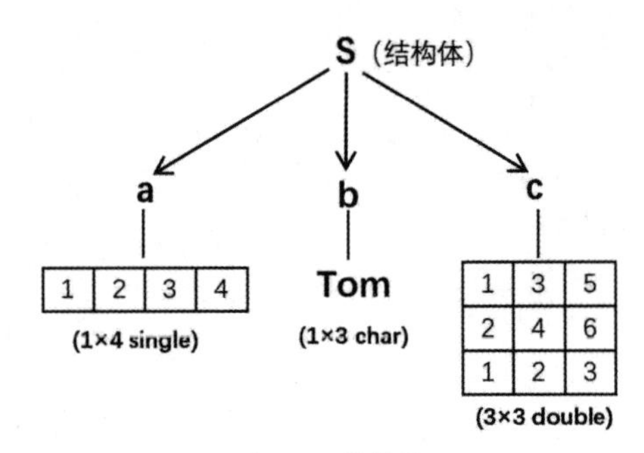

图 3-1　结构体 S

使用结构体存储数据的优势如下：

- 实际应用中，将实体抽象化为变量后，有时候需要在变量结构中存储不同数据类型或大小的数据。一般的北太天元存储结构（如数值数组、字符数组）无法存储这类混合数据，而结构体和元胞数组则是存储这类数据的主要方式。
- 结构体在存储特定数据时具有如下优势。用户可以通过指定的域名对结构体中的数据进行整体或部分的访问、修改。用户还可以对结构体直接使用函数，将结构体用于在 M 文件函数之间进行数据传递，或者灵活地进行北太天元中支持结构体

类型的任何操作。

- 用户可以使用文字对结构体中的数据进行标记，这样可以清楚地对结构体全部或部分数据进行修改或对特定信息进行标注。

3.5.1 结构体的创建

北太天元中支持两种结构体的创建方法，一种是直接赋值法，另外一种是使用 struct 函数进行创建。

1. 直接赋值法创建结构体

前文提到，每一个结构体能拥有多个域，各个域又能存储不同类型或大小的数据，那么用户可以先定义结构体的域，再将对应的数据赋值到这个域中，这就是直接赋值法创建结构体。

例 3-24 使用直接赋值法创建 student 结构体，以结构体形式保存学生资料数据。

解 直接展示代码

```
>> student.name = 'Tom';
>> student.age = '15';
>> student.gender = 'male';
>> student.number = '123456';
>> student
student =
  1x1 struct
      name: 'Tom'
       age: '15'
    gender: 'male'
    number: '123456'
```

创建的 student 即是结构体类型的数据。

例 3-25 直接赋值法创建嵌套结构体。

解 结构体的域允许存储一个新的子结构体，操作的方式和建立结构体相同，只需声明时用英文句点（“.”）加上子结构体对应的域名即可。

```
>> school.name = 'Future University';
>> school.location= 'Chongqing';
>> school.teacher = struct();                        % 子结构体
>> school.teacher.name = 'Professor Li';             % 子结构体的赋值
>> school.teacher.age = 45;
>> school.teacher.class = [1 3 4 7];
>> school
school =
  1x1 struct
       name: 'Future University'
   location: 'Chongqing'
    teacher: [1x1 struct]
```

本例中的域名 teacher 所对应的数据类型就是结构体，因此 teacher 是 school 的一个子结构体。

```
>> school.teacher                        % 显示子结构体的内容
ans =
  1x1 struct
     name: 'Professor Li'
      age: 45
    class: [1 3 4 7]
>> school.teacher.class                  % 显示子结构体的域对应的内容
ans =
       1 3  4 7
```

2. 使用 struct 函数创建结构体

用户还可以使用 struct 函数创建结构体。struct 函数根据指定的域名及其对应的值来创建结构体，该函数的常用格式为：

```
Struct = struct('field1',val1,'field2',val2,…)
Struct = struct('field1',{val1},'field2',{val2},…)
```

其中 'field1' 为域名，val1 为该域对应的值。

例 3-26 使用 struct 函数创建结构体。

解 直接展示代码：

```
>> city = struct('name','Chongqing','food','Hot Pot','temperature',38)
city =
  1x1 struct
          name: 'Chongqing'
          food: 'Hot Pot'
   temperature: 38
```

当 val1、val2 等为元胞数组时，创建的将是一个结构体数组（非 1×1），其维数与元胞数组的维数相同。而当数据中不包含元胞数组时，得到的结构体数组维数是 1×1 的，下例中展示了一个结构体数组的创建。

```
>>cities=struct('name',{'Chongqing','Shanghai'},'food',{'Hot Pot',
                              'Noodles'},'temperature',{38,33})

1x2 struct array
  包含如下字段:

          Name
          food
   temperature
>> whos
```

```
   Name    Size  Bytes  Class   Attributes
  cities  1x2     455  struct

>> cities = struct('name',{},'food',{},'temperature',{})
cities =
  0x0 struct array
  包含如下字段：

          name
          food
   temperature
```

特别注意，在用 struct 函数对结构体进行创建赋值时，符号 {} 被用于参数传递。而在元胞数组（会在下一节中介绍）的创建中也会使用 {}，如果要将元胞数组赋值给结构体，则应该使用 { {} }。

3.5.2 结构体的访问

本小节介绍如何通过域名来对结构体进行访问。

1. 一般结构体

对结构体进行存储和访问的一般方法是：

```
structName.fieldName(iRows, iCols, …)
```

2. 多层结构体的访问

在实际应用中，常需要在一个结构体中设置多个子结构体，甚至进行多层的嵌套。表 3-9 列出了访问多层结构体 S 各域的示例语句，结构体 S 的基本情况如下：

```
>> C = struct('c',[1 2]);
>> D = struct('d',[3 4]);
>> E.e = {4 5};
>> S = struct('A',[1 2;3 4],'F',{{1 2 3 4}},'C',C,'D',{{D}},'E',E);
```

3. 结构体访问技巧

在结构体的访问过程中，使用以下技巧有一定的帮助作用。

使用 whos 函数来查看当前工作区中数据的类型和大小。根据显示信息，用户可以更准确地对需要的数据进行访问。

在命令行中仅输入表达式中等号右边的部分，充分利用默认结果变量名 ans，这样通过不指定输出结果的数据类型，可以尽量避免指定结果类型所造成的错误。北太天元将自动识别输出结果的数据类型，从而可以看出需要采用哪种方式来访问数据。

表 3-9　多层结构体的访问

访问语句示例	访问语句解释	语句结果
S.A(1,2)	域 A 存储的是为 2×2 数组，该语句访问数组的第一行第二个元素。	2
S.F{1,2}	域 F 存储的是 1×4 元胞数组，该语句访问元胞数组的第一行第二个元素。	2
S.C(1,1).c(1,2)	域 C 存储了一个结构体 C，C 中域 c 又存储了一个 1×2 数组，语句访问该数组的第一行第二个元素。	2
S.D{1,1}.d(1,1)	域 D 存储了一个元胞数组，其中有一个结构体 D，D 中域 d 又存储了一个 1×2 数组，语句访问该数组的第一行第一个元素。	3
S.E.e{1,2}	域 E 中存储了一个结构体 E，E 中域 e 存储了一个 1×2 元胞数组，语句访问该元胞数组的第一行第二个元素。	5

3.5.3　域的基本操作

对于结构体，北太天元提供了一些函数用于域的操作，在表 3-10 中对这些函数进行了总结。

表 3-10　结构体操作函数

函数	说明	函数	说明
struct	创建结构体或将其他数据类型转换为结构体	fieldnames	获取结构体的域名
isstruct	判断变量是否是结构体	getfield	获取结构体的域内容
isfield	检查一个结构体是否定义了某域	setfield	设置结构体的域内容
rmfield	从结构体中删除域内容	struct2table	将结构体数组转换为表格
struct2cell	将结构体字段值转换为元胞数组	structfun	对标量结构体的每个字段应用函数
orderfields	按指定顺序重新排列结构体字段		

例 3-27　结构体操作函数使用示例。

```
>> city = struct('name','Chongqing','food','Hot Pot','temperature',38);
>> fields = fieldnames(city)
fields =
  3x1 cell array
    {'name'       }
    {'food'       }
    {'temperature'}
>> name = getfield(city,'name')
name =
    'Chongqing'
>> setfield(city,'name','Beiing')       % 设置结构体的域内容
ans =
```

```
  1x1 struct
          name: 'Beiing'
          food: 'Hot Pot'
   temperature: 38
```

setfield 不直接编辑结构体，而是通过返回值的形式传递修改后的内容。在执行 setfield 执行之后 city 还是原先的内容。

```
>> city
city =
1x1 struct
          name: 'Chongqing'
          food: 'Hot Pot'
   temperature: 38
```

3.5.4 结构体的操作

本小节将详细介绍结构体的操作。

1. 数值运算操作和函数对结构体的应用

如果域中的数据是数值型的一般矩阵，可以使用一般矩阵的数值操作和函数来操作该数据。

```
>> M.m = magic(4)                    % 创建数值型结构体
M =
  1x1 struct
    m: [4×4 double]
>> M.m
ans =
    1   14   15    4
    8   11   10    5
   12    7    6    9
   13    2    3   16
>> M.m.*2                            % 运算符操作
ans =
    2   28   30    8
   16   22   20   10
   24   14   12   18
   26    4    6   32
>> power(M.m,1/2)                    % 函数操作
ans =
    1.0000    3.7417    3.8730    2.0000
    2.8284    3.3166    3.1623    2.2361
    3.4641    2.6458    2.4495    3.0000
    3.6056    1.4142    1.7321    4.0000
```

2. 字符操作和函数对结构体的应用

如果域中是字符型的一般矩阵，那么适用于一般矩阵的字符操作和函数也可以直接应用。

```
>> s.a = 'Chongqing'
s =
  1x1 struct
    a: 'Chongqing'
>> s.a(3)         % 访问字符向量的第 3 个元素
ans =
    'o'
>> lower(s.a(1))       % 将字符向量的首字母转为小写
ans =
    'c'
```

3. 结构体转元胞数组

用户可以使用 struct2cell 函数将结构体转化为元胞数组。转化得到的元胞数组将从结构体每个域中获取数值，不含域名（要获取域名请使用 fieldnames）。得到的结果中，数值的排列顺序和 fieldnames 返回的域名是对应的。

```
>> s = struct('x', 1, 'y', 2);      % 创建结构体
>> c = struct2cell(s)        % 将结构体 s 转为元胞数组 c
c =
  2x1 cell array
    {[1]}
    {[2]}
```

§ 3.6 元胞数组

元胞数组（cell）是北太天元中一种特殊的数据类型。元胞数组可以包含任意类型的数据，元胞数组中的每一个元素可以有不同的大小和不同的数据类型。和数值矩阵一样，元胞数组的内存空间也是动态分配的。

元胞数组内的元素可以是任意类型，也可以是另外一个元胞数组，一般将数组内元素嵌套了其他元胞数组的元胞数组称为嵌套元胞数组。

元胞数组可以是一维、二维或者高维的。如果想对其中元素进行访问，可以使用“单下标”方式或者“全下标”方式。

结构体和元胞数组都提供了一种存储混合类型数据的方法，而结构体与元胞数组的区别在于结构体通过域名来访问数据，而元胞数组需要通过下标索引来进行访问。

3.6.1 元胞数组的创建

元胞数组的创建方式与矩阵类似，只需要将矩阵创建中的中括号 [ ] 替换为花括号 { } 即可，创建过程中使用逗号或者空格来分隔元素，并使用分号来换行。

例 3-28 创建元胞数组示例。

```
>> A = {[1 5 6 1 2;8 5 6 1 2;7 4 5 2 1],'welcome';1+1i,rand(3)}
A =
  2x2 cell array
    {3x5 double          }   {'welcome' }
    {[1.0000 + 1.0000i]  }   {3x3 double}
```

例 3-29 依次赋值创建元胞数组示例。

用户还可以通过依次赋值的方式创建元胞数组。北太天元会根据表达式依次对当前的元胞数组进行扩展，从而建立新的元胞数组。例如：

```
>> A{1,1} = {[1 5 6 1 2;8 5 6 1 2;7 4 5 2 1]};
>> A{1,2} = {'welcome'};
>> A{2,1} = {1+1i};
>> A{2,2} = {rand(3)};
```

当用户对超出数组范围的索引进行赋值时，北太天元会自动扩展元胞数组至新的大小，使得新赋的值恰好位于扩展后的元胞数组索引边界上，例如将上面的 A 由 2×2 扩展为 3×3，可以使用如下命令：

```
>> A{3,3} = {"expand"}
A =
  3x3 cell array
    {1x1 cell    }  {1x1 cell    }   {0x0 double }
    {1x2 cell    }  {1x1 cell    }   {0x0 double }
    {0x0 double }  {0x0 double }   {1x1 cell    }
```

此外，北太天元也提供了 cell 函数，用于创建空的元胞数组。cell 函数支持创建一维、二维或高维空元胞数组。

例 3-30 创建空元胞数组示例。

```
>> a = cell(2)
  2x2 cell array
    {0x0 double}    {0x0 double}
    {0x0 double}    {0x0 double}
>> b = cell(2,3)
b =
  2x3 cell array
    {0×0 double}  {0×0 double}  {0×0 double}
    {0×0 double}  {0×0 double}  {0×0 double}
>> whos
   Name     Size     Bytes     Class   Attributes

   B        2x3        104     cell
   A        2x2        104     cell
```

在已经知道要使用的元胞数组大小后，通过使用 cell 函数创建空元胞数组，为元胞数组预先分配连续的内存，可以避免因为元胞数组扩展引起的时间开销，提高代码运行效率。

3.6.2 元胞数组的访问

元胞数组的访问在一般数组访问的基础上，增加了访问元胞数组内容的方式。

将索引放在圆括号()中，可以引用元胞数组的元素；将索引放在花括号{}中，可以访问元胞的内容。

例 3-31 元胞数组的访问实例。

```
>> A = {'Beijing','Shanghai','Chongqing';"28","29","35";}
A =
  2x3 cell array
    {'Beijing'}    {'Shanghai'}   {'Chongqing'}
    {"28"      }   {"29"       }  {"35"        }
>> A(1,2)
ans =
  1x1 cell array
    {'Shanghai'}
>> A{1,2}
ans =
    'Shanghai'
```

3.6.3 元胞数组的合并与删除

北太天元支持多个元胞数组合并成一个大的元胞数组，也支持将多个元胞数组合并为嵌套元胞数组。并且北太天元也支持对元胞数组内的元素进行删除操作。

例 3-32 元胞数组的合并实例。

```
>> A1 = {'Beijing','Shanghai','Chongqing';"28","29","35";};
>> A2 = {'London','Paris','New York';'15','30','19'};
>> A1
A1 =
  2x3 cell array
    {'Beijing'}  {'Shanghai'}  {'Chongqing'}
    {"28"      } {"29"       } {"35"        }
>> A2
A2 =
  2x3 cell array
    {'London'}    {'Paris'}    {'New York'}
    {'15'     }   {'30'    }   {'19'      }
>> A3 = {A1,A2}                  % 使用{}生成嵌套元胞数组
A3 =
    1x2 cell array
    {2x3 cell}    {2x3 cell}
>> A4 = [A1;A2]                  % 使用[]生成元胞数组
A4 =
```

```
  4x3 cell array
   {'Beijing' }  {'Shanghai'  }  {'Chongqing'}
   {"28"      }  {"29"        }  {"35"       }
   {'London'  }  {'Paris'     }  {'New York' }
   {'15'      }  {'30'        }  {'19'       }
```

例 3-33 元胞数组的删除。

```
>> A4(1,:) = []
A4 =
  3x3 cell array
   {"28"    }  {"29"    }  {"35"      }
   {'London'}  {'Paris'}  {'New York'}
   {'15'    }  {'30'    }  {'19'      }
```

3.6.4 元胞数组的操作函数

北太天元提供了一系列关于元胞数组的操作函数，例如元胞数组的创建、显示、与其他类型转换等函数，如表 3-11 所示。

表 3-11 元胞数组中的操作函数

函数	说明	函数	说明
cell	创建空的元胞数组	num2cell	将数值数组转换为元胞数组
iscell	判断变量是否为元胞数组	iscellstr	判断元胞数组中的所有元素是否为字符数组或字符串
celldisp	递归地显示元胞数组内容	cell2struct	将元胞数组转换为结构体
cellfun	对元胞数组的每个元素应用函数	cell2mat	将元胞数组转换为基础数据类型的普通数组

例 3-34 递归显示元胞数组实例。

```
>> A1 = {'Beijing','Shanghai','Chongqing';"28","29","35";};
>> celldisp(A1)
{1,1} =
    'Beijing'
{2,1} =
    "28"
{1,2} =
    'Shanghai'
{2,2} =
    "29"
{1,3} =
    'Chongqing'
{2,3} =
    "35"
```

例 3-35　将元胞数组转换为结构体实例。

```
>> A1 = {'A','B','C'};
>> B1 = {'Beijing','Shanghai','Chongqing'};
>> City = cell2struct(B1,A1,2)
City =
  1x1 struct
    A: 'Beijing'
    B: 'Shanghai'
    C: 'Chongqing'
```

第4章

矩阵和数组

在北太天元中，数组是一个通用的数据结构，可以是一维、二维或者多维的。矩阵是二维矩形数组，由一组数在括号内排列成 m 行 n 列的一个数表，称为 $m\times n$ 矩阵。向量是 $1\times n$ 或者 $m\times 1$ 的矩阵，标量是 1×1 的矩阵。这些数据结构支持各种数学运算，如加法、减法、乘法、除法等，使得数值计算变得更加方便和高效。

§4.1 向量与矩阵的概念及区别

向量是由 n 个数 $a_1,a_2,\cdots,a_n$ 组成的有序数组，记作

$$a=\begin{bmatrix} a_1 \\ a_2 \\ \vdots \\ a_n \end{bmatrix} \quad 或 \quad a=(a_1,a_2,\cdots,a_n)$$

将 a 称为 n 维向量(左侧等式为列向量，右侧等式为行向量)，称 a_i 为向量 a 的第 i 个分量。

矩阵是由 $m\times n$ 个数 $a_{ij}\,(i=1,\ 2,\cdots,m;\ j=1,2,\ \cdots,n)$ 排成的 m 行 n 列矩形阵列，记作

$$A=\begin{bmatrix} a_{11} & a_{12} & \cdots & a_{1n} \\ a_{21} & a_{22} & \cdots & a_{2n} \\ \vdots & \vdots & & \vdots \\ a_{m1} & a_{m2} & \cdots & a_{mn} \end{bmatrix}$$

将 A 称作 $m\times n$ 矩阵，也可以记作 (a_{ij}) 或 $A_{m\times n}$，其中 i 表示行数，j 表示列数。若 $m=n$，则该矩阵为 n 阶矩阵（n 阶方阵）。

注 由有限个向量所组成的向量组可以构成矩阵，如果 $A=(a_{ij})$ 是 $m\times n$ 矩阵，那么 A 有 m 个 n 维行向量，有 n 个 m 维列向量。

§ 4.2 矩阵的创建

在北太天元中，创建新矩阵是数值计算和数据处理的基础操作之一。根据不同的需求和场景，可以选择多种方式来创建矩阵。这些方式包括直接指定矩阵的元素、使用内置函数生成特殊类型的矩阵、通过矩阵运算或合并已有矩阵来生成新矩阵等。每种方式都有其适用的场景和优势，用户可以根据具体需求选择最合适的方法来创建所需的矩阵。接下来，我们将详细介绍这些不同的矩阵创建方式。

4.2.1 创建简单矩阵

在北太天元中，由于矩阵是默认的数据类型，因此用户输入的所有数据，包括标量数据，都会以矩阵的形式进行存储和处理。

例 4-1 输入单个标量的示例。

```
>> clear              % 清除工作区中所有的变量
>> A = 15;            % 输入数值 A
>> whos               % 查看工作区中所存储的变量信息
  Name  Size  Bytes  Class   Attributes


  A     1x1       8  double
```

在例 4-1 中，标量 A 的存储格式为 1×1 的矩阵，数据类型是双精度浮点数。在北太天元中，默认生成的数据类型为双精度浮点数。

在北太天元中，创建矩阵最简单快捷的方式是使用方括号 [] 。如果想创建一个行向量，只需要在方括号中输入以逗号或空格分割的元素即可。

```
>> A = [e1,e2,…,en];
>> A = [e1 e2 … en];
```

例如创建一个含有 7 个元素的行向量或者列向量，可以在命令行中输入下面的命令：

例 4-2 创建行/列向量。

```
>> A = [1,2,3,4,5,6,7];
>> B = A';
>> whos
 Name  Size  Bytes   Class    Attributes


 B     7x1      56   double
 A     1x7      56   double
```

A 是一个行向量，B 是一个列向量，它们均包含 7 个元素，且都为双精度浮点数。

注 代码里的 A'是 A 的共轭转置，A.'才表示 A 的转置。A' 和 A^{T} 在很多代数教材中都表示 A 的转置，A^*表示 A 的共轭转置，为了避免混淆，我们在这本书的非代码的地方用 A^{T}

表示 A 的转置，用 A^*表示 A 的共轭转置。

例 4-3 创建 1~30 区间内以 3 为步长的向量。

在北太天元中，可以通过“起始值:步长:结束值”的方式创建向量。在命令窗口输入：

```
>> n = 1:3:30
```

回车键执行命令，窗口显示为

```
>> n =
   1    4    7   10   13   16   19   22   25   28
```

值得注意的是：步长只能是正数、负数或者小数。如果不指定步长，那么默认步长为 1。当步长为负数时，若起始值小于结束值，则结果为空数组。

```
>> a = 1:-3:30
a =
  1x0 empty double
>> a = 30:-3:1
a =
  30   27   24   21   18   15   12    9    6    3
```

在北太天元中，以分号（英文分号和中文分号均可）作为列的分隔符：

```
>> A = [row1; row2; …; rown]
```

例 4-4 创建一个 2 行 7 列的矩阵。

```
>> A = [1 2 3 4 5 6 7;8 9 10 11 12 13 14]
A =

   1    2    3    4    5    6    7
   8    9   10   11   12   13   14
```

值得注意的是：在矩阵输入的过程中，矩阵每行中的元素个数必须保持一致。

方括号只能用于二维矩阵的创建，如 0×0、1×1、1×n、m×n 矩阵等。在构建一个带符号数值的矩阵时，符号须紧挨着数值，二者之间不能有空格。下面将举例说明。

例 4-5 矩阵中带符号的数值输入示例。

下例说明，符号与数值之间存在空格并不会影响计算的结果。

```
>> 2 * 5 -4
ans =
   6
>> 2 * 5- 4
ans =
   6
```

但是，在矩阵的输入过程中，若符号与数值之间存在空格，那么得到的结果是不一致的。初学者在这里一定要注意，以避免出现计算结果错误的情况。

```
>> [2 *5 -4]
ans =
   10   -4
>> [2 * 5 - 4]
ans =
   6
```

4.2.2 创建特殊矩阵

北太天元中有很多用来创建各类型的特殊矩阵的函数，比如创建魔方矩阵。表 4-1 中列出了一些常用的特殊矩阵的创建函数。

表 4-1 常用特殊矩阵的创建函数

函数名称	函数功能	函数名称	函数功能
zeros	生成全 0 矩阵	magic	生成魔方矩阵
diag	生成对角矩阵	rand	随机均匀分布矩阵
ones	生成全 1 矩阵	randn	生成正态分布矩阵
eye	生成单位矩阵	randperm	生成指定整数元素随机矩阵

例 4-6 特殊矩阵创建示例。

```
>> zeros(3)        % 创建所有元素为 0 的 3*3 矩阵
ans =
   0   0   0
   0   0   0
   0   0   0
>> eye(4)          % 创建 4*4 的单位矩阵
ans =
   1   0   0   0
   0   1   0   0
   0   0   1   0
   0   0   0   1
```

注 zeros(n)和 zeros(n,n)，eye(n)和 eye(n,n)是一样的。

```
>> rand(3, 2)       % 创建 3*2 的随机数矩阵
ans =
    0.7805    0.1434
    0.1183    0.9447
    0.6399    0.5218
>> randperm(6)      % 创建由 1:6 构成的随机数列
ans =
   1   4   2   3   5   6
```

注 随机函数每次运行会返回不同的结果。

4.2.3 矩阵的合并

矩阵的合并是指将两个及以上的矩阵拼成新矩阵。上文中提到的方括号 [ ]，除了可以用来创建新矩阵，还能用于矩阵的合并。

表达式 F=[B C] 指将矩阵 B 和矩阵 C 在水平方向上进行合并，而表达式 F=[B; C] 则表示将矩阵 B 和矩阵 C 在竖直方向上进行合并。

例 4-7 求矩阵 B 和矩阵 C 在竖直方向和水平方向上合并得到的矩阵 F。

```
>> B = rand(3);
>> C = eye(3);
>> F = [B C]
F =
    0.4562    0.6176    0.9437    1.0000    0.0000    0.0000
    0.5684    0.6121    0.6818    0.0000    1.0000    0.0000
    0.0188    0.6169    0.3595    0.0000    0.0000    1.0000
>> F = [B; C]
F =
    0.4562    0.6176    0.9437
    0.5684    0.6121    0.6818
    0.0188    0.6169    0.3595
    1.0000    0.0000    0.0000
    0.0000    1.0000    0.0000
    0.0000    0.0000    1.0000
```

值得注意的是：在矩阵的合并过程中，要保证合并的若干个矩阵的行数或列数一致，否则北太天元将会报错。在水平方向上合并矩阵时，合并前矩阵的行数必须相同；在竖直方向上合并矩阵时，合并前矩阵的列数必须相同。

```
>> B = rand(3);
>> C = eye(5);
>> F = [B C]
矩阵行数不同，不能左右并置。
```

§ 4.3 矩阵的访问与赋值

在矩阵创建完毕后，我们经常需要访问矩阵中的某个或者某些元素，另外还可能需要更改其中的某些元素，这时可以对矩阵特定位置进行重新赋值操作。本节将介绍如何对矩阵进行寻访和赋值。

4.3.1 矩阵的标识

矩阵元素的标识，是指用于唯一确定矩阵中某个元素位置的方法或规则。它通常涉及到元素的行号、列号，或者是一个唯一的索引号（在单下标或线性索引的情况下）。元素的标识允许我们精确地引用和操作矩阵或数组中的特定元素。本节介绍元素标识和寻访的三种方式：全下标标识、单下标标识以及逻辑 1 标识。

1. 全下标标识

在访问矩阵元素时，通常采用的方法是全下标标识法，即根据某一元素所在的行号和列号进行标识。这种方法的几何概念清楚，表达式简单，方便使用。在北太天元的矩阵元素寻访和赋值操作中也最常用。

对于一个二维矩阵，全下标标识实际由行号和列号组成。如 $B(2,3)$ 指矩阵 B 的第 2 行、第 3 列的元素，在很多线性代数课本写成 $B_{\{2,3\}}$。

2. 单下标标识（线性索引）

单下标标识指仅用一个下标来指明元素在矩阵中的位置。虽然在北太天元中，矩阵是最基本的计算单元，在呈现上与二维数组的形式类似，但在实际存储上，矩阵元素并不是以二维数据的形式存储，而是以一维数组的形式存储到内存中（实际结构为：将二维矩阵的所有列，按从左至右的次序首尾相连形成一维长列）。在此基础上，对矩阵元素的索引编号就是单下标标识。

单下标与全下标的转换关系如下：以 $m \times n$ 的二维矩阵 B 为例，若全下标的元素位置是第 i 行，第 j 列，那么相应的单下标则为 $c=(j-1)\times m+i$。

在北太天元中，以下的两个函数可以实现全下标和单下标的转换。

- sub2ind：根据全下标换算出单下标，例如 c = sub2ind([m, n], i, j)。
- ind2sub：根据单下标换算出全下标，例如 [i, j] = ind2sub([m, n], c)。

例 4-8 在 3×3 矩阵中指定行下标和列下标，将下标转换为线性索引。

```
>> row = [1 2 3 1];
>> col = [2 2 2 3];
>> sz = [3 3];
>> ind = sub2ind(sz,row,col)
ind =
   4   5   6   7
```

3. 逻辑 1 标识

逻辑 1 标识法，在矩阵操作中，是一种高效地寻访特定元素的方法，特别适用于找出矩阵中满足特定条件（如大于或小于某个给定值）的所有元素。这种方法的核心在于创建一个与待寻访矩阵具有相同维度的逻辑矩阵，其中的每一个 true 值都对应着待寻访矩阵中满足条件的元素位置。

在北太天元中，可以直接使用比较运算符（如>、<等）来生成这个逻辑矩阵，并利用它来索引和访问待寻访矩阵中的特定元素。这种方法使得数据处理和分析变得更加高效和灵活。

举一个逻辑 1 标识法的例子：

假设我们有一个矩阵 A，其元素如下：

```
>> A = [1, 5, 3; 8, 2, 6; 4, 9, 7];
```

我们的目标是找出矩阵 *A* 中所有大于 4 的元素。为此，我们可以使用逻辑 1 标识法，即创建一个与矩阵 *A* 同维度的逻辑矩阵 *L*，其中 *L* 的每个元素表示 *A* 对应位置上的元素是否大于 4。

在北太天元中，我们可以直接使用比较运算符来实现这一点：

```
>> L = A > 4;
```

执行上述代码后，*L* 将是一个逻辑矩阵，其元素如下：

```
L =
     0     1     0
     1     0     1
     0     1     1
```

在这个逻辑矩阵 *L* 中，true（在北太天元中显示为 1）表示矩阵 *A* 对应位置上的元素大于 4，而 false（在北太天元中显示为 0）则表示不大于 4。

现在，我们可以使用逻辑矩阵 *L* 来索引矩阵 *A*，从而直接获取所有大于 4 的元素：

```
>> A_greater_than_4 = A(L);
```

执行上述代码后，A_greater_than_4 将是一个包含矩阵 *A* 中所有大于 4 的元素的向量（在北太天元中，逻辑索引会自动将结果展平为一个向量）：

```
A_greater_than_4 =
     5     8     6     9     7
```

在上述方法中，逻辑 1 标识法利用生成的逻辑矩阵，天然支持同时寻访多个元素；若想利用全下标表示法或单下标表示法同时寻访多个元素，除了可以使用向量作为寻访地址外，还可以使用冒号来寻访，具体的使用方式将在下述例子中举例说明。

4.3.2 矩阵的访问

例 4-9 二维矩阵的访问。

```
>> A = [1 2 3; 4 5 6; 7 8 9];    % 创建测试矩阵
>> a = A(2, 2)                   % 全下标访问
a =
   5
>> b = A(5)                      % 单下标访问
b =
   5
>> B = A > 5                     % 返回逻辑下标
B =
  3x3 logical
   0   0   0
   0   0   1
   1   1   1
>> c = A(B)                      % 逻辑下标寻访
```

```
c =
   7
   8
   6
   9
>> d = A(:, 2)                  % 用冒号寻访某列元素
d =
   2
   5
   8
>> e = A(2, :)                  % 用冒号寻访某行元素
e =
   4   5   6
>> f = A(:)                     % 单下标寻
f =
   1
   4
   7
   2
   5
   8
   3
   6
   9
>> g = A(:, [2:3])              % 寻访地址可为变量，可同时寻访多个元素
g =
   2   3
   5   6
   8   9
```

4.3.3 矩阵的赋值

在了解完矩阵的访问方法后，对矩阵中的特定元素进行赋值就变得相对简单了。接下来，我们将通过举例来说明这一过程。

例 4-10 二维矩阵的赋值。

```
>> A = ones(4)
A =
   1   1   1   1
   1   1   1   1
   1   1   1   1
   1   1   1   1
>> A(3, 2) = 100
A =
     1     1     1     1
```

```
     1     1     1     1
     1   100     1     1
     1     1     1     1
>> A(2, :) = 0
A =
     1     1     1     1
     0     0     0     0
     1   100     1     1
     1     1     1     1
>> A(14) = -14
A =
     1     1     1     1
     0     0     0   -14
     1   100     1     1
     1     1     1     1
```

§4.4 查询矩阵信息

在使用矩阵的过程中，经常需要获取某个矩阵的基本信息，如维度信息、所含元素的个数、元素的数据类型等。为了实现这一目的，就需要使用到查询矩阵信息的函数。本节将对这类函数进行详细说明。

4.4.1 矩阵的形状信息

利用表4-2中的函数，可以获取矩阵的形状信息。

表4-2 矩阵形状信息

函数名称	函数功能	函数名称	函数功能
length	返回矩阵最长的一维的长度	numel	返回矩阵的元素数目
size	返回矩阵的大小		

例4-11 查询矩阵形状信息示例。

```
>> A = rand(4)                  % 生成4*4的随机矩阵
A =
    0.3682    0.4736    0.7206    0.1059
    0.9572    0.8009    0.5820    0.4736
    0.1404    0.5205    0.5374    0.1863
    0.8701    0.6789    0.7586    0.7369
>> A(:, 2:3) = []               % 删除A的第2列和第3列
A =
    0.3682    0.1059
    0.9572    0.4736
    0.1404    0.1863
```

```
    0.8701    0.7369
>> l = length(A)
l =
   4
>> b = sum(A(:))/numel(A)   % 利用 sum 和 numel 函数计算矩阵 A 的平均值
b =
   0.3448
>> c = size(A)
c =
   4    2
```

4.4.2 矩阵的数据类型

北太天元与其他编程语言相似，都支持多种数据类型。具体的数据类型内容将在下一章进行详细介绍。而本节将着重介绍用于查询数据类型的函数。

表 4-3 中的函数可以用来查询矩阵对应的数据类型。

表 4-3 判断数据类型函数

函数名称	函数功能	函数名称	函数功能
isa	查询输入矩阵是否为给定类型	isfloat	查询输入矩阵是否为浮点数组
iscell	查询输入矩阵是否为元胞数组	islogical	查询输入矩阵是否为逻辑数组
iscellstr	查询输入矩阵是否为字符矩阵构成的元胞数组	isnumeric	查询输入矩阵是否为数值数组
ischar	查询输入矩阵是否为字符数组	isreal	查询输入矩阵是否使用复数存储
isstring	查询输入矩阵是否为字符串数组	isstruct	查询输入矩阵是否为结构体数组

例 4-12 查询矩阵的给定类型。

```
>> A = rand(4);
>> isa(A, 'class_name')
ans =
  1x1 logical
   0
```

4.4.3 矩阵的数据结构

表 4-4 中展示的是用来查询矩阵使用何种数据结构的函数。

表 4-4 数据结构查询函数

函数名称	函数功能	函数名称	函数功能
isempty	查询输入的矩阵是否为空	ismatrix	查询输入是否为矩阵
isscalar	查询输入矩阵是否为标量	isvector	查询输入矩阵是否为向量

例 4-13 查询矩阵是否为向量。

```
>> A = rand(4);
>> isvector(A)
ans =
  1x1 logical
   0
```

§ 4.5 逐元素运算与矩阵运算

4.5.1 逐元素运算

逐元素运算是指在数组、向量或矩阵的每个对应元素之间逐一进行的运算。这种操作广泛应用于数据处理、信号处理、机器学习等领域。逐元素运算具有直观性和并行计算的优势，在现代科学计算和编程中非常常见。逐元素运算可以应用于加法、减法、乘法、除法、指数运算、对数运算、比较运算等。所有这些操作都是基于元素级别的，而不是矩阵或向量整体的操作。

对于 $m \times n$ 的数组 $Y = \left[y_{ij} \right]_{m \times n}$ ，函数 f 的逐元素运算规则为

$$
\begin{aligned}
f(Y) &= \begin{bmatrix} f(y_{11}) & f(y_{12}) & \cdots & f(y_{1n}) \\ f(y_{21}) & f(y_{22}) & \cdots & f(y_{2n}) \\ \vdots & \vdots & & \vdots \\ f(y_{m1}) & f(y_{m2}) & \cdots & f(y_{mn}) \end{bmatrix} \\
&= \left[f(y_{ij}) \right]_{m \times n}
\end{aligned}
$$

即函数的逐元素运算是指将函数作用于矩阵中的所有元素，并且运算的结果为与计算矩阵相同维度的矩阵。其作用等于下面的 for 循环伪代码：

for $i = 1{:}m$

  for $j = 1{:}n$

    result=$f(y_{ij})$;

  end

end

但北太天元提供的逐元素运算函数 $f(Y)$ 的速度更快，且避免了显式循环的使用，使代码更简洁、可读性更好。

例如，设 $X = [x_1, x_2, \cdots, x_m]$ 是一个 $1 \times m$ 的数组，求 X 的平方根，也即 $f(X) = \sqrt{X}$ 。调用函数 sqrt 对进行求解，那么其计算方式为 sqrt(X) = [sqrt(x_1), sqrt(x_2), $\cdots$, sqrt(x_m)]。对数组 X 中的每个元素计算平方根，最终结果仍为 $1 \times m$ 的数组。

下面列出了支持逐元素运算的常用函数。常用的基本数学函数见表 4-5，常用的三角

函数见表 4-6。

表 4-5　北太天元常用的基本数学函数

函数	说明	函数	说明
abs(x)	绝对值和复数的模	floor(x)	向负无穷大舍入
angle(z)	复数 z 的相角	ceil(x)	向正无穷大舍入
conj(z)	复数 z 的共轭复数	exp(x)	自然指数
real(x)	复数 z 的实部	pow2(x)	2 的指数
imag(z)	复数 z 的虚部	nextpow2(x)	大于 x 的最小的 2 的幂的指数
sign(x)	符号函数，当 $x<0$ 时为-1，当 $x=0$ 时为 0，当 $x>0$ 时为 1	log(x)	以 e 为底的对数，即自然对数
rem(x,y)	除后的余数	log2(x)	以 2 为底的对数
round(x)	四舍五入至最近整数	log10(x)	以 10 为底的对数
fix(x)	朝零舍入	sqrt(x)	开平方

表 4-6　北太天元常用的三角函数

函数	说明	函数	说明
sin(x)	正弦函数，以弧度为单位	sind(x)	正弦函数，以角度为单位
cos(x)	余弦函数，以弧度为单位	cosd (x)	余弦函数，以角度为单位
tan(x)	正切函数，以弧度为单位	tand(x)	正切函数，以角度为单位
asin(x)	反正弦函数，以弧度为单位	asind(x)	反正弦函数，以角度为单位
acos(x)	反余弦函数，以弧度为单位	acosd(x)	反余弦函数，以角度为单位
atan(x)	反正切函数，以弧度为单位	atand(x)	反正切函数，以角度为单位
atan2(x,y)	四象限反正切函数，以弧度为单位	atan2d(x,y)	四象限反正切函数，以角度为单位

例 4-14　逐元素运算示例。

```
>> A = [1, 2, 3];
>> B = [4, 5, 6];
>> C = A .* B   % 逐元素乘法
C =
    4   10   18
>> A = [2, 3, 4];
>> B = [3, 2, 1];
>> C = A .^ B   % 逐元素指数运算

C =

   8    9    4
>> A = [1 3 5 9; 1 9 25 81];
>> B = sqrt(B)  % 逐元素求平方根
B =
```

```
1.0000    1.7321    2.2361    3.0000
1.0000    3.0000    5.0000    9.0000
```

4.5.2 向量运算

向量运算是线性代数和科学计算中非常基础且重要的概念，广泛应用于各种领域，如物理、工程、计算机科学等。向量运算涉及向量的加法、减法、数乘、内积（点积）、外积（叉积）等操作。这些运算遵循线性代数的规则，并具有特定的几何意义。

与逐元素运算不同，向量运算操作的对象是向量，而非向量中的元素。例如，向量的乘法分为内积和外积两种。

- 内积（点积）：计算两个向量对应分量的乘积之和，结果是一个标量。例如向量 a 和向量 b 的内积计算公式如下：

$$a \cdot b = a_1 b_1 + a_2 b_2 + \cdots + a_n b_n$$

- 外积（叉积）：两个向量在三维空间中的乘积，结果是一个向量。假设有两个三维向量 a 和 b，它们分别表示为

$$a = \begin{pmatrix} a_1 \\ a_2 \\ a_3 \end{pmatrix}, \quad b = \begin{pmatrix} b_1 \\ b_2 \\ b_3 \end{pmatrix}$$

向量外积（叉积）$a \times b$ 计算公式如下：

$$a \times b = \begin{pmatrix} a_2 b_3 - a_3 b_2 \\ a_3 b_2 - a_1 b_3 \\ a_1 b_2 - a_2 b_1 \end{pmatrix}$$

北太天元提供了大量适用于向量的常用函数，详情见表 4-7：

表 4-7 适用于向量的常用函数

函数	说明	函数	说明
min(x)	向量 x 的元素的最小值	norm(x)	向量 x 的欧几里得范数
max(x)	向量 x 的元素的最大值	sum(x)	向量 x 的所有元素之和
mean(x)	向量 x 的元素的平均值	prod(x)	向量 x 的元素乘积
median(x)	向量 x 的元素的中位数	cumsum(x)	向量 x 的元素累积和
std(x)	向量 x 的元素的标准差	cumprod(x)	向量 x 的元素累积乘积
diff(x)	向量 x 的相邻元素的差	dot(x,y)	向量 x 和 y 的点积
sort(x)	对向量 x 的元素进行排序	cross(x,y)	向量 x 和 y 的叉积

这些函数同时也支持矩阵作为输入，但其本质仍是基于向量进行运算，比如 S = sum(A)，假设 A 是矩阵，则 sum(A) 将返回包含每列总和的行向量。同时也可以指定维度进行操作，比如 sum(A,dim) 会沿维度 dim 返回总和。

例 4-15 向量运算示例。

```
>> A = [1, 2, 3];
>> B = [4, 5, 6];
>> dot_product = dot(A, B) % 向量内积
dot_product =
   32
>> cross_product = cross(A, B) % 向量外积
cross_product =
  -3   6  -3
```

4.5.3 矩阵运算

矩阵运算是线性代数和科学计算中的基础概念，广泛应用于各种科学、工程和计算领域。矩阵运算包括加法、减法、乘法、转置、逆矩阵、行列式、特征值和特征向量等。以下是矩阵运算的详细介绍。

- 矩阵加（减）法：两个具有相同维度的矩阵，对应元素相加（减），得到一个新的矩阵。矩阵与常数之间也可以进行加（减）法运算，矩阵中的所有元素加上（减去）常数。
- 矩阵乘法：矩阵之间的行与列进行内积运算。只有当第一个矩阵的列数等于第二个矩阵的行数时，才能进行矩阵乘法。例如对于矩阵 A 和矩阵 B 的乘积矩阵 C，其计算公式如下：

$$C = A \times B, \text{其中} \quad c_{ij} = \sum_{k=1}^{n} a_{ik} \times b_{kj}$$

常数与矩阵的乘法为逐元素运算，矩阵中的元素与常数相乘得到新的矩阵，与原来的矩阵维度相同。

- 矩阵除法：又称求逆运算，在第 5 章中详细讲解。矩阵可以与常数进行除法运算，矩阵中的元素一一与常数进行除法。
- 矩阵转置：将矩阵的行和列互换。对于一个矩阵 A，其转置表示为 A^{T}。

$$A_{ij}^{\mathrm{T}} = A_{ji}$$

例 4-16 矩阵运算示例。

```
>> A = [1, 2; 3, 4];
>> B = [5, 6; 7, 8];
>> C = A + B % 矩阵加法
C =
    6    8
   10   12
>> C = A - B % 矩阵减法
C =
  -4  -4
```

```
  -4  -4
>> C = A * B % 矩阵乘法
C =
   19   22
   43   50
```

4.5.4 逐元素运算对比矩阵运算

在北太天元中，逐元素运算与矩阵运算既有相似之处，也存在差异。具体来说，北太天元在应用于矩阵上的数学运算符时，遵循线性代数中的矩阵运算法则进行计算。

为了更直观地展示逐元素运算和矩阵运算的区别，本节将二者相对应的命令列表进行对比说明，如表 4-8 所示。

表 4-8 逐元素运算与矩阵运算的区别

逐元素运算		矩阵运算	
指令	说明	指令	说明
A.'	非共轭转置	A'	共轭转置
A+B 与 A-B	对应元素的加减	A+B 与 A-B	对应元素的加减
k.*A 或 A.*k	*k* 乘 *A* 的每个元素	k*A 或 A*k	*k* 乘 *A* 的每个元素
k+A 与 k-A	*k* 加(减)*A* 的每个元素	k+A 与 k-A	*k* 加(减)*A* 的每个元素
A.*B	两数组对应元素相乘	A*B	按线性代数的矩阵乘法规则
A.^k	*A* 的每个元素进行 *k* 次方运算	A^k	*k* 个矩阵 *A* 相乘
k.^A	以 *k* 为底，分别以 *A* 的元素为指数求幂值	k^A	矩阵的幂。*k* 和 *A* 不能同时为矩阵。按照矩阵幂的运算法则进行计算
k./A 和 A.\k	*k* 分别被 *A* 的元素除		
左除 A.\B	*A* 的元素被 *B* 的对应元素除	左除 A\B	*AX*=*B* 的解
右除 B./A	*A* 的元素被 *B* 的对应元素除	右除 B/A	*XA*=*B* 的解

例 4-17 逐元素运算和矩阵运算的比较。

```
>> A = [3,4; 5,6];
>> B = [5,6; 4,4];
>> C1 = -10 + A
C1 =
  -7  -6
  -5  -4
>> C2 = A*B
C2 =
   31   34
   49   54
>> C3 = A.*B
C3 =
   15   24
```

```
   20   24
>> C4 = A\B
C4 =
   -7.0000  -10.0000
    6.5000    9.0000
>> C5 = A.\B
C5 =
    1.6667    1.5000
    0.8000    0.6667
>> C6 = B\A
C6 =
    4.5000    5.0000
   -3.2500   -3.5000
>> C7 = B.\A
C7 =
    0.6000   0.6667
    1.2500   1.5000
>> C8 = A^2
C8 =
   29   36
   45   56
>> C9 = 2.^B
C9 =
   32   64
   16   16
```

§ 4.6 矩阵的重构

4.6.1 矩阵的元素扩展与删除

北太天元支持对矩阵做行或列的增加与删除操作，即可以扩展或缩减矩阵的行数或列数。

1. 矩阵的元素扩展

当对矩阵现有维数以外的元素赋值时，矩阵的大小会自动增加，以便容纳下这个新元素。这就是矩阵的扩展。

例 4-18 矩阵的元素扩展示例。

```
>> A = ones(3)
A =
   1   1   1
   1   1   1
   1   1   1
>> A(5, 6) = 100
```

```
A =
     1     1     1     0     0     0
     1     1     1     0     0     0
     1     1     1     0     0     0
     0     0     0     0     0     0
     0     0     0     0     0   100
>> A(8, :) = ones(6, 1)
A =
     1     1     1     0     0     0
     1     1     1     0     0     0
     1     1     1     0     0     0
     0     0     0     0     0     0
     0     0     0     0     0   100
     0     0     0     0     0     0
     0     0     0     0     0     0
     1     1     1     1     1     1
```

在本例中，*A* 的原始矩阵并没有 A(5, 6)这个元素，通过给 A(5, 6)赋值，矩阵 *A* 扩展成了一个 5×6 的矩阵。

2. 矩阵的元素删除

在北太天元中，可以通过将行或列赋空值，即置为空矩阵 []，实现删除矩阵中的行或列。

例 4-19 矩阵元素的删除示例。

```
>> A = magic(3)
A =
   6   1   8
   7   5   3
   2   9   4
>> A(2, :) = []          % 删除 A 的第 2 行
A =
   6   1   8
   2   9   4
```

4.6.2 矩阵的重构

在北太天元中，用户可以通过旋转矩阵、改变矩阵的维度或者提取矩阵的部分元素来生成所需的新矩阵。以下是提供的常用于矩阵重构的函数，如表 4-8 所示。

表 4-9 常用的矩阵重构函数

函数形式	函数功能	函数形式	函数功能
B = rot90(A)	矩阵 *B* 由矩阵 *A* 逆时针旋转 90 度所得	B = reshape (A,m,n)	矩阵 *B* 的维数为 *m*×*n*，这里要求矩阵 *A* 的元素个数是 *mn*

续表

函数形式	函数功能	函数形式	函数功能
L = tril(A)	*L* 是矩阵 *A* 的下三角部分，包括主对角线	U = triu(A,k)	*U* 是通过提取 *A* 上三角部分形成的新矩阵，如果 *k* 的值是一个非零整数，那么选择元素的开始位置是主对角线以上 *k* 对角线的偏移量
L = tril(A,k)	*L* 是通过提取 *A* 下三角部分形成的新矩阵，如果 *k* 的值是一个非零整数，那么选择元素的开始位置是主对角线以上 *k* 对角线的偏移量	U = triu(A)	*U* 是矩阵 *A* 的上三角部分，包括主对角线。

§ 4.7 稀疏矩阵

北太天元的稀疏矩阵是一种特殊的矩阵类型，适用于具有大量零元素的大型矩阵。北太天元仅存储稀疏矩阵中的非零元素及其位置，从而大大节省内存空间，提高计算效率。通过 sparse 函数可以方便地创建和管理稀疏矩阵。

4.7.1 稀疏矩阵的存储方式

稀疏矩阵的存储方式主要是为了优化存储空间，特别是当矩阵中零元素的数量远多于非零元素时。北太天元的稀疏矩阵只存储非零元素及其位置（行号和列号），从而大大节省了存储空间。当矩阵非常稀疏时，这种存储方式的优势尤为明显。此外，北太天元还提供了 full 函数来将稀疏矩阵转换为完全存储方式的矩阵（满矩阵），sparse 函数除了创建稀疏矩阵还可以把满矩阵转成稀疏矩阵。

例 4-20 稀疏矩阵与满矩阵的对比。

```
>> A = magic(1000);
>> A(A>50) = 0;
>> A_sparse = sparse(A);
>> whos
  Name        Size           Bytes    Class            Attributes


  A_sparse    1000x1000       8808    sparse double    sparse
  A           1000x1000    8000000    double
```

本例中，A 和 A_sparse 两个变量实际上存储的矩阵内容相同。但是，A_sparse 仅保存了非零元素的信息，这大大节约了内存。

4.7.2 稀疏矩阵的创建

在北太天元中，是否使用稀疏矩阵是由用户根据实际需求决定的。当用户需要创建矩阵时，应考虑矩阵中零元素的数量以及采用稀疏矩阵技术是否能有效节省存储空间。通常，矩阵中非零元素占总元素的比例越小，采用稀疏矩阵格式的优势就越明显。

在北太天元环境中，用户可以通过 sparse 函数将满矩阵转换为稀疏矩阵。例如，B = sparse(A) 就是将矩阵 A 转换为稀疏矩阵 B。相反，如果用户需要将稀疏矩阵转换回满矩阵，可以使用 full 函数来实现这一转换。

例 4-21 一般矩阵和稀疏矩阵的相互转换。

```
>> A = [0 0 1; 0 1 0; 1 0 0]
A =
   0   0   1
   0   1   0
   1   0   0
>> B = sparse(A)
B =
  3x3 sparse double

   (3,1)    1.0000
   (2,2)    1.0000
   (1,3)    1.0000

>> C = full(B)
C =
   0   0   1
   0   1   0
   1   0   0
```

从本例的结果中，我们可以观察到，矩阵 B 经过稀疏化处理后，仅保留了其所有非零元素及其对应的行号和列号，并且这些非零元素被紧凑地存储在一列中。

sparse 函数提供了一种便捷的方式来直接根据一组非零元素创建稀疏矩阵。该函数的详细调用格式为：

```
S = sparse(i,j,s,m,n,nzmax)
```

其中 i 和 j 分别表示矩阵中非零元素的行号和列号，它们可以是向量形式，用于指定多个非零元素的位置。s 是一个行向量，其长度与 i 和 j 相同，包含了对应位置(i, j)上的非零元素值。m 和 n 分别指定了稀疏矩阵的行数和列数。nzmax 是一个可选参数，用于限定稀疏矩阵中可存储的最大非零元素个数。如果省略 nzmax，则默认为行向量 s 的长度，即实际提供的非零元素数量。

例 4-22 稀疏矩阵的创建。

```
>> S = sparse([1 2 3 7 10], [1 2 3 3 10], [1 1 1 3 3], 10, 10)
S =
  ( 1, 1)    1.0000
  ( 2, 2)    1.0000
  ( 3, 3)    1.0000
  ( 7, 3)    3.0000
  (10,10)    3.0000
```

第 5 章

数值计算

本章将探讨矩阵的逆、矩阵的秩，以及多种矩阵分解方法（包括 LU 分解、QR 分解、Cholesky 分解、特征值求解和奇异值分解）等数值计算主题，同时还会涉及数据统计和常微分方程求解等内容。本章的重点在于介绍如何使用北太天元软件进行这些常用的数值计算。关于这些计算方法的原理，请读者参考相关书籍，本书由于篇幅限制不再详细阐述。本章各小节内容相对独立，读者无须按照文章顺序阅读，可根据自身实际需求选择相关内容进行阅读。

§ 5.1 矩阵分解

本节将介绍矩阵的一些基本操作，涵盖矩阵的行列式、逆矩阵、秩的计算，以及 Cholesky 分解、LU 分解、QR 分解和范数等概念。其中，Cholesky 分解和 LU 分解是将矩阵分解为上三角矩阵和下三角矩阵的乘积，而 QR 分解则是将矩阵分解为一个正交矩阵和一个上三角矩阵的乘积。这些分解方法在数值计算中非常有用，例如，在求解线性方程组时，可以对系数矩阵进行 LU 分解，然后通过前代和回代过程轻松求解。

5.1.1 行列式、逆和秩

本小节将重点介绍以下命令，用于计算矩阵 A 的行列式、逆矩阵、矩阵的秩以及其他相关属性：

- det(A)：计算方阵 A 的行列式。
- inv(A)：计算方阵 A 的逆矩阵。若 A 为奇异矩阵或近似奇异矩阵，则会返回错误信息。
- pinv(A)：计算矩阵 A 的伪逆矩阵。对于 $m\times n$ 的矩阵 A，其伪逆矩阵的维度为 $n\times m$。特别地，当 A 为非奇异矩阵时，有 pinv(A) = inv(A)。
- rank(A)：计算矩阵 A 的秩，即 A 的行空间或者列空间的维数。
- trace(A)：计算矩阵 A 的迹，即对角线元素之和。

例 5-1 计算方阵 A 的行列式。

首先在北太天元命令窗口中创建矩阵 A_1，A_2，A_3。

```
>> A1 = [7 5; 3 6]              % 创建矩阵 A1
A1 =
   7   5
   3   6
>> A2 = [4 6; 2 3]              % 创建矩阵 A2
A2 =
   4   6
   2   3
>> A3 = [1 4 7; 2 5 8]          % 创建矩阵 A3
A3 =
   1   4   7
   2   5   8
```

然后使用 det 分别对矩阵 A_1，A_2，A_3 计算行列式。

```
>> det(A1)
ans =
  27
>> det(A2)
ans =
   0
>> det(A3)
错误使用函数 det
输入矩阵必须是二维浮点方阵。
```

例 5-1 在计算矩阵 A_3 的行列式时报错，原因是 A_3 不是方阵，det 只能计算方阵的行列式。

例 5-2 使用 inv 计算矩阵的逆。

这里仍采用上例中的 A_1，A_2 和 A_3。

```
>> inv1 = inv(A1)               % 计算 A1 的逆
inv1 =
    0.2222   -0.1852
   -0.1111    0.2593
>> inv2 = inv(A2)               % A2 是奇异矩阵，没有逆
警告：矩阵是奇异的。
inv2 =
       inf       inf
       inf       inf
>> inv3 = inv(A3)               % A3 不是方阵
错误使用函数 inv
矩阵必须为方阵。
```

这里需要注意的是非方阵是没有逆的，并且计算奇异矩阵逆时会报错。

例 5-3 矩阵逆的其他示例。

```
>> detinv1 = det(inv(A1))
```

```
detinv1 =
   0.0370
>> 1/det(A1)                    % A1 的逆矩阵行列式就等于 1/det(A1)
ans =
   0.0370
>> A1^(-1)                      % 逆矩阵用另一种方式来计算
ans =
    0.2222   -0.1852
   -0.1111    0.2593
>> A1^-1                        % 小括号可以省略
ans =
    0.2222   -0.1852
   -0.1111    0.2593
```

例 5-3 展示了 A_1 的逆矩阵的行列式等于 A_1 的行列式的倒数。利用 A^(-1)或者 A^-1 这种计算矩阵的 −1 次幂也可以计算逆矩阵。

例 5-4　pinv 求解矩阵的伪逆。

```
>> pinv1 = pinv(A1)               % A1 矩阵的逆与其伪逆相同
pinv1 =
    0.2222   -0.1852
   -0.1111    0.2593
>> pinv2 = pinv(A2)
pinv2 =
    0.0615    0.0308
    0.0923    0.0462
>> pinv3 = pinv(A3)
pinv3 =
   -1.1667    1.0000
   -0.3333    0.3333
    0.5000   -0.3333
```

通过例 5-4 可以看出矩阵 A_1 的逆矩阵和它的伪逆是一致的。虽然无法求解 A_2,A_3 的逆，但是可以求这两个矩阵的伪逆。同时 pinv 支持 pinv(A, tol)，可以利用 tol 设置容差，pinv 计算伪逆期间将小于 tol 的奇异值视为零。

例 5-5　rank 求解矩阵的秩。

```
>> rank1 = rank(A1)
rank1 =
     2
>> rank2 = rank(A2)
rank2 =
     1
>> rank3 = rank(A3)
rank3 =
     2
```

```
>> rank_1 = 'rank(A1.')
   rank_1 =
      2
>> rank_2 = 'rank(A2.')
rank_2 =
      1
>> rank_3 = 'rank(A3.')
rank_3 =
      2
```

例 5-5 可以看出矩阵的秩和其转置的秩相同。在北太天元中，rank(A, tol) 函数用于计算矩阵 A 的秩，其中 tol 是一个容差参数。这个函数的工作原理是计算矩阵 A 的奇异值，并将大于 tol 的奇异值的个数作为矩阵的秩。换句话说，它考虑了那些相对于给定容差 tol 来说足够大的奇异值。

通过上面几个实例，可以总结以下规律：

- 行列式的计算仅适用于方阵。
- 方阵是唯一可以求逆的矩阵类型，然而，如果方阵的行列式等于 0，则该方阵没有逆矩阵。
- 如果方阵的逆矩阵存在，它的逆和伪逆相同。
- 如果方阵的逆矩阵存在，它的逆矩阵的行列式为 1/det(A)。
- 矩阵的秩和其转置的秩相同。
- 实数矩阵的行列式和其转置矩阵的行列式相同。

5.1.2 Cholesky 分解

如果矩阵 A 为 n 阶对称正定矩阵，则存在一个对角元素为正数的下三角实矩阵 L，使得 $A = LL^{\mathrm{T}}$。当限定 L 的对角元素为正时，这种分解是唯一的，称为 Cholesky 分解。在北太天元中，Cholesky 分解由函数 chol 实现，该函数要求输入的矩阵是正定的。

例 5-6 对矩阵 A 进行 Cholesky 分解。

```
>> A = [1 1 1 1; 1 2 3 4; 1 3 6 10; 1 4 10 20]   % 定义矩阵 A
A =
    1    1    1    1
    1    2    3    4
    1    3    6   10
    1    4   10   20
>> R = chol(A)                          % 对矩阵 A 进行 Cholesky 因式分解
R =
   1   1   1   1
   0   1   2   3
   0   0   1   3
   0   0   0   1
>> R.'*R                                % 验证 A=R^T R
ans =
```

```
     1     1     1     1
     1     2     3     4
     1     3     6    10
     1     4    10    20
```

通过例 5-6 可以看出在北太天元中对称正定矩阵 A 可被分解为 $R^{\mathrm{T}}R$，R^{T} 为矩阵 R 的转置矩阵。

5.1.3 LU 分解

矩阵的 LU 分解，也被称为矩阵的三角分解，旨在将一个矩阵分解成一个下三角矩阵 L 和一个上三角矩阵 U 的乘积，即 $A=LU$。值得注意的是，通过这种分解法得到的上三角矩阵 L 和下三角阵 U 并不是唯一的。LU 分解在解线性方程组、求矩阵的逆等计算中扮演重要的角色。在北太天元中，实现 LU 分解的命令是 lu，使用方法如下：

- 使用 X = lu(A) 命令可以对稠密矩阵 A 执行列主元 LU 分解，其形式为 $PA=LU$。在这种分解中，矩阵 U 的信息被存储在 X 的对角线和上三角部分，而矩阵 L 的信息则被存储在 X 的下三角部分，其中对角线上的元素 1 被省略。需要注意的是，这种分解方式并不存储矩阵 P 的信息，因此会丢失 LU 分解的部分信息。通常，这种方法不是首选，因为它不能提供完整的 LU 分解信息。
- [L, U] = lu(A)。将矩阵 A 分解为一个上三角矩阵 U 和一个经过置换的下三角矩阵 L，使得 $A=LU$。这里的 L 相当于下一个命令里的 $P^{\mathrm{T}}L$。
- [L, U, P] = lu(A)。多返回一个置换矩阵 P，并满足 $A=P^{\mathrm{T}}LU$。在此语法中，L 是单位下三角矩阵，U 是上三角矩阵。
- [L, U, P] = lu(A,outputForm)。以 outputForm 指定的格式返回 P。将 outputForm 指定为 'vector '会将 P 返回为一个置换向量，并满足 A(P,:) = LU。

例 5-7 矩阵 A 的简单 LU 分解，其中

$$A=\begin{bmatrix}7&9&4\\2&3&4\\0&1&2\end{bmatrix}$$

```
>> A = [7 9 4; 2 3 4; 0 1 2];                    % 定义矩阵 A
>> X = lu(A)
X =
       7.0000    9.0000    4.0000
       0.0000    1.0000    2.0000
       0.2857    0.4286    2.0000
>> [L,U] = lu(A)                                 % 对 A 进行 LU 分解
L =
       1.0000    0.0000    0.0000
       0.2857    0.4286    1.0000
       0.0000    1.0000    0.0000
U =
```

```
        7.0000    9.0000    4.0000
        0.0000    1.0000    2.0000
        0.0000    0.0000    2.0000
>> L*U                                      % 验证 A=LU
ans =
       7   9   4
       2   3   4
       0   1   2
```

例 5-7 将矩阵 A 分解为下三角矩阵的变换形式 L 和上三角矩阵 U,并且验证了 $A=LU$。

例 5-8 矩阵 A 的带置换矩阵 P 的 LU 分解。

```
>> [L,U,P] = lu(A)
L =
        1.0000    0.0000    0.0000
        0.0000    1.0000    0.0000
        0.2857    0.4286    1.0000
U =
        7.0000    9.0000    4.0000
        0.0000    1.0000    2.0000
        0.0000    0.0000    2.0000
P =
       1   0   0
       0   0   1
       0   1   0
>> P*A
    ans =
       7   9   4
       0   1   2
       2   3   4
>> L*U                           % 验证 PA=LU
    ans =
       7   9   4
       0   1   2
       2   3   4
```

例 5-8 通过置换矩阵 P 的作用，将 PA 分解为下三角矩阵 L 和上三角矩阵 U，并且验证了 $PA=LU$。

例 5-9 矩阵 A 的带置换向量 P 的 LU 分解。

```
>> [L,U,P] = lu(A,'vector')                  % 将 P 矩阵以向量方式存储
L =
        1.0000    0.0000    0.0000
        0.0000    1.0000    0.0000
        0.2857    0.4286    1.0000
U =
```

```
       7.0000    9.0000    4.0000
       0.0000    1.0000    2.0000
       0.0000    0.0000    2.0000
P =
     1   3   2
>> A(P,:)
     7   9   4
     0   1   2
     2   3   4
>> L*U
    ans =
     7   9   4
     0   1   2
     2   3   4
```

例 5-9 将 outputForm 设置为 'vector'，即将 P 设置为转置向量，验证了 A(P, :) = L*U。

例 5-10 利用 LU 分解求解线性方程组 $AX=B$。根据下述矩阵，求解 X。

$$A=\begin{bmatrix}4 & 1 & 1\\19 & 1 & -3\\7 & 1 & 1\end{bmatrix},\quad B=\begin{bmatrix}-4 & 9 & 5\\3 & 1 & 1\\10 & 8 & 6\end{bmatrix},\quad AX=B$$

```
>> A = [4 1 1; 19 1 -3; 7 1 1];
>> B = [-4 9 5; 3 1 1; 10 8 6];
>> [L,U] = lu(A);
>> X = U\(L\B)
X =
    4.6667   -0.3333    0.3333
  -38.4167    9.5833    1.4167
   15.7500    0.7500    2.2500
>> A*X                % 验证 A*X=B
ans =
   -4.0000    9.0000    5.0000
    3.0000    1.0000    1.0000
   10.0000    8.0000    6.0000
```

5.1.4 QR 分解

如果矩阵 A 是正交矩阵，即满足 $A^{T}A = E$（单位矩阵）。在平面上，绕原点的旋转变换所对应的矩阵是一个正交矩阵

$$\begin{bmatrix}\cos\theta & \sin\theta\\-\sin\theta & \cos\theta\end{bmatrix}$$

矩阵的正交分解，也被称为 QR 分解，是一种将矩阵分解为一个单位正交矩阵和一个

上三角矩阵的乘积的方法。具体来说，假设 A 是一个 $m \times n$ 的矩阵，那么 A 可以通过 QR 分解被表示为矩阵 Q 和 R 的乘积：

$$A = QR$$

其中 Q 是一个正交矩阵，R 是一个 $m \times n$ 的上三角矩阵。这种分解在求解线性方程组 $AX = B$ 时特别有用，因为通过 QR 分解，原方程组可以等价地转化为一个系数矩阵为上三角矩阵的新方程组 $RX = Q^{\mathrm{T}}B$，而上三角矩阵的求解相对容易。值得注意的是，这里的线性方程组并不要求系数矩阵是方阵，QR 分解同样适用于非方阵的情况。

在北太天元中，实现矩阵 QR 分解的命令是 qr，使用方法如下：

- X = qr(A)。qr(A)函数用于执行矩阵 A 的 QR 分解。这一分解将 A 表示为两个矩阵的乘积：一个单位正交矩阵 Q 和一个上三角矩阵 R。即 $A = QR$。X 包含 Q 和 R 的信息。如果 A 为满矩阵（完全存储矩阵），则 $R =$ triu(X)。
- [Q, R] = qr(A)。对 $m \times n$ 矩阵 A 执行 QR 分解，满足 $A = QR$。其中，R 是 $m \times n$ 上三角矩阵，Q 是 $m \times m$ 正交矩阵。
- [Q, R, P] = qr(A)。在上述基础之上返回一个置换矩阵 P，满足 $AP = QR$。
- […] = qr(A, 0)。使用上述任意输出参数组合进行精简分解。输出的大小取决于 $m \times n$ 矩阵 A 的大小：

如果 $m > n$，则命令 qr 仅计算 Q 的前 n 列和 R 的前 n 行；

如果 $m \leqslant n$，则精简分解与常规分解相同；

如果指定第三个输出参数 P。其作用是对 A 的列进行重排，使得在进行 QR 分解时，数值稳定性得到增强。

- [Q, R, P] = qr(A, outform)。指定输出 P 的存储方式，更具体的：
  outform 为 'matrix' 时，P 为置换矩阵，即满足 $AP = QR$；
  outform 为 'vector' 时，P 为置换向量，即满足 $A(:, P) = QR$；
  outform 的默认值为'matrix'。

例 5-11 QR 分解示例。

本例中，我们随机生成矩阵并展示实现 QR 分解的代码：

```
>> A = rand(3)          % 取随机矩阵 A
A =
    0.2223    0.4499    0.0993
    0.3865    0.6131    0.9698
    0.9026    0.9023    0.6531
>> X = qr(A)            % X 为 QR 分解后的上三角 R 因子
X =
   -1.3418   -1.0125   -0.3415
    0.4364    0.4788    0.0971
    0.4435    0.6604    0.2001
>> [Q,R] = qr(A)
Q =
   -0.4418    0.8351    0.3276
```

```
    -0.6292   -0.0282   -0.7767
    -0.6394   -0.5493    0.5380
R =
    -1.3418   -1.0125   -0.3415
     0.0000    0.4788    0.0971
     0.0000    0.0000    0.2001
>> Q*R                      % 验证 A=QR
ans =
    0.2223   0.4499   0.0993
    0.3865   0.6131   0.9698
    0.9026   0.9023   0.6531
>> [Q,R,P] = qr(A)
Q = …                       % 节省篇幅，与上一命令行结果 Q 值相同
R = …                       % 节省篇幅，与上一命令行结果 R 值相同
P =
    1   0   0
    0   1   0
    0   0   1
>> A*P
    ans =
          0.4499   0.0993   0.2223
          0.6131   0.9698   0.3865
          0.9023   0.6531   0.9026
>> Q*R                      % 验证 AP=QR
    ans =
          0.4499   0.0993   0.2223
          0.6131   0.9698   0.3865
          0.9023   0.6531   0.9026
```

例 5-12 采用 QR 分解方法求线性方程组 $AX=B$，其中

$$A=\begin{bmatrix}1 & 3 & 3\\4 & 2 & 2\\1 & 1 & 3\end{bmatrix},\quad B=\begin{bmatrix}6\\8\\4\end{bmatrix}$$

具体过程如下：

```
>> A = [1 3 3; 4 2 2; 1 1 3];
>> [Q,R] = qr(A)
Q =
      -0.2357    0.9526   -0.1925
      -0.9428   -0.2722   -0.1925
      -0.2357    0.1361    0.9623
R =
      -4.2426   -2.8284   -3.2998
       0.0000    2.4495    2.7217
```

```
      0.0000    0.0000    1.9245
>> B = [6; 8; 4];
>> X = R\Q.'*B
X =
   1.2000
   1.0000
   0.6000
>> A\B
ans =
   1.2000
   1.0000
   0.6000
```

5.1.5 范数

范数是数学中的一个基本概念，用于度量向量或矩阵的大小或“长度”，广泛应用于数学、物理、工程计算、机器学习等领域。在北太天元中，norm 函数既可以用来计算向量的范数，也可以用来计算矩阵的范数。

对于向量 x，常用的向量范数有以下几种：

- x 的∞-范数：$\|x\|_{+\infty}=\max\limits_{1\leqslant i\leqslant n}|x_i|, \|x\|_{-\infty}=\min\limits_{1\leqslant i\leqslant n}|x_i|$；
- x 的 1-范数：$\|x\|_1=\sum\limits_{i=1}^{n}|x_i|$；
- x 的 2-范数（欧氏范数）：$\|x\|_2=(x^{\mathrm{T}}x)^{\frac{1}{2}}=\left(\sum\limits_{i=1}^{n}x_i^2\right)^{\frac{1}{2}}$；
- x 的 p-范数：$\|x\|_p=\left(\sum\limits_{i=1}^{n}|x_i|^p\right)^{\frac{1}{p}}$；

对于矩阵 A，常用的矩阵范数有以下几种：

- A 的行范数（∞-范数）：$\|A\|_\infty=\max\limits_{1\leqslant i\leqslant m}\sum\limits_{j=1}^{n}|a_{ij}|$；
- A 的列范数（1-范数）：$\|A\|_1=\max\limits_{1\leqslant j\leqslant n}\sum\limits_{i=1}^{m}|a_{ij}|$；
- A 的欧几里得范数（2-范数）：$\|A\|_2=\sqrt{\lambda_{\max}(A^{\mathrm{T}}A)}$，其中 $\lambda_{\max}(A^{\mathrm{T}}A)$ 表示 $A^{\mathrm{T}}A$ 的最大特征值；
- A 的 Forbenius 范数（F-范数）：$\|A\|_F=\left(\sum\limits_{i=1}^{m}\sum\limits_{j=1}^{n}a_{ij}^2\right)^{\frac{1}{2}}=\mathrm{tr}(A^{\mathrm{T}}A)^{\frac{1}{2}}$。

在北太天元中，用 norm 计算向量 x 和矩阵 A 的范数方法如下：

- n = norm(x)。返回向量 x 的欧几里得范数（2-范数）。或者返回矩阵的 2-范数或最大奇异值，该值近似于 max(svd(x))。
- n = norm(x, p)。若 x 为向量，返回广义 p-范数（p 可以是任意正实数或∞，-∞）。若 x 为矩阵返回矩阵 x 的 p-范数，其中 p 为 1，2，∞。当 p=1 时，则 n 是矩阵的最大绝对值列之和；当 p=2 时，则 n 近似于 max(svd(x))，与 norm(x)等效，其中 svd 为奇异值分解；当 p=∞ 时，则 n 是矩阵的最大绝对行之和。
- n = norm(A, 'fro')。求解矩阵 A 的 Frobenius 范数。

例 5-13 使用 norm 计算向量的范数。

```
>> x = [1 2 3 4]
x =
 1   2   3   4
>> norm1 = norm(x)                        % 向量的 2-范数
norm1 =
      5.4772
>> norm2 = norm(x, 1)                     % 向量的 1-范数
norm2 =
     10
>> norm3 = norm(x, inf)                   % 向量的无穷范数
norm3 =
     4
>> norm4 = norm(x, 4)                     % 向量的 p-范数
norm4 =
     4.3376
>> norm5 = norm(x, -inf)                  % 向量绝对值最小值
norm5 =
     1
```

例 5-14 使用 norm 计算矩阵的范数。

```
>> A = [1 2;3 4]
A =
     1   2
     3   4
>> norm1 = norm(A)                        % 矩阵 A 的 2-范数/最大奇异值
norm1 =
     5.4650
>> norm2 = norm(A, 1)                     % 矩阵 A 的 1-范数，即最大绝对值列之和
norm2 =
     6
>> norm3 = norm(A, 2)                     % 矩阵 A 的 2-范数
norm3 =
     5.4650
>> norm4 = norm(A, inf)                   % 计算矩阵 A 的无穷范数
norm4 =
```

```
        7
>> norm5 = norm(A, 'fro')        % 计算矩阵 A 的 Frobenius 范数
norm5 =
        5.4772
```

§ 5.2 矩阵特征值和奇异值

特征值和奇异值是矩阵理论中的两个重要概念，它们在数据分析、信号处理、机器学习等多个领域都有广泛的应用。无论是实矩阵还是复矩阵，这两个概念都发挥着重要作用。

对于 n 阶方阵 A，如果存在数 m 和非零 n 维列向量 x，使得 $Ax = mx$ 成立，则称 m 是矩阵 A 的一个特征值，向量 x 是矩阵 A 对应于特征值 m 的特征向量。这个定义适用于实矩阵和复矩阵。特征值描述了矩阵对特定向量的线性变换效果，即这些向量在变换下仅被缩放而不改变方向。

奇异值分解（SVD）则是另一种重要的矩阵分解方法，它同样适用于实矩阵和复矩阵。对于任意 $m\times n$ 矩阵 A，其奇异值分解可以表示为 $A = U\Sigma V^*$（在实数域中 V^*即为 V 的共轭转置），其中 U 和 V 是酉矩阵（酉矩阵是指和它的共轭转置相乘是单位矩阵的复矩阵，特别地，如果一个酉矩阵是实矩阵，那么它是一个正交矩阵），Σ 是对角矩阵，其对角线上的元素称为奇异值。

下面我们分别介绍如何在北太天元中求特征值和奇异值。

5.2.1 特征值和特征向量的求取

北太天元提供了 eig 函数来计算矩阵 A 的特征值和特征向量，具体调用格式如下：

- e = eig(A)。返回方阵 A 的特征值组成的向量 e。
- [V, D] = eig(A)。返回对角矩阵 D 和矩阵 V，满足 $AV = VD$，其中 D 的对角元是 A 的特征值，V 的每一列是 A 的特征向量。
- [V, D, W] = eig(A)。返回 V，D，W 满足 $AV = VD$，$WA^{\mathrm{T}} = DW^{\mathrm{T}}$。
- e = eig(A, B)。返回方阵 A 和 B 的广义特征值组成的对角矩阵。
- [V, D] = eig(A, B)。返回广义特征值的对角矩阵 D，右特征(列)向量组成的矩阵 V，其中 $AV = BVD$。
- [V, D, W] = eig(A, B)。返回广义特征值的对角矩阵 D，右特征(列)向量组成的矩阵 V 和左特征(列)向量组成的矩阵 W，其中 $WA^{\mathrm{T}} = DW^{\mathrm{T}}B$。

例 5-15 计算矩阵特征值和特征向量的简单示例。

```
>> A = [1 2 3;3 2 1;2 1 3]
A =
   1   2   3
   3   2   1
   2   1   3
>> e = eig(A)
e =
```

```
    6.0000
   -1.4142
    1.4142
>> [V, D] = eig(A)
V =
   -0.5774   -0.7642   -0.0215
   -0.5774    0.6106   -0.8332
   -0.5774    0.2079    0.5525
D =
    6.0000    0.0000    0.0000
    0.0000   -1.4142    0.0000
    0.0000    0.0000    1.4142
>> A*V-V*D                              % 验证 AV=VD
ans =
  1.0e-14 *

    0.0888    0.0222   -0.0729
    0.2665    0.0666    0.0222
    0.1332    0.0278    0.0000
```

例 5-16 计算广义特征值和特征向量的简单示例。

```
>> A = [1/sqrt(2) 1; 4 3];
>> B = [7 4; -1/sqrt(2) 5];
>> [V, D] = eig(A, B)
V =
   -0.9368   -0.2622
    1.0000    1.0000
D =
   -0.1320    0.0000
    0.0000    0.3763
>> A*V-B*V*D                              % 验证 AV=BVD
ans =
  1.0e-15 *

    0.9992    0.9992
    0.2220    0.2220
```

例 5-15 和例 5-16 中最后验证的结果虽不为 0，但差值很小接近 0，计算结果的差异与机器精度有关。

5.2.2 奇异值分解

任意一个复矩阵可以分解为三个特定的矩阵的乘积，即 $A = USV^*$，其中 U 和 V 是酉矩阵，S 是对角矩阵，其对角线上的元素就是奇异值。这称为矩阵的奇异值分解。奇异值分解 SVD 不仅揭示了矩阵的内在结构，还为导出秩一分解提供了基础。通过奇异值分解，我们可以将一个复矩阵分解为三个特定矩阵的乘积，即 $A = USV^*$，其中 U 和 V 是酉矩阵，它们的列分别是 A 的左奇异向量和右奇异向量，构成了一组标准正交基；S 是对角矩阵，其对角线上的元素是非零的奇异值，它们按降序排列。

利用奇异值分解的结果，我们可以构造出一系列秩为 1 的矩阵。具体来说，对于每个非零奇异值 σ_i，我们可以构造秩一矩阵 $\sigma_i u_i v_i^*$，其中 u_i 是 U 的第 i 列，v_i^* 是 V 的第 i 列的共轭转置。这些秩为 1 的矩阵都是 A 的组成部分，并且它们之间是线性无关的。

将这些秩一矩阵相加，我们就可以得到原矩阵 A，即实现了秩一分解：$A = \sigma_1 u_1 v_1^* + \sigma_2 u_2 v_2^* + \cdots + \sigma_r u_r v_r^*$。这个过程将复杂的矩阵 A 简化为多个简单的秩为 1 的矩阵之和。在实际应用中，秩一分解也被广泛应用于数据压缩、特征提取、噪声去除等方面，为我们处理和分析数据提供了一种有效的手段。

北太天元用 svd 函数来求一个矩阵的奇异值分解，具体使用方法如下：

- [U, S, V] = svd(A)。返回矩阵 A 的奇异值分解，$A = USV^*$。
- [U, S, V] = svd(A, "econ")。返回 $m \times n$ 矩阵 A 的精简分解。$m > n$ 时，只计算 U 的前 n 列，S 是一个 $n \times n$ 矩阵；$m = n$ 时，svd(A, "econ")等效于 svd(A)；$m < n$ 时，只计算 V 的前 m 列，S 是一个 $m \times m$ 矩阵。
- [U, S, V] = svd(A, 0)。返回矩阵 A 的另一种精简分解。$m > n$ 时，svd(A, 0)等效于 svd(A,"econ")；$m \leqslant n$ 时，svd(A, 0)等效于 svd(A)。

例 5-17 奇异值分解示例。

```
>> A = [6 1 8; 7 5 3; 2 9 4]
A =
     6   1   8
     7   5   3
     2   9   4
>> [U,S,V] = svd(A) %奇异值分解
U =
     -0.5774     0.7071    0.4082
     -0.5774    -0.0000   -0.8165
     -0.5774    -0.7071    0.4082
S =
     15.0000     0.0000    0.0000
      0.0000     6.9282    0.0000
      0.0000     0.0000    3.4641
V =
     -0.5774    0.4082   -0.7071
     -0.5774   -0.8165    0.0000
     -0.5774    0.4082    0.7071
>> U*S*V'                                  % 验证结果
ans =
    6.0000    1.0000    8.0000
    7.0000    5.0000    3.0000
    2.0000    9.0000    4.0000
```

例 5-18　精简分解示例。

```
>> A = [1 2; 3 4; 5 6; 7 8]
A =
     1   2
     3   4
     5   6
     7   8
>> [U,S,V] = svd(A)
U =
      -0.1525 -0.8226 -0.3945 -0.3800
      -0.3499 -0.4214  0.2428  0.8007
      -0.5474 -0.0201  0.6979 -0.4614
      -0.7448  0.3812 -0.5462  0.0407
S =
  14.2691   0.0000
   0.0000   0.6268
   0.0000   0.0000
   0.0000   0.0000
V =
  -0.6414   0.7672
  -0.7672  -0.6414
>> [U,S,V] = svd(A,'econ')      % 精简分解
U =
  -0.1525  -0.8226
  -0.3499  -0.4214
  -0.5474  -0.0201
  -0.7448   0.3812
S =
  14.2691   0.0000
   0.0000   0.6268
V =
  -0.6414   0.7672
  -0.7672  -0.6414
>> [U,S,V] = svd(A,0)           % A 的行大于列，这种调用等于 econ
U =
  -0.1525  -0.8226
  -0.3499  -0.4214
  -0.5474  -0.0201
  -0.7448   0.3812
S =
  14.2691   0.0000
   0.0000   0.6268
V =
  -0.6414   0.7672
   0.7672  -0.6414
```

例 5-18 可以看出精简分解从奇异值 S 的对角矩阵中删除多余的零行或零列，以及 U 或 V 中的列，这些列将表达式 $A = USV^*$ 中的这些零相乘。删除这些零和列可以缩短执行时间并降低存储要求，而不会影响分解的准确性。

§ 5.3 统计分析

在介绍了北太天元在矩阵的基本运算以及矩阵分解方面的功能之后，我们将着重介绍北太天元在统计分析中的一些应用，比如计算均值、方差等统计量，展示其在数据处理和分析方面的使用方法。

5.3.1 基本算术运算

1. sum 函数

sum 函数用于计算向量或矩阵中元素的和，其调用方法有两种形式：

- S = sum(A)。当 A 是一个向量时，sum(A) 返回向量中所有元素的和；如果 A 是矩阵（行数和列数都大于 1），sum(A) 返回一个行向量，其中每个元素代表 A 矩阵对应列的和。
- S = sum(A, dim)。在这种形式中，dim 指定了要求和的维度。当 A 是一个矩阵且 dim = 1 时，sum(A, 1) 返回每列的和，结果是一个行向量。当 A 是一个矩阵且 dim = 2 时，sum(A, 2) 返回每行的和，结果是一个列向量。

例 5-19 sum 函数使用示例。

```
>> A = [1 2 3; 4 5 6; 7 8 9]
A =
     1   2   3
     4   5   6
     7   8   9
>> sum(A(:,1))                    % 求矩阵 A 第一列元素之和
ans =
    12
>> sum(A)                         % 求矩阵 A 每列的和
ans =
     12   15   18
>> sum(A, 1)                      % 求矩阵 A 第一维度的和，即每列的和
ans =
     12   15   18
>> sum(A, 2)                      % 求矩阵 A 每行的和
ans =
      6
      15
      24
```

2. cumsum 函数

cumsum 函数用于计算矩阵或向量的累积和，其调用方法如下：

- S = cumsum(A)。当 *A* 是一个向量时，cumsum(A) 返回向量中元素的累积和。当 *A* 是一个矩阵(行数和列数都大于 1)时，cumsum(A) 返回一个行向量，其中每个元素代表 *A* 矩阵对应列的累积和。如果 *A* 是一个空矩阵，cumsum(A) 将返回一个相同类型的空矩阵。
- S = cumsum(A,dim)。在这种形式中，dim 指定了要计算累积和的维度。当 *A* 是一个矩阵且 dim = 1 时，cumsum(A, 1) 返回结果是一个与 *A* 具有相同大小的矩阵，且每一列都是 *A* 相应列的累积和。当 *A* 是一个矩阵且 dim = 2 时，cumsum(A, 2) 返回结果是一个与 *A* 具有相同大小的矩阵，且每一行都是 *A* 的相应行的累积和。

例 5-20 cumsum 函数的使用示例。

```
>> cumsum(1:4)
ans =
    1    3    6   10
>> A = [5 3 1; 6 2 4]
A =
   5   3   1
   6   2   4
>> cumsum(A, 1)       % 每一列累计和
ans =
    5    3    1
   11    5    5
>> cumsum(A, 2)       % 每一行累计和
ans =
    5    8    9
    6    8   12
```

将例 5-20 与例 5-19 的结果进行对比，我们可以发现 cumsum 函数与 sum 函数在计算向量或矩阵的不同。sum 函数计算的是指定维度上元素的总和，而 cumsum 函数则计算的是从第一个元素开始到当前位置的累积和。简而言之，cumsum 函数提供了一个更为动态和细致的求和计算方式，它展示了数据在某一个维度上的累加过程。

3. prod 函数

prod 函数用于计算向量或矩阵中元素的乘积，其调用方法与 sum 函数类似，也有两种形式：

- S = prod(A)。当 A 是一个向量时，prod(A) 返回向量中所有元素的乘积。当 *A* 是一个矩阵（行数和列数都大于 1）时，prod(A) 返回一个行向量，其中每个元素代表 *A* 矩阵对应列的元素的乘积。注意：如果 *A* 为空矩阵，prod(A) 返回 1，这和 sum 函数是不同的。
- S = prod(A, dim)。在这种形式中，dim 指定了要计算乘积的维度。当 *A* 是一个矩阵且 dim = 1 时，prod(A, 1) 返回每列的元素乘积，结果是一个行向量。当 *A* 是一

个矩阵且 dim = 2 时，prod(A, 2) 返回每行的元素乘积，结果是一个列向量。

例 5-21 prod 函数使用示例。

```
>> A = [true false; true true]            % 创建逻辑数组
A =
    2x2 logical
     1   0
     1   1
>> prod(A)
ans =
   1   0
>> B = [1 2; 3 4]
B =
   1   2
   3   4
>> prod(B)
ans =
   3   8
>> prod(B, 2)
ans =
   2
   12
```

4. cumprod 函数

cumprod 函数用于计算矩阵或向量在某一个维度上的累积乘积，其调用方法和 cumsum 类似，具体如下：

- S = cumprod(A)。当 A 是一个向量时，cumprod(A) 返回向量中元素的累积乘积，即每个元素都是原始向量中从第一个元素到当前元素的所有元素的乘积。当 A 是一个矩阵（行数和列数都大于 1）时，cumprod(A) 返回一个矩阵，其中每列的元素是该列在原始矩阵中从第一个元素到当前元素的累积乘积。如果 A 是一个空矩阵，cumprod(A) 将返回一个相同类型的空矩阵。
- S = cumprod(A, dim)。在这种形式中，dim 指定了要计算累积乘积的维度。当 A 是一个矩阵且 dim = 1 时，cumprod(A, 1) 返回的结果是一个与 A 具有相同大小的矩阵，其每一列都是 A 相应列的累积乘积。当 A 是一个矩阵且 dim = 2 时，cumprod(A, 2)返回的结果是一个与 A 具有相同大小的矩阵，其中每一行都是 A 相应行的累积乘积。

例 5-22 cumprod 函数使用示例。

```
>> cumprod(1:4)
ans =
   1    2    6   24
>> A = [5 7; 2 4]
A =
  5   7
```

```
   2   4
>> cumprod(A)
ans =
    5    7
   10   28
>> cumprod(A,2)
ans =
    5   35
    2    8
```

对照例 5-21 和例 5-22，可以发现：prod 函数计算的是向量或矩阵中元素的乘积，得到一个总的结果；而 cumprod 函数则计算的是从第一个元素到当前元素的累积乘积，保留了每一步的计算结果，因此返回的是一个与输入相同形状的向量或矩阵。两者在计算方式和结果形式上存在明显的区别。

5.3.2 排序

sort 函数

sort 函数是一个非常实用的函数，用于对矩阵或向量的元素进行排序。调用的方法包括：

- B = sort(A)。按升序对 *A* 的元素进行排序。如果 *A* 是向量，则对向量元素进行排序；如果 *A* 是矩阵，则对每列进行排序。
- B = sort(A, dim)。按升序返回 *A* 沿维度 dim 的排序元素。例如，如果 *A* 是矩阵，sort(A, 2) 将对每行中的元素进行排序。
- B = sort(…, direction)。使用上述任何语法返回按 direction 指定的顺序显示的 *A* 的有序元素。'ascend' 表示升序（默认值），'descend' 表示降序。
- [B, I] = sort(…)。还会为上述任何一种调用方法多返回一个索引向量的集合 *I*。*I* 的大小与需要排序的矩阵（这里仍记为 *A*）的大小相同，它描述了 *A* 的元素沿已排序的维度在 *B* 中的排列情况。例如，如果 *A* 是一个向量，则 $B = A(I)$。

例 5-23　sort 函数使用示例。

```
>> A = [123 -123 333]
A =
     123  -123   333
>> [B, I] = sort(A)                          % 排序并返回下标
B =
   -123   123   333
I =
    2   1   3
>> B = sort(A)
B =
   -123   123   333
>> B = sort(A, 1, "descend")                 % 第一维度即列方向进行排序
B =
```

```
    123  -123   333
>> B = sort(A, 2, "descend")            % 第二维度即行方向进行排序
B =
    333   123  -123
```

5.3.3 数据分析

1. max 和 min 函数

函数 max 和 min 函数用于找到向量或矩阵中的最大或最小元素。二者用法相同，下面以 max 为例介绍他们的调用方法：

- Y = max(A) 或 [Y, I] = max(A)。当 *A* 是一个向量时，*Y* 为 *A* 中的最大元素，*I* 为该最大元素的位置序号。当 *A* 是一个矩阵时，*Y* 是一个向量，包含 *A* 的每一列的最大元素。*I* 是一个向量，包含每列中最大元素所在的行号。
- Y = max(A, B)。返回一个与 *A* 或 *B* 同大小的向量或矩阵，其元素是 *A* 或 *B* 中的最大元素。
- Y = max(A, [], dim)，[Y, I] = max(A, [], dim)。如果 *A* 是一个矩阵，dim 为 1，则返回行向量，其元素为每一列的最大元素，*I* 为由每列最大元素所在行序构成的向量。如果 *A* 是一个矩阵，dim 为 2，则返回列向量，其元素为每一行的最大元素，*I* 为由每行最大元素所在列序构成的向量。

例 5-24 max 和 min 函数示例。

```
>> A = rand(3)
A =
     0.3682    0.8701    0.5205
     0.9572    0.4736    0.6789
     0.1404    0.8009    0.7206
>> B = rand(3)
B =
     0.5820    0.1059    0.7369
     0.5374    0.4736    0.2166
     0.7586    0.1863    0.1352
>> max(A)                                    % 求最大值
ans =
      0.9572    0.8701    0.7206
>> min(A)                                    % 求最小值
ans =
      0.1404    0.4736    0.5205
>> [Y1, I1] = max(A)
Y1 =
      0.9572    0.8701    0.7206
I1 =
      2   1   3
>> max(A, B)                                 % 两个矩阵比较
```

```
ans =
      0.5820    0.8701    0.7369
      0.9572    0.4736    0.6789
      0.7586    0.8009    0.7206
>> [Y2, I2] = min(A, [], 2)                % 求行最小值并返回下标
Y2 =
       0.3682
       0.4736
       0.1404
I2 =
      1
      2
      1
```

2. mean 函数

mean 函数用于计算向量或矩阵的平均值，其调用方法说明如下：

- S = mean(A)。当 A 是一个向量时，S 将返回 A 中所有元素的平均值。如果 A 是一个矩阵(行数和列数都大于 1)，S 将返回一个行向量，其中包含 A 的每一列的平均值。
- S = mean(A, dim)。这里，dim 是一个指定的维度，函数将沿此维度计算平均值。如果 A 是一个矩阵，并且 dim 等于 1，那么 S 将返回一个行向量，其中包含 A 的每一列的平均值。如果 A 是一个矩阵，并且 dim 等于 2，那么 S 将返回一个列向量，其中包含 A 的每一行的均值。

例 5-25　mean 函数使用示例。

```
>> A = reshape(1:9, 3, 3)
A =
     1    4    7
     2    5    8
     3    6    9
>> mean(A)                           % 列方向求平均数
ans =
     2    5    8
>> mean(A, 2)                        % 行方向求平均数
ans =
      4
      5
      6
```

3. median 函数

median 函数返回向量或矩阵的中位数值，其调用方法与 mean 函数相同，因此不再叙述，median 函数的用法见下述示例。

例 5-26　median 函数用法示例。

```
>> A = magic(3)
A =
     6   1   8
     7   5   3
     2   9   4
>> median(A)
ans =
    6   5   4
>> median(A, 2)
ans =
       6
       5
       4
```

4. std 函数

标准差是统计学中的一个重要概念，用于衡量数据的离散程度或变异性。它表示数据集中各数据点与其平均数（均值）之间的平均偏离程度。具体来说，标准差的计算主要分为以下几步：一、计算各数据点与其平均数间的偏差；二、计算偏差求平方后的平均值；三、对偏差平方的平均值求平方根。对于总体标准差，计算公式如下：

$$\sigma = \sqrt{\frac{\sum_{i=1}^{n}(x_i - \mu)^2}{n}} \tag{1}$$

对于样本标准差，计算公式如下：

$$\sigma = \sqrt{\frac{\sum_{i=1}^{n}(x_i - \overline{x})^2}{n-1}} \tag{2}$$

在公式（1）和（2）中，n 为样本个数，x_i 为第 i 个样本值，μ 为总体均值，$\overline{x}$ 为样本均值。

在北太天元中，使用 std 函数计算标准差，其调用方法如下：

- V = std(A)。当 A 是一个向量时，返回的 V 将是 A 中所有元素的标准差。如果 A 是一个矩阵（行数和列数都大于 1），那么将返回一个行向量 V，其中包含 A 的每一列的标准差。
- V = std(A, w)。默认情况下，$w = 0$，表示计算样本标准差；$w = 1$ 则表示计算总体标准差。
- V = std(A, w, dim)。沿维度 dim 返回标准差。如果 A 是一个矩阵，且 dim = 1，那么将返回一个行向量 V，其中包含 A 的每一列的标准差。如果 A 是一个矩阵，且 dim = 2，那么将返回一个列向量 V，其中包含 A 的每一行的标准差。

例 5-27 std 函数的用法示例。

```
>> A = reshape(1:9, 3, 3)
A =
     1   4   7
     2   5   8
     3   6   9
>> std(A)
ans =
    1   1   1
>> std(A, 1)
ans =
   0.8165    0.8165    0.8165
>> std(A, 0, 2)
ans =
       3
       3
       3
>> std(A, 1, 2)
ans =
        2.4495
        2.4495
        2.4495
```

5. var 函数

var 函数用于计算向量或矩阵中元素的方差，即标准差的平方。方差是衡量数据分布离散程度的一个统计量，其值越大，说明数据的离散程度越大，即数据点之间的差异越大。var 函数的调用方法和 std 相同，下面简单介绍（详情请参考 std 的用法）：

- V = var(A)。当 A 是一个向量时，返回的 V 将是 A 中所有元素的方差。如果 A 是一个矩阵（行数和列数都大于 1），那么将返回一个行向量 V，其中包含 A 的每一列的方差。
- V = var(A, w)。默认情况下，$w=0$，表示计算样本方差；$w=1$ 表示计算总体方差。
- V = var(A, w, dim)。表示沿维度 dim 返回矩阵 A 的方差。

例 5-28 var 函数使用示例。

```
>> A = [4 -7 3; 1 4 -2]
A =
    4  -7   3
    1   4  -2
>> var(A)
ans =
    4.5000    60.5000    12.5000
>> var(A, 1)
ans =
```

```
2.2500   30.2500 6.2500
```

6. cov 函数

协方差是衡量两个随机变量联合变异性的一种方法，它表示两个变量与其各自均值之差的乘积的平均值。这个值可以是正数、负数或零，分别表示两个变量正相关、负相关或不相关。设 X，Y 是两个随机变量，则 X，Y 的协方差的计算公式如下：

$$\text{cov}(X,Y)=E\{[X-E(X)][Y-E(Y)]\}$$

其中 E 表示求数学期望的算子(operator)。在北太天元中，我们处理的不是随机变量，而是随机变量的样本，也就是把长度为 N 的向量 X 看成一个随机变量的 N 个样本值，把长度为 N 的向量 Y 看成另一个随机变量的 N 个样本值，因此样本协方差计算公式如下：

$$\text{cov}(X,Y)=\frac{1}{N-1}\sum_{i=1}^{N}[x_i-E(X)][y_i-E(Y)]$$

其中 $E(X)$ 表示 X 的 N 个元素的平均值（期望），$E(Y)$ 表示 Y 的 N 个元素的平均值。上面公式中求和前面是 $1/(N-1)$，也可以改成 $1/N$（也就是希望计算总体协方差)。

在北太天元中，cov 函数是一个多功能的函数，它可以用来计算不同类型的协方差。具体来说，它可以计算样本协方差和总体协方差。这两种计算方式有不同的调用方法，以适应不同的数据分析需求。具体调用方法如下：

- C = cov(A)。返回与输入 A 相关的协方差 C。具体行为取决于 A 的维度和内容。若 A 是一个向量，且长度大于 1，则 C 将是一个标量值，表示该向量的方差。若 A 是一个矩阵（行数和列数都大于 1)，其列代表不同的随机变量，而行代表观测值，则 C 将是一个协方差矩阵。此矩阵的对角线上的元素表示各列的方差，而非对角线上的元素则表示相应列（即随机变量）之间的协方差。值得注意的是，此协方差矩阵是按照观测值数量减一（$n-1$）进行归一化的，这是为了得到样本协方差。如果 A 是标量（特殊的向量，此时 $n=1$），则 cov(A)返回 0。如果 A 是空数组，则 cov(A) 返回 NaN。
- C = cov(A, B)。计算两个随机变量 A 和 B 之间的协方差，返回结果行为取决于 A 和 B 的维度。如果 A 和 B 是长度相同的观测值向量，cov(A, B) 将返回一个 2×2 的协方差矩阵，其中包含了 A 和 B 的方差以及它们之间的协方差。如果 A 和 B 是观测值矩阵（行数和列数都大于 1)，则 cov(A, B) 将 A 和 B 视为向量，并等价于 cov(A(:),B(:))。A 和 B 的大小必须相同。如果 A 和 B 为标量，则 cov(A, B) 返回零的 2×2 块。如果 A 和 B 为空数组，则 cov(A, B) 返回一个 NaN 值的 2×2 矩阵。
- C = cov(…, w)。为之前的语法指定归一化权重。如果 $w=0$（默认值），则 C 按观测值数量 −1 实现归一化。$w=1$ 时，则按观测值数量对它实现归一化。

例 5-29 cov 函数用法示例。

```
>> A = [5 7 4; -6 4 3; 2 8 1]
A =
```

```
   5   7   4
  -6   4   3
   2   8   1
>> cov(A)                                    % 协方差矩阵
ans =
   32.3333   10.3333    0.6667
   10.3333    4.3333   -1.3333
    0.6667   -1.3333    2.3333
>> B = reshape(1:9, 3, 3)
B =
       1   4   7
       2   5   8
       3   6   9
>> cov(A, B)
ans =
   16.6111    2.0000
    2.0000    7.5000
```

7. corrcoef 函数

相关系数或线性相关系数，一般用字母 r 表示，用来度量两个变量之间的线性相关程度。其计算公式如下：

$$r(X,Y)=\frac{\text{cov}(X,Y)}{\sqrt{\text{var}(X)\,\text{var}(Y)}}$$

在北太天元中，计算矩阵相关系数的函数是 corrcoef，具体的调用方法为：

- R = corrcoef(A)。返回与输入 A 相关的相关系数 R。具体行为取决于 A 的维度和内容。若 A 是一个向量，且长度大于 1，则 R 将是 1。若 A 是一个矩阵（行数和列数都大于 1），其列代表不同的随机变量，而行代表观测值，则 C 将是一个相关系数矩阵。此矩阵的对角线上的元素是 1，而非对角线上的元素则表示相应列（即随机变量）之间的协方差。如果 A 是标量或者空数组，则 corrcoef(A) 返回 NaN。
- R = corrcoef(A, B)。返回两个随机变量 A 和 B 之间的相关系数。A 和 B 的大小必须相同。如果 A 和 B 是两个不相等的标量，则 corrcoef(A, B) 返回 1；如果 A 和 B 是两个相等的标量，则 corrcoef(A, B) 返回 NaN；如果 A 和 B 是矩阵（行数和列数都大于 1），则 corrcoef(A, B) 等效于 corrcoef(A(:), B(:))。如果 A 和 B 是空数组，corrcoef(A, B) 返回一个 NaN 值的 2×2 矩阵。

例 5-30 corrcoef 函数使用示例。

```
>> x = rand(3,1);
>> y = [2; 5; 7];
>> A = [x y 2*x+1];
>> corrcoef(A)                               % 计算矩阵 A 中列之间相关系数
ans =
      1.0000    0.9986    1.0000
```

```
     0.9986    1.0000    0.9986
     1.0000    0.9986    1.0000
>> B = rand(3);
>> corrcoef(A,B)
ans =
     1.0000   -0.5168
    -0.5168    1.0000
```

§ 5.4 差分运算和常微分方程组的求解

本节将简要介绍 diff 函数的用法以及如何使用 ode45 等函数来求解常微分方程组。

5.4.1 差分

diff 函数用于计算向量或矩阵的差分，即计算相邻元素之间的差异。其基本调用方法如下：

- B = diff(A)。返回 A 的差分 B。如果 A 为标量或者空矩阵，则返回的 B 是空矩阵。如果 A 是向量且长度大于 1，那么返回 B 是一个比 A 长度少 1 的向量，B 的元素是 A 的相邻元素之差；如果 A 为非空 $m \times n$ 矩阵，且 m 和 n 都大于 1，则 diff(A) 将返回 $(m-1) \times n$ 矩阵，其元素为 A 的相邻行之差。
- B = diff(A, n)。返回 A 相邻元素的 n 阶差分，即 diff(A, 2)与 diff(diff(A)) 相同。
- B = diff(A, n, dim)。返回 A 沿第 dim 维度的元素的 n 阶差分。dim 取值需为 1 或者 2，dim = 1 表示行之间的差分，dim = 2 表示列之间的差分。

例 5-31 diff 函数使用示例。

```
>> A = rand(1,6)                 % 生成随机数列
A =
   0.5928    0.8443    0.8579    0.8473    0.6236    0.3844
>> diff(A)                       % 一阶差分
ans =
   0.2514    0.0137   -0.0107   -0.2237   -0.2392
>> diff(A, 2)                    % 二阶差分
ans =
  -0.2377   -0.0244   -0.2130   -0.0155
>> diff(diff(A))                 % diff(A, 2) 与 diff(diff(A)) 相同
ans =
  -0.2377   -0.0244   -0.2130   -0.0155
```

5.4.2 常微分方程组数值解

常微分方程（Ordinary Differential Equations, ODEs）是包含一个未知函数及其导数的方程。它们描述了某一变量（通常是时间）的函数变化情况，广泛应用于物理、化学、工

程学、经济学等领域。由于大多数常微分方程无法直接求得解析解，因此常常需要借助数值方法进行求解。

常微分方程组（Systems of Ordinary Differential Equations）则是包含多个未知函数及其导数的方程组，用于描述多个变量之间的相互作用和变化关系。同样，由于解析解的求解过程通常比较复杂且不易直接获得，因此数值方法也成为求解常微分方程组的重要手段。

ode45 是求解常微分方程（包括常微分方程组）的一种常用数值方法，它采用四阶-五阶 Runge-Kutta 算法，具有自适应步长的特点，能够高效、准确地求解各类非刚性常微分方程（组）。

ode45 在北太天元中的调用方式如下：

- [t, y] = ode45(odefun, tspan, y0)：求微分方程组 $y' = f(t, y)$ 从 tspan(1)到 tspan(end)的积分，其中 odefun 为指向被积函数的句柄，y_0 为初始条件，y_0 的长度必须与 odefun 的输出向量相同。函数返回两个数组：时间数组 t 和解数组 y，其中 y 的每一行都与 t 中的一个时间点相对应。
- [t, y] = ode45(odefun, tspan, y0, options)：结构体 options 是使用 odeset 函数创建的积分设置参数。
- [t, y, te, ye, ie] = ode45(odefun, tspan, y0, option)：求解 (t, y) 的函数（称为事件函数）在何处为零。t_e 是事件的时间，y_e 是事件发生时的解，i_e 是触发的事件的索引。
- sol = ode45(___)：返回一个结构体，将该结构体与 deval 结合使用来计算区间 $[t_0, t_f]$ 中任意点位置的解。

通过以下示例进一步说明：

例 5-32 求解一阶微分方程 $y' = 2t$。

解 设置初始条件，调用 ode45 函数：

```
>> y0 = 0;
>> [t, y] = ode45(@(t, y) 2*t, [0 5], y0);
>> plot(t, y, '-o');
```

图 5-1 为微分方程原方程的图像。代码中第一个参数传入函数句柄，第二个参数传入区间，第三个参数传入初值，输出解方程的自变量 t 和应变量 y。

例 5-33 求解二阶 vanderpol 方程。

解 将方程定义为 M 文件，并设置求解条件，调用 ode45 函数：

```
>> odefun = @vdp1;
>> tspan = [0 20];
>> y0 = [2; 0];
>> options = odeset('RelTol', 1e-6, 'AbsTol', 1e-8);
>> [t,y] = ode45(odefun, tspan, y0, options);
>> plot(t, y(:,1), '-o', t, y(:,2), '-*');
```

其中 vdp1.m 定义为

vdp1.m

```
function dydt = vdp1(t, y)
dydt = [y(2); (1-y(1)^2)*y(2)-y(1)];
end
```

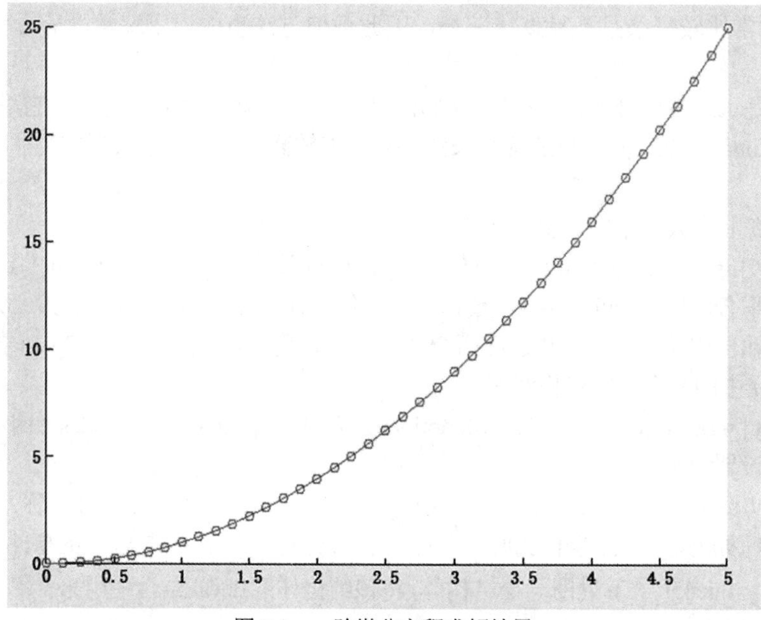

图 5-1　一阶微分方程求解结果

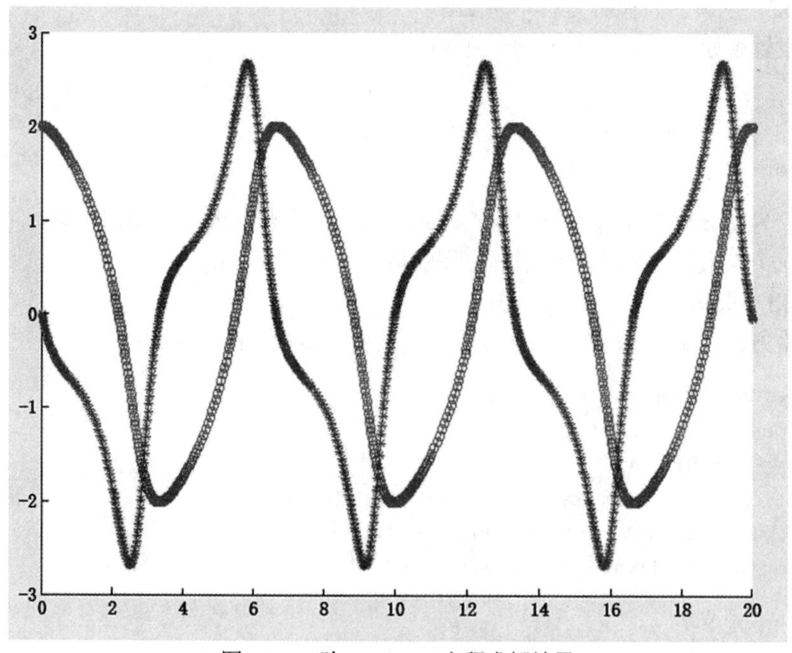

图 5-2　二阶 vanderpol 方程求解结果

图5-2所示的为二阶vanderpol方程用ode45求解结果，图中蓝色是函数，红色是导数。ode45输出了两个数组：t和y，其中t是一个包含时间点的向量，而y是一个与t相对应的矩阵，每一行对应一个时间点，第一列是函数值，第二列是导数值。代码中输入参数options中包含了指定的相对误差 'RelTol' 和绝对误差 'AbsTol'。

其余函数用法及示例读者可以通过帮助文档进行查询，本书不再赘述。

第 6 章

拟合与插值

拟合是一种通过调整模型或函数的参数，使其尽可能准确地描述一组数据的方法。拟合的目标是找到一个数学模型（例如直线、多项式、指数函数等），使得这个模型可以描述数据点之间的总体趋势。拟合的曲线或函数不一定要通过每一个数据点，而是在整体上尽量接近这些数据点，以反映它们之间的关系。拟合常用于数据分析、预测和模型构建。插值是在已知离散数据点上构建一个连续的函数，估计和预测未知数据点值的方法。插值函数必须精确通过每一个已知的数据点，并根据这些点来估计它们之间的值。常用的插值方法包括线性插值、多项式插值和样条插值。插值常用于数据填补、数值计算和工程设计中。北太天元不仅提供了多种函数和工具来进行曲线拟合，还提供了曲线拟合的工具箱。目前，工具箱提供了一系列用于样条曲线拟合的函数，包括 pp 格式（piecewice-polynomial form）与 B 格式（B form）的样条插值函数的生成与后处理操作。

§ 6.1 曲线拟合

曲线拟合是指利用解析表达式逼近离散数据点的过程，通过构建一条平滑曲线来描述这些数据点之间的函数关系，从而便于处理和理解数据的固有规律。这种方法常用于将零散的观测值或实验值公式化，以便更好地进行分析和预测。在北太天元中，提供了 polyfit 函数利用最小二乘法来计算拟合多项式系数，还提供了 polyval 函数来进行多项式曲线拟合评价。

6.1.1 拟合函数介绍

（1）polyfit 多项式曲线拟合。

➢ p = polyfit(x, y, n)：返回按降幂排列的 n 次多项式 $p(x)$的系数 $p=[p_1,p_2,\ldots,p_{n+1}]$，

$$p(x)=p_1x^n+p_2x^{n-1}+\cdots+p_nx+p_{n+1}$$

该阶数是用最小二乘法对 y 中数据的最佳拟合。p 的长度为 n+1。

（2）polyval 多项式曲线拟合计算。

➢ y = polyval(p, x)：返回 n 阶多项式 $p(x)$在 x 处的值。x 可以是一个矩阵或者是一个向量，p 是长度为 n+1 的以降幂排序的多项式的系数。

例6-1 对给定的数据进行多项式拟合。

```
>> x = 0:0.1:1; % 生成一些示例数据
>> y = exp(x) + 0.1*randn(size(x));
>> p = polyfit(x, y, 2)
p =
    0.6721    0.7853    1.1447
```

通过结果可以知道拟合多项式为

$$p = 0.6721x^2 + 0.7853x + 1.1447$$

例6-2 计算多项式 $p = 5x^4 - 3x^3 + 7x^2 + 2x - 1$ 在 $x = 1, 3, 5$ 时的值。

```
>> p = [5, -3, 7, 2, -1];
>> y = polyval(p,1:2:5)
y =
    10    392   2934
```

例6-3 使用polyfit命令进行多项式的数值拟合，并使用polyval函数计算拟合结果。

解 采用误差函数 erf 生成数据，以 polyfit 函数进行拟合，并对拟合结果进行评价

```
>> x = (0:0.1:5)';
>> y = erf(x);
>> p = polyfit(x, y, 6);
>> Y = polyval(p, x);
>> plot(x, y, 'bo')
>> hold on
>> plot(x, Y, 'r-')
```

图6-1是以上命令的运行结果。

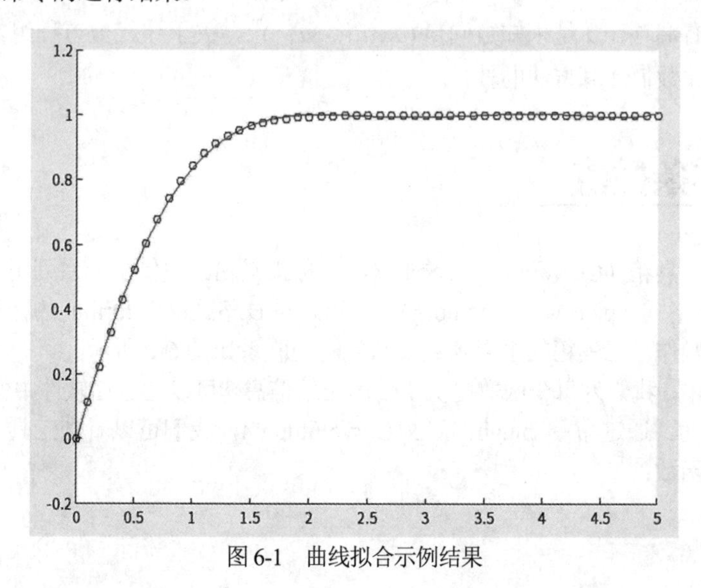

图6-1 曲线拟合示例结果

6.1.2 最小二乘法原理

北太天元的曲线拟合原理是最小二乘法。最小二乘法（Least Squares Method）是一种数学优化方法，用于在数据拟合过程中找到最佳拟合曲线或线性模型。它的核心思想是通过最小化数据点与模型之间的误差平方和来确定模型参数。这里的误差指的是实际观测值与模型预测值之间的差距。

设 m 个节点的观测数据如下：

$$(x_1, x_2, ..., x_m)(y_1, y_2, ..., y_m)$$

构造一个 n 次拟合多项式（$n \leqslant m-1$）的函数 $g(x)$：

$$g(x) = a_1 x^n + a_2 x^{n-1} + \cdots + a_n x + a_{n+1}$$

使上述拟合多项式在各观测数据点处的误差平方和最小，就称为最小二乘法曲线拟合。误差平方和表示为

$$\varphi = \sum_{i=1}^{m} \left(g(x) - y_i\right)^2 = \sum_{i=1}^{m} \left(\sum_{k=1}^{n+1} a_k x^{n+1-k} - y_i\right)^2$$

其中 x_i，y_i 是已知值，系数 $a_k (k = 1, 2, \cdots, n+1)$ 为 $n+1$ 个未知数。这样，上述求曲线拟合函数就转化为多元函数 $\varphi = \varphi(a_1, a_2, ..., a_{n+1})$ 的求极值问题。为使 $\varphi = \varphi(a_1, a_2, ..., a_{n+1})$ 取极小值，必须满足以下方程组：

$$\frac{\partial \varphi}{\partial a_k} = 0, \quad k = 1, 2, \cdots, n+1$$

经过简单的计算，可以得到一个 $n+1$ 阶线性代数方程组 $Sa = b$，其中 S 是 $n+1$ 阶系数矩阵，b 是右端项，a 是未知数向量 $(a_1, a_2, ..., a_{n+1})^{\mathrm{T}}$。关于该代数方程组的详细求解过程，可参考有关数值计算方法的教材。

§ 6.2 样条插值

曲线拟合工具箱（CurveFitting Toolbox，简称工具箱）提供了一系列用于样条插值的函数，包括 pp 格式（piecewice-polynomial form）与 B 格式（B form）的样条插值函数的生成与后处理操作。工具箱的主要函数及函数间的联系如图 6-2 所示。

在工具箱中，我们为每个函数提供了使用帮助信息，可以通过在软件中使用 help + 函数名来查看帮助。通过命令 plugin_help("CurveFitting")，我们可以看到工具箱中所有提供了帮助文档的函数：

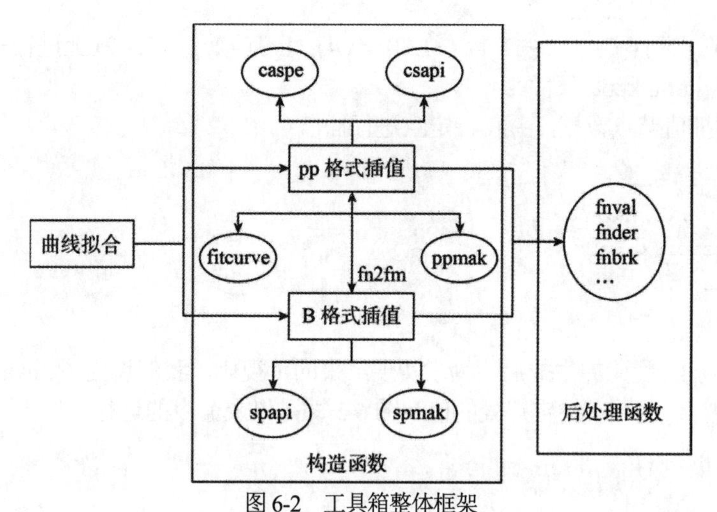

图 6-2　工具箱整体框架

```
插件 [CurveFitting] 提供的命令:
spmak   spapi   ppmak   fnval   fnder   fnbrk   fn2fm   csapi   csape   bspline
```

图 6-3　工具箱相关函数

通过 help spmak，我们可以得到 spmak 函数的使用帮助，如图 6-4 所示。

```
>> help spmak

spmak 根据给出的信息创建一个 B 格式的样条曲线。

    sp = spmak(knots,coefs) 根据节点和系数信息创建对应的样条曲线。这里要求 knots 是单增
    非降的一维向量，coefs 是一个一维向量。样条曲线的次数 Order 满足 Order + 1 = length(knots)
    - length(coefs)。sp 返回对应的样条曲线，为 B 格式。
```

图 6-4　spmak 函数的帮助信息

函数功能说明及使用示例

这一部分我们对工具箱中每个函数的使用方法进行详细说明，并给出具体用法的使用示例。我们用 pp 格式简单地表示 piecewice-polynomial 样条函数，用 B 格式表示 B 样条函数。

在使用时需要特别注意：在工具箱中，多项式的“阶数”（Order）的概念与我们通常理解的“次数”稍有不同，它表示的是多项式的系数的个数。例如，考虑三次多项式 ax^3+bx^2+cx+d，由于其有四个系数 a,b,c,d，在工具箱中我们称这一多项式的阶数为 4。我们限制多项式的阶数不超过 8。

（1）csapi 函数。

csapi 函数根据给出的二维点列创建一个 pp 格式的三次样条曲线，其边界条件采用 not-a-knot 条件。该函数是 csape 函数的一种特殊情况。

➢ s = csapi(x, y)：创建一个三次样条曲线，x 为插值节点，y 为节点上的值，x, y 必须为长度相同的一维向量，且要求 x 已经完成单增排列。

返回结果 s 是满足插值条件与 not-a-knot 边界条件的三次样条曲线，为 pp 格式。

例 6-4 在点列 (−3, −2), (−2, 1), (−1, 3), (0, 4), (1, 3), (2, 1), (3, −2) 上进行三次样条插值，边界条件采用 not-a-knot 条件。

解 构建插值节点数据，并在特定点进行插值

```
>> x = [-3, -2, -1, 0, 1, 2, 3];
>> y = [-2, 1, 3, 4, 3, 1, -2];
>> s = csapi(x, y);
>> t = -3:0.01:3;
>> plot(t, fnval(s, t), '-', x, y, 'o')
```

在完成样条函数 s 的生成后，为了实现结果的可视化，我们调用了 fnval 函数。fnval 函数可以得到样条函数在指定点处的值。图 6-5 即是以上命令的运行结果。

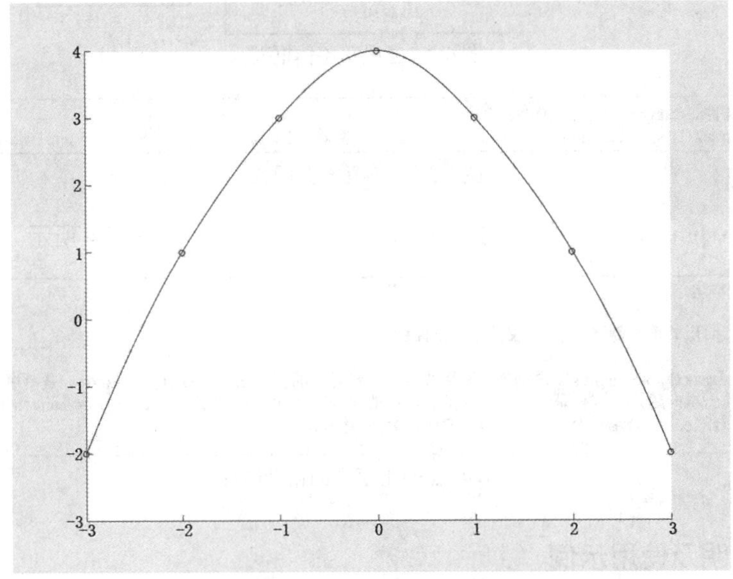

图 6-5 csapi 函数示例结果

（2）csape 函数。

csape 函数根据给定的二维点列与边界条件创建一个 pp 格式的三次样条曲线。

- s = csape(x, y)：创建一个三次样条曲线，使用 not-a-knot 边界条件。x 为插值节点，y 为节点上的值，x, y 必须为长度相同的一维向量，且要求 x 已经完成单增排列。等价于 s = csapi(x, y)。
- s = csape(x, y, conds)：创建一个三次样条曲线，边界条件由 conds 给出。x 为插值节点，y 为节点上的值，x, y 必须为长度相同的一维向量，且要求 x 已经完成单增排列；conds 可以是 complete, not-a-knot, periodic 或 second 中的一种，也可以是一个 1×2 的 int 型矩阵。当 conds 是一个 1×2 的 int 型矩阵时，0，1，2 分别表示在该端点使用 not-a-knot，complete 和 second 边界条件。用这种方式进行插值时，边界条件的值（如果需要）被默认地设置为 0。等价于 s = csape(x, [0, y, 0], conds)。

➢ s = csape(x, [e1, y, e2], conds)：创建一个三次样条曲线，边界条件由 conds 给出。x 为插值节点，y 为节点上的值；x，y 必须为长度相同的一维向量，且要求 x 已经完成单增排列；e_1，e_2 分别为左端和右端的边界条件的值；conds 的使用与 s = csape(x, y, conds)中 conds 的用法相同。注意当采用的边界条件为 not-a-knot 条件时，对应的 e 将不会被使用。

返回结果 s 是满足插值条件与相应边界条件的三次样条曲线，为 pp 格式。关于输入参数 conds 不同值的说明见表 6-1。

表 6-1　conds 不同值的说明

complete	将端点斜率与给定值 e_1 和 e_2 匹配。如果不提供 e_1 和 e_2 的值，则此选项匹配默认的拉格朗日结束条件。
not-a-knot	将第二和倒数第二处设为非活动结。该选项忽略为 e_1 和 e_2 提供的任何值。
periodic	将左端的一阶导数和右端的二阶导数匹配起来。
second	将末端二阶导数与给定值 e_1 和 e_2 匹配。如果不提供值 e_1 和 e_2，则此选项对两者都使用默认值 0。

例 6-5　在点列 (0, 0), (2, 3), (3, 1), (5, −1), (6, 0) 上进行三次样条插值，边界条件采用 periodic 条件。

解　构建插值节点数据，并采用指定条件在特定点进行插值

```
>> x = [0, 2, 3, 5, 6];
>> y = [0, 3, 1, -1, 0];
>> s = csape(x, y, 'periodic');
>> t = 0:0.01:6;
>> plot(t, fnval(s, t), '-', x,  y, 'o')
```

图 6-6 是以上命令的运行结果。

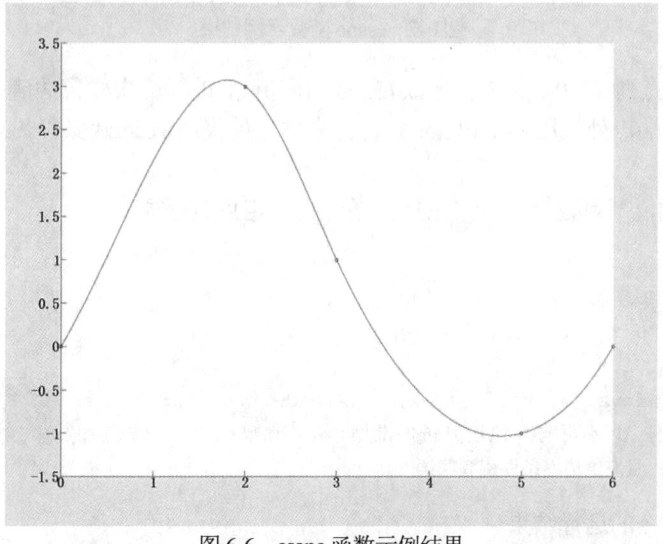

图 6-6　csape 函数示例结果

例 6-6 在点列 (0, 0), (2, 3), (3, 1), (5, −1), (6, 0) 上进行三次样条插值，边界条件采用 complete 条件，左端点处的导数值为 1，右端点处的导数值为 0。

解 构建插值节点数据，并采用指定条件在特定点进行插值

```
>> x = [0, 2, 3, 5, 6];
>> y = [1, 0, 3, 1, -1, 0, 0];
>> s = csape(x, y, 'complete');
>> t = 0:0.01:6;
>> plot(t, fnval(s, t), '-', x,  y(2:end-1), 'o');
```

图 6-7 是以上命令的运行结果。

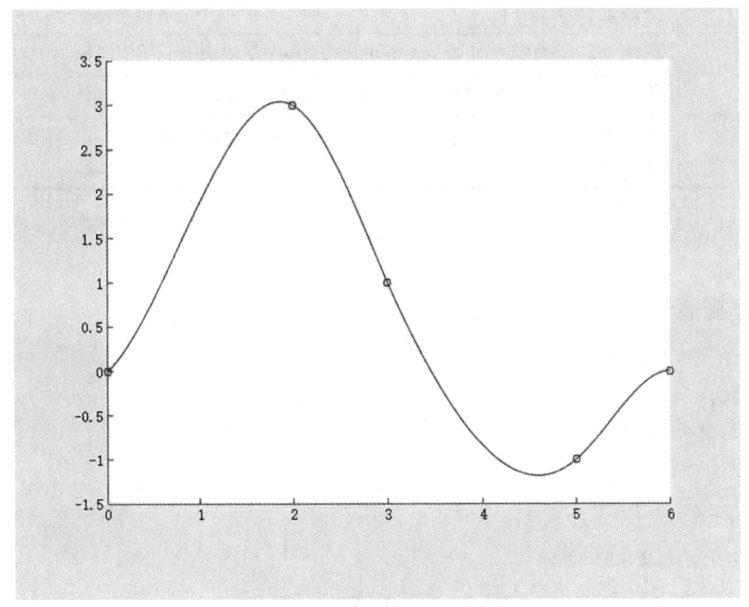

图 6-7 csape 函数示例结果

例 6-7 在点列 (0, 0), (2, 3), (3, 1), (5, −1), (6, 0) 上进行三次样条插值，边界条件采用 mixed 条件，左端点处采用 not-a-knot 条件，右端点处采用 second 条件，对应的二阶导数值为 −1。

解 构建插值节点数据，并采用指定条件在特定点进行插值

```
>> x = [0, 2, 3, 5, 6];
>> y = [0, 0, 3, 1, -1, 0, -1];
>> s = csape(x, y, [0, 2]);
>> t = 0:0.01:6;
>> plot(t, fnval(s, t), '-', x,  y(2:end-1), 'o');
周期边界条件 0 不可与其他边界条件混用，输入参数：[0.000000 , 2.000000] 被视为 [1, 2.000000]，且左侧边界条件值取默认值。
```

图 6-8 是以上命令的运行结果。

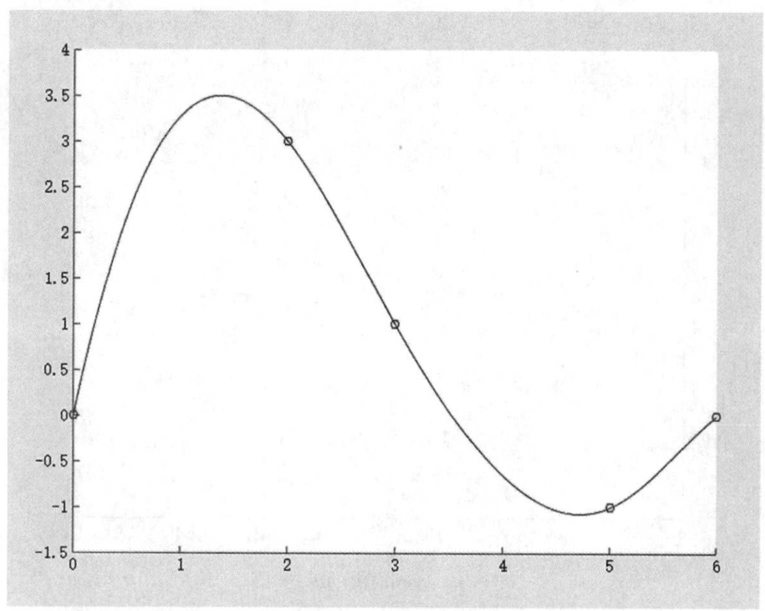

图 6-8 csape 函数示例结果

（3）spapi 函数。

spapi 函数根据给定的 B 样条节点或样条曲线次数以及插值条件创建一个 B 格式的样条曲线。

- s = spapi(knots,x,y)：创建一个样条曲线，knots 为 B 样条的节点，x 为插值节点，y 为插值节点上的值及相应阶导数值，x，y 必须为长度相同的一维向量。这里要求 x 已经完成非降排列，重复的值被视为在该点处的对应阶导数值。例如，若 1 在 x 中连续出现了三次，则其在 y 中对应的三个值依次为 1 处的值、1 处的导数值和 1 处的二阶导数值。s 的次数 k 满足 $k+1=\text{length(knots)}-\text{length}(x)$。
- s = spapi(k,x,y)：创建一个 $k-1$ 次样条曲线，x，y 为插值条件，其要求与 s = spapi(knots,x,y)相同。

返回结果 s 是满足插值条件与指定 B 样条节点或指定次数的样条曲线，为 B 格式。

例 6-8 在 B 样条节点{0, 0, 0, 0, 1, 2, 2, 2, 2}上进行 B 样条插值，插值条件为

$$s(0)=2,\ s(1)=0,\ s'(1)=1,\ s''(1)=2,\ s(2)=-1$$

解 构建 B 样条节点和插值节点数据，并在特定点进行插值

```
>> knots = [0, 0, 0, 0, 1, 2, 2, 2, 2];
>> x = [0, 1, 1, 1, 2];
>> y = [2, 0, 1, 2, -1];
>> s = spapi(knots, x, y);
>> t = 0:0.01:2;
>> plot(t, fnval(s, t))
```

图 6-9 是以上命令的运行结果。

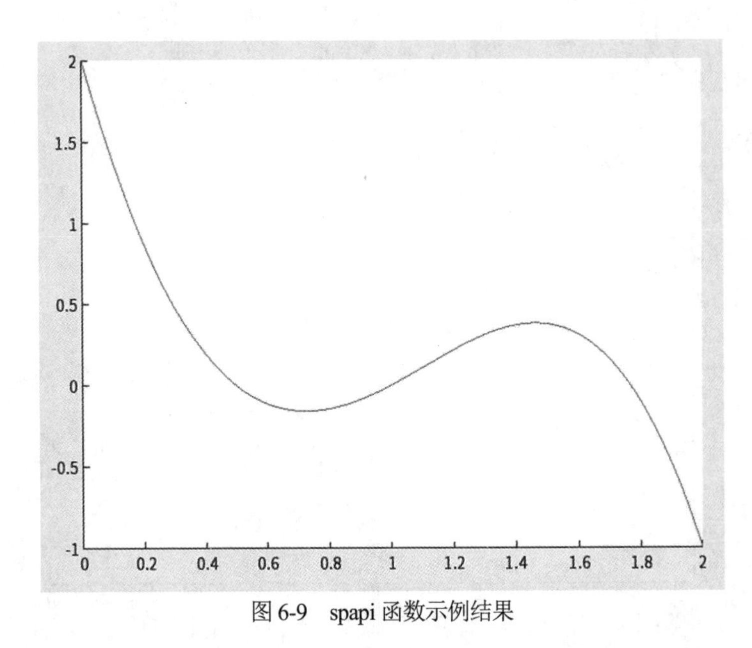

图 6-9　spapi 函数示例结果

例 6-9　在[0, 4]上对函数 $f(x) = \sin(x)$ 进行 5 次 B 样条拟合，采样点为区间上均匀分布的 41 个点 0, 0.1, 0.2, ⋯ , 3.9, 4。

解　构建插值节点数据，并按指定次数在特定点进行插值

```
>> x = 0:0.1:4;
>> s = spapi(6, x, sin(x));
>> t = 0:0.01:4;
>> plot(t, fnval(s, t), '-', x,  sin(x), 'o')
```

图 6-10 是以上命令的运行结果。

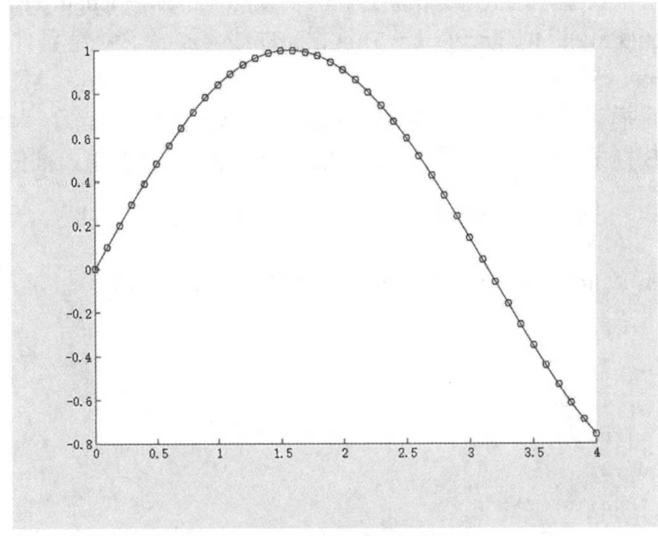

图 6-10　spapi 函数示例结果

（4）spmak 函数。

spmak 函数根据给出的信息创建一个 B 格式的样条曲线。

- s = spmak(knots, coefs)：根据 B 样条节点和系数信息创建对应的样条曲线。knots 表示 B 样条节点，这里要求 knots 是单调非减的一维向量；coefs 表示对应 B 样条的系数，是一维向量；样条曲线的次数 k 满足 $k+1=$ length(knots) − length(coefs)，且不能超过 7。

返回结果 s 为对应的样条曲线，为 B 格式。注意这里 knots 和 coefs 的格式与 fnbrk 函数中的 knots 与 coefficients 格式相同。

例 6-10 给定 B 样条节点 $\{0,0,1,2,3,4,5,5\}$，可以得到三个 4 次的 B 样条。若这三个 B 样条的系数分别为 1, 4, −2，则我们可以得到对应的 B 格式样条曲线。

解 构建 B 样条节点和系数数据，并在特定点进行插值

```
>> knots = [0, 0, 1, 2, 3, 4, 5, 5];
>> coefs = [1, 4, -2];
>> s = spmak(knots, coefs);
>> t = 0:0.01:5;
>> plot(t, fnval(s, t));
```

图 6-11 是以上命令的运行结果。

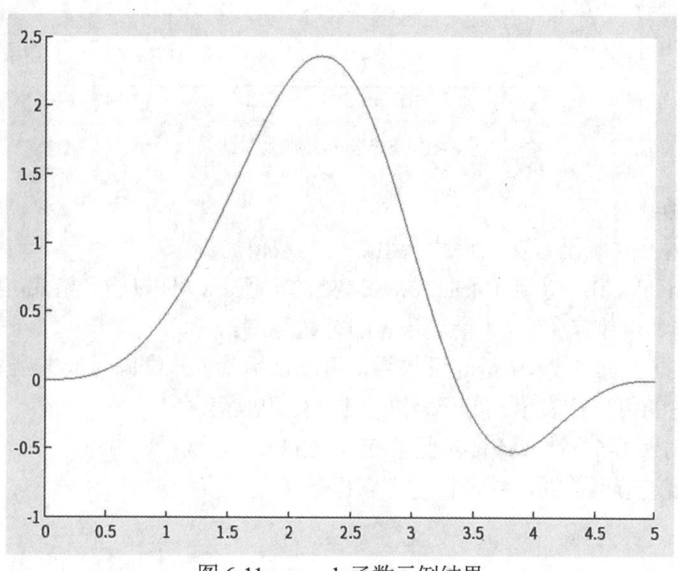

图 6-11 spmak 函数示例结果

（5）bspline 函数。

bspline 函数得到 B 样条节点对应的 B 样条，用 pp 格式表示。

- s = bspline(knots)：返回以 knots 为节点的 B 样条。s 的次数为 length(knots) − 2，这里要求 length(knots)不超过 9。

返回结果 s 是以 knots 为节点的 B 样条，为 pp 格式。

例 6-11　对 B 样条节点 $\{1, 1, 2, 4, 5\}$，生成对应的 B 样条。

解　构建 B 样条节点数据，并在特定点进行插值

```
>> s = bspline([1, 1, 2, 4, 5]);
>> t = 1:0.01:5;
>> plot(t, fnval(s, t));
```

图 6-12 是以上命令的运行结果。

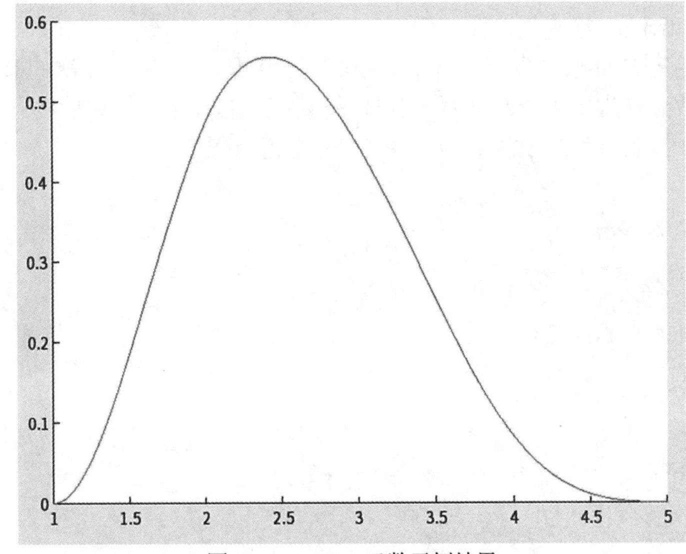

图 6-12　bspline 函数示例结果

（6）fnval 函数。

fnval 函数返回样条函数在一点或一组点处的取值。

➢ val = fnval(s, t)：得到样条曲线 s 在 t 处的取值。s 可以是 pp 格式、B 格式，t 可以是标量、一维向量。t 不能超出 s 的有效范围。

返回结果 val 根据 s 的维数及 t 是向量与否，可以是标量、一维向量或二维矩阵。若 val 是二维矩阵，则它的每一行表示 s 在一个维度上 t 处的取值。

例 6-12　对例 6-6，计算该样条函数在 4 处的值。

解　构建插值节点数据，并在特定点求样条函数的值

```
>> x = [0, 2, 3, 5, 6];
>> y = [1, 0, 3, 1, -1, 0, 0];
>> s = csape(x, y, 'complete');
>> fnval(s, 4)
```

下面是命令的运行结果：

```
ans =
   -0.8401
```

（7）fnder 函数。

fnder 函数得到样条函数的导函数，仍以样条函数的格式返回。

- ds = fnder(s)：得到样条曲线 s 的导函数。s 可以是 pp 格式、B 格式，其次数至少是 1 次。
- ds = fnder(s, order)：得到样条曲线 s 的 order 阶导函数。s 可以是 pp 格式、B 格式，其次数至少是 order 次。order 是一个不超过样条函数次数的正整数。

返回结果 ds 是样条函数 s 的对应阶导数，其类型与 s 一致。

例 6-13 对例 6-6，计算该样条函数的导函数。

解 构建插值节点数据，并在特定点求样条函数的导函数值

```
>> x = [0, 2, 3, 5, 6];
>> y = [1, 0, 3, 1, -1, 0, 0];
>> s = csape(x, y, 'complete');
>> ds = fnder(s);
>> t = 0:0.01:6;
>> plot(t, fnval(ds, t));
```

图 6-13 是以上命令的运行结果。

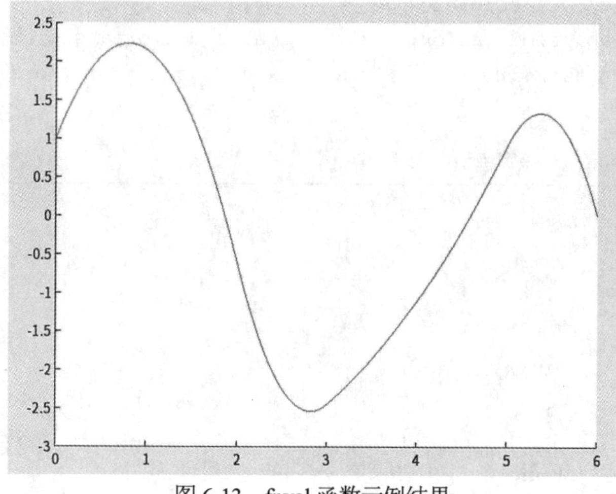

图 6-13　fnval 函数示例结果

（8）fnbrk 函数。

fnbrk 函数得到样条函数的相关信息。

[out1, ..., outn] = fnbrk(s, part1, ..., partm) 得到样条曲线 s 的 m 个相关信息。这里要求 $n \leqslant m$。

对于任意格式的样条曲线 s，parti 表示第 i 个输入的样条信息，可以是如下形式。

- 'form'：s 的格式。返回 'ppform' 或 'B-form'。
- 'variables'：s 的自变量的维数。返回一个整型标量。
- 'dimension'：s 的维数。返回一个整型标量。目前仅支持维数等于 1 的情形，即无法用于通过 fitcurve 生成的样条函数。

➢ 'coefficients'：s 的系数，对不同格式的样条曲线其含义和格式不同。目前仅支持自变量的维数等于 1 的情形。对 pp 格式，返回一个矩阵，其列数是样条函数的阶数 order，行数 r = (length(breaks) − 1)，每行是一个多项式系数的降幂排列。对 B 格式，返回一个一维向量，其每个分量表示对应的 B 样条的系数。

➢ 'interval'：s 的有效区间。返回一个 1×2 的 double 型矩阵。

➢ 'order'：s 的阶数。返回一个整型标量。

对于 pp 格式的样条曲线 s，parti 还可以是如下形式。

➢ 'breaks'：s 的插值节点。返回一个向量。

➢ 'pieces'：s 的多项式段数。返回一个整型标量。

对于 B 格式的样条曲线 s，parti 还可以是如下形式：

➢ 'knots'：s 的 B 样条节点。返回一个向量。

➢ 'number'：s 的系数的数量。返回一个整型标量。

例 6-14 对例 6-6，查看该样条函数的各项信息。

解 构建插值节点数据，采用指定条件进行插值，并查看样条函数信息

```
>> x = [0, 2, 3, 5, 6];
>> y = [1, 0, 3, 1, -1, 0, 0];
>> s = csape(x, y, 'complete');
>> [form,variables,dimension,coes,interval,order,breaks,pieces]=fnbrk(s,
'form','variables','dimension','coefficients','interval','order','breaks',
'pieces')
```

图 6-14 是以上命令的运行结果。

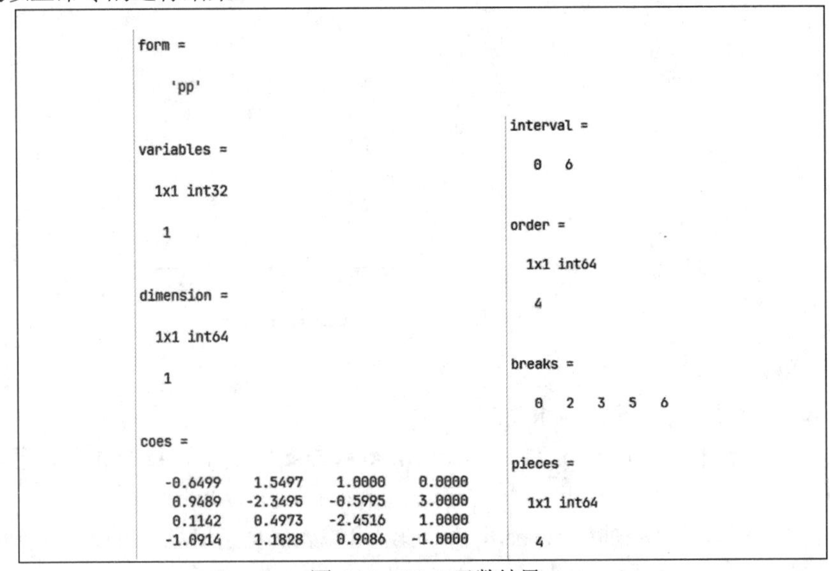

图 6-14 fnbrk 函数结果

例 6-15 对例 6-8，查看该样条函数的各项信息。

解 构建 B 样条节点和插值节点数据，进行插值，并查看样条函数信息

```
>> knots = [0, 0, 0, 0, 1, 2, 2, 2, 2];
>> x = [0, 1, 1, 1, 2];
>> y = [2, 0, 1, 2, -1];
>> s = spapi(knots, x, y);
>> [form,variables,dimension,coes,interval,order,knots,number]=fnbrk(s,'form',
   'variables','dimension','coefficients','interval','order','knots','number')
```

图 6-15 是以上命令的运行结果。

```
form =

    'B-'


variables =

  1x1 int32

   1


dimension =

  1x1 int64

   1


coes =

    2.0000   -0.3333   -0.3333    1.0000   -1.0000


interval =

   0   2


order =

  1x1 int64

   4


knots =

     0     0     0     0     1     2     2     2     2


number =

  1x1 int64

   5
```

图 6-15　fnbrk 函数结果

（9）fn2fm 函数。

fn2fm 函数将样条函数在不同格式间转换。目前仅支持一维 B 格式样条函数向一维 pp 格式样条函数的转换。

➢　ns = fn2fm(s, form)：将样条函数 *s* 转换为 form 格式。目前 form 仅支持'pp'。返回结果 *ns* 是转换后的样条函数，类型为 form。

例 6-16　对例 6-8，将该样条函数转换为 pp 格式。

解　构建 B 样条节点和插值节点数据，进行插值和样条函数转换，并查看转换后的样条函数信息

```
>> knots = [0, 0, 0, 0, 1, 2, 2, 2, 2];
>> x = [0, 1, 1, 1, 2];
>> y = [2, 0, 1, 2, -1];
>> s = spapi(knots, x, y);
>> ns = fn2fm(s, 'pp');
>> [breaks, coes] = fnbrk(ns, 'breaks', 'coefficients')
```

图 6-16 是以上命令的运行结果。

```
breaks =

   0   1   2


coes =

   -2.0000    7.0000   -7.0000    2.0000
   -3.0000    1.0000    1.0000    0.0000
```

图 6-16　fn2fm 函数示例结果

第 7 章

优化问题

§ 7.1 优化工具箱

7.1.1 优化工具箱简介

北太天元的优化工具箱（Optimization Toolbox）提供了应用广泛的优化算法，可以解决连续或离散、无约束或带约束的优化问题。优化工具箱主要功能包括：

- 提供了一系列优化函数，用于求解最小化问题、最小二乘问题、非线性方程（组）问题。
- 提供了统一的优化求解器参数设置接口，可方便灵活地对优化求解器行为进行控制，例如采取的算法策略，终止准则，输出格式等。
- 提供了求解器运行分析工具，可显示求解日志信息以及迭代图像，帮助用户分析求解时的各类问题。

使用北太天元优化工具箱需要事先载入 optimization 插件，即在命令行或脚本中执行

```
>> load_plugin('optimization');
```

之后即可调用工具箱中的函数。

7.1.2 优化工具箱的函数

优化工具箱中的函数包括以下三类，如表 7-1～表 7-3 所示

表 7-1 最小化函数

函数	描述
fminsearch	无约束多变量非线性最小化
fminunc	
fminbnd	闭区间内单变量最小化
fmincon	约束多变量非线性最小化
linprog	线性规划

续表

函数	描述
quadprog	二次规划
fgoalattain	多目标规划
fminimax	最大最小化
fseminf	半无限问题

表 7-2　最小二乘问题求解函数

函数	描述
lsqnonlin	非线性最小二乘
lsqnonneg	非负线性最小二乘
lsqlin	约束线性最小二乘
lsqcurvefit	非线性曲线拟合

表 7-3　方程求解函数

函数	描述
fzero	标量非线性方程求解
fsolve	非线性方程组求解

7.1.3　options 参数

对于绝大多数优化函数，北太天元通过传入 options 参数来控制求解器的行为。该参数为结构体类型变量，其字段表示不同的输入参数。较为常用的参数如下。

- Display：控制显示迭代输出，默认为 'final'。
- TolX：优化点 x 的精度控制，默认值为 $1e-6$ 。
- TolFun：优化函数 F 的精度控制，默认值为 $1e-4$ 。
- ConstraintTolerance：约束违反度的终止容差，默认值为 $1e-6$ 。
- Algorithm：算法选择。对于不同函数有不同的算法选择，详细请参考具体函数。
- StepTolerance：关于正标量 x 的终止容差。详细请参考具体函数。
- SpecifyObjectiveGradient：如果为 false（默认值），则求解器使用有限差分逼近梯度或 Jacobi 矩阵。如果为 true，则对于目标函数，求解器使用用户定义的梯度或 Jacobi 矩阵（在 fun 中定义）或 Jacobi 矩阵乘法算子（使用 JacobMult 时）。
- TypicalX：典型的 x 值，TypicalX 中的元素数等于 x_0（即初值）中的元素数。默认值为 ones(numberofvariables,1)。
- OutputFcn：指定优化函数在每次迭代中调用的一个或多个用户定义的函数。传递函数句柄或函数句柄的元胞数组。默认为 []。
- PlotFcn：对算法执行过程中的各种进度测量值绘图，可以选择预定义的绘图，也可以自行编写绘图函数。传递名称、函数句柄或者由名称或函数句柄组成的元胞数组。对于自定义绘图函数，将传递对应的函数句柄。默认为 []。

- OptimalityTolerance：一阶最优性的终止容差（正标量），默认值为1e – 6 。
- MaxIter：允许的迭代最大次数，为正整数。详细请参考具体函数。
- MaxFunEval：目标函数的最大调用次数（默认值是 100×变量个数）。
- FunValCheck：检查函数值是否有效。当函数返回的值是 complex、Inf 或 NaN 时，'on' 显示错误。默认值 'off' 不显示错误。
- DiffMaxChange：优化过程中变量的最大有限差分梯度值。默认值为 Inf。
- DiffMinChange：优化过程中变量的最小有限差分梯度值。默认值为 0。
- FiniteDifferenceStepSize：步长设置，对于正向有限差分，默认值为 sqrt(eps)；对于中心有限差分，默认值为 eps^(1/3)。
- FiniteDifferenceType：用于估计梯度的有限差分是 'forward'（默认值）或 'central'（中心化）。

需注意，以上列表仅给出了常见的求解器参数。北太天元还针对不同优化的问题提供了特定的求解器参数，更详细的内容请参考每个优化函数的介绍。

使用 options 参数时，首先要使用 optimset 或 optimoptions 函数创建结构体并对各字段赋值，随后传入优化函数中即可。以 fminunc 函数为例：

```
options = optimset('TolX',1e-8); % 将优化点 x 的精度设置为 1e-8

[x,fval] = fminunc(@myfun,x0,options);
```

对于未设置的参数，北太天元将使用默认值。

§ 7.2 无约束最优化问题

7.2.1 闭区间单变量最小化问题

闭区间单变量最小化问题的形式为

$$\min\ f(x),\quad x\in[x_1,x_2]$$

其中 x,x_1,x_2 为标量，$f(x)$ 为连续函数，返回标量。该问题研究一维闭区间上的最小化问题，因其形式简单而较少直接用于实际问题的求解，但它是更复杂优化问题求解的基础问题。例如在多变量无约束优化问题求解中，线搜索子问题是典型的闭区间单变量最小化问题。因此讨论闭区间单变量最小化问题求解是十分必要的。

求解单变量最优化问题的方法有很多种，常用的方法是搜索类算法：利用函数值、导数等信息逐渐缩小包含最小值点的区间，直至缩小到给定精度为止。常用的算法有黄金分割法（0.618 方法）、多项式插值法等。

1. 黄金分割法

假设待优化的函数 $f(x)$为具有高—低—高形状的单峰函数，黄金分割法的基本思想是在区间内适当插入两点，将区间分为 3 段，然后通过比较两点以及区间端点的函数值大小来确定是删去最左段还是删去最右段，并使得目标函数的极小值点仍处于新区间内。重复该过程使区间无限缩小，最终找到近似的极小值点。因为插入点位于区间的黄金分割点及其对称点上，无论删去哪一段区间，只需要再额外计算一个点的函数值即可进行下一次迭代，所以该法被称为黄金分割搜索法。该方法的优点是仅需要函数值信息，易于实现，且稳定性好，缺点是每次迭代区间缩小比例固定，在某些场景下需要多次迭代才能得到极小值。

2. 多项式插值法

该方法使用近似的思想，利用函数值和导数等信息构造插值多项式来代替目标函数，并用近似函数的极小点作为原函数极小点的近似。随后利用极小点的信息缩小搜索区间，再次构造多项式完成下一次迭代。常用的插值多项式为二次和三次多项式。

（1）二次插值

考虑如下二次函数：

$$m_q(x) = ax^2 + bx + c$$

其最小值为

$$x^* = -\frac{b}{2a}$$

然后只要利用 3 个函数值或导数信息构造方程组，求解系数 a 和 b，从而可以确定 x^*。得到该值以后，进行区间的收缩，重新选择 3 点求出下一次的近似极小点，如此迭代直到满足终止准则。其迭代公式为

$$x_{k+1} = \frac{1}{2}\frac{\beta_{23}f(x_1) + \beta_{31}f(x_2) + \beta_{12}f(x_3)}{\gamma_{23}f(x_1) + \gamma_{31}f(x_2) + \gamma_{12}f(x_3)}$$

其中

$$\beta_{ij} = x_i^2 - x_j^2$$

$$\gamma_{ij} = x_i - x_j$$

二次插值法的计算速度通常比黄金分割法快，但是它有可能失败：当函数变化较为剧烈时，近似极小点处的实际函数值可能远大于插值函数的极小值，此时需要重新选取插值点计算，或者结合其他搜索方法。

（2）三次插值

如果可以计算目标函数的导数，则可考虑使用三次多项式进行插值。其基本思想与二次插值相同，它是用区间端点的函数值与梯度的信息（共 4 个方程）构造一个三次多项式 $P(x)$，以 $P(x)$ 的极小点作为 $f(x)$ 极小点的近似。三次插值的迭代公式为

$$x_{k+1} = x_2 - (x_2 - x_1)\frac{\nabla f(x_2) + \beta_2 - \beta_1}{\nabla f(x_2) - \nabla f(x_1) + 2\beta_2}$$

其中

$$\beta_1 = \nabla f(x_1) + \nabla f(x_2) - 3\frac{f(x_1) - f(x_2)}{x_1 - x_2}$$

$$\beta_2 = (\beta_1^2 - \nabla f(x_1)\nabla f(x_2))^{\frac{1}{2}}$$

三次插值法的效率通常比二次插值更高，故在函数的导数容易求得的条件下可以优先考虑该方法。另一方面，与二次插值类似，三次插值在迭代过程中也有可能失败，必须检查近似极小点处的误差才能确定是否使用该点。

下面主要介绍北太天元的 fminbnd 函数，该函数使用黄金分割法与二次插值法的混合策略对区间内单变量优化问题进行求解，调用方法如下：

- x = fminbnd (fun, x1, x2)：返回区间 $[x_1, x_2]$ 上函数 fun 的局部极小值点 x。
- x = fminbnd (fun, x1, x2, options)：用 options 指定的优化参数进行最小化。
- [x, fval] = fminbnd(___)：同时返回解 x 处目标函数的值 fval。
- [x, fval, exitflag] = fminbnd(___)：返回 exitflag，描述 fminbnd 函数的退出状态。
- [x, fval, exitflag, output] = fminbnd(___)：返回包含优化信息的结构体 output。

表 7-4 描述了 fun、options、exitflag 和 output 等参数的使用细节。

表 7-4 参数描述表

参数	描述
fun	需要最小化的目标函数，通常为函数句柄。fun 函数的输入参数为自变量 x，返回 x 处的目标函数值 f。
options	options 参数有以下几个字段： Display：控制迭代日志信息的显示水平，'off' 表示不显示输出；'iter' 表示显示每一步迭代的输出；'final' 表示仅显示最终结果。 MaxFunEvals：函数值调用的最大次数。 MaxIter：最大迭代次数。 TolX：x 处的终止容差。
exitflag	描述算法结束时的状态：1 表示目标函数收敛于解 x 处，0 表示已经达到函数值调用或迭代的最大次数。
output	output 参数包含下列优化信息字段： iteration：迭代次数。 algorithm：所采用的算法。 funcCount：函数调用次数。 message：描述迭代结果的信息。

注 （1）目标函数必须为连续的实数变量函数。

（2）该函数通常只给出局部最优解。

（3）当问题的解位于区间边界上时，fminbnd 函数的收敛速度很慢。此时推荐使用 fmincon 函数。

例 7-1 求函数 $f(x) = (x-3)^2 + 3$ 在区间 $[0, 4]$ 内的最小值。

解 首先通过匿名函数句柄定义目标函数

```
>> f = @(x) (x-3).^2 + 3;
```

然后调用 fminbnd 函数，得到问题的解：

```
>> [x_min, fval] = fminbnd(f, 0, 4)
x_min =

   3

fval =

   3
```

即该函数在 $x=3$ 处取得最小值，最小值 $f(x)=3$ 。

7.2.2 无约束非线性最优化问题

无约束最优化问题具有如下形式：

$$\min f(x), \quad x \in \mathbb{R}^n$$

其中 $f(x)$ 为连续函数，x 为 n 维实向量。该类问题在机器学习、信号处理、数据拟合、反问题等领域中有着重要应用。此外，许多约束优化算法依赖无约束优化问题求解，例如罚函数法和增广拉格朗日函数法等。

常见的无约束优化算法包含如下三大类：

1. 直接搜索法

通过不断计算函数值的方式搜索目标函数的极小值点，适用于目标函数非线性，不可微或梯度难以计算的情形。例如在计算物理中，一些能量泛函的值是通过计算机模拟得到的，其解析形式未知，无法利用问题形式获取梯度等信息。直接搜索算法包含单纯形法，Hook-Jeeves 搜索法、Pavell 共轭方向法等。该类算法的优点是仅需要函数值即可进行运算，缺点是收敛慢，且不适合处理高维问题。北太天元使用 fminsearch 函数实现直接搜索法。

2. 线搜索类型算法

该类方法通过利用目标函数的一阶与二阶导数信息构造解的迭代序列，根据最优性条件（梯度为零）确定迭代是否收敛。该类算法具有如下格式：

$$x_{k+1} = x_k + \alpha_k d_k$$

其中 d_k 是搜索方向，通常使用梯度与 Hessian 矩阵获得；α_k 是步长，通常使用线搜索算法配合某一线搜索准则得到。北太天元的 fminunc 函数支持线搜索类型算法。

根据搜索方向选取策略的不同，该类型算法又可分为：

- 梯度类算法：d_k 选择负梯度方向 $-\nabla f(x)$ ；
- Newton 类算法：d_k 选择为 Newton 方向，即 $\nabla^2 f(x)d = -\nabla f(x)$ 的解；

- 拟 Newton 类算法：使用割线条件近似 Hessian 矩阵或其逆矩阵，避免计算 Hessian 矩阵本身，例如 BFGS 方法、DFP 方法、有限内存 BFGS 方法（L-BFGS）等。

3. 信赖域类型算法

该类方法通过在局部区域构造目标函数二阶近似的方式构造迭代序列，根据最优性条件（梯度为零）确定迭代是否收敛。其每一步求解子问题：

$$\min \frac{1}{2} x^{\mathrm{T}} B_k x + g_k^{\mathrm{T}} x, \quad \text{s.t.} \quad x \in \Delta_k$$

其中 Δ_k 是信赖域，表示该二阶近似生效的区域，B_k 为 Hessian 矩阵或其近似矩阵，g_k 为当前点梯度。信赖域类型算法无须使用线搜索确定迭代步长。北太天元的 fminunc 函数也支持信赖域类型算法。

下面先介绍北太天元的 fminunc 函数，用于求解可微函数的无约束优化问题。该函数具有如下的特性：

- 支持输入的函数形式为函数句柄、字符串、元胞数组、结构体。
- 支持的算法包含信赖域法、拟 Newton 法和梯度法。
- 若使用信赖域法，当目标函数梯度或 Hessian 矩阵不便计算时，函数可以使用差分法计算近似梯度和 Hessian 矩阵，保证算法能够运行。
- 支持检查用户输入的梯度、Hessian 矩阵表达式是否正确，有助于在求解前及时发现错误。

其调用方式如下：

- x = fminunc(fun, x0)：给定初值 x_0，求 fun 函数的局部极小点 x。x_0 可以是标量、向量或矩阵。
- x = fminunc(fun, x0, options)：用 options 参数中指定的优化参数进行最小化求解。
- [x, fval] = fminunc(___)：同时返回解 x 处的目标函数值 fval。
- [x, fval, exitflag] = fminunc(___)：将求解器退出的状态返回到 exitflag 变量。
- [x, fval, exitflag, output] = fminunc(___)：返回包含优化信息的结构体 output。
- [x, fval, exitflag, output, grad] = fminunc(___)：将解 x 处 fun 函数的梯度值返回 grad 参数中。
- [x, fval, exitflag, output, grad, hessian] = fminunc(___)：将解 x 处目标函数的 Hessian 矩阵返回 hessian 参数中。

表 7-5 中包括各输入输出变量的描述。

表 7-5　输入/输出变量描述表

变量	描述
fun	需要最小化的目标函数。fun 函数的第一个输入参数为实向量 x，返回 x 处的目标函数值 f。可以将 fun 函数指定为函数句柄，如 `x = fminunc(@(x) cos(x'*x), x0)`

续表

变量	描述

fun	还可以将 fun 参数指定为包含函数名的字符串。对应的函数可以是 M 文件、内置函数或 BEX 文件。此外，fun 参数还可以是结构体或元胞数组，具体可参考软件的帮助文档。
	若使用 M 文件 myfun.m 指定目标函数，则文件中的函数须有如下形式：
	`function f = myfun(x)`
	`f = … % 计算 x 处的函数值`
	若 fun 函数还提供目标函数的梯度，且 options.GradObj 设为 'on'，则 fun 函数还需要将 x 处的梯度 g 返回到第 2 个输出变量中。注意，当函数 fun 只需要一个输出变量时（如算法的某一步只需要目标函数的值而不需要梯度），可以通过判断 nargout 的值来避免计算梯度，例如：
	`function [f, g] = myfun()`
	`f = … % 计算 x 处的函数值`
	`if nargout > 1 % 输出变量个数为 2`
	`g = … % 计算 x 处的梯度值`
	`end`
	进一步，若 fun 函数提供 Hessian 矩阵，并且 options.Hessian 设为 'on'，则 fun 函数需要将 x 处的 Hessian 矩阵 H 返回到第 3 个输出变量中。注意，当函数 fun 只需要一个或两个输出时（如算法的某一步只需要目标函数的值 f 和梯度值 g 而不需要 Hessian 矩阵 H 时），可以通过判断 nargout 的值以避免计算 Hessian 矩阵。例如：
	`function [f, g, H] = myfun(x)`
	`f = … % 计算 x 处的函数值`
	`if nargout > 1 % 输出变量为 2 个或以上`
	`g = … % 计算 x 处的梯度值`
	`end`
	`if nargout > 2 % 输出变量为 3 个`
	`H = … % 计算 x 处的 Hessian 矩阵`
	`end`

options	优化参数选项。可以通过 optimset 函数设置或改变这些参数。其中有的参数适用于所有的优化算法，有的则只适用于信赖域法，另外一些则只适用于拟 Newton 法。控制优化算法的选项为： ➢ Algorithm：当设为 'trust-region' 时使用信赖域法，设为 'quasi-newton' 时使用拟 Newton 法。 适用于所有优化算法的参数： ➢ Diagnostics：打印诊断信息，多用于调试。 ➢ Display：控制迭代日志信息的显示水平，'off' 表示不显示输出；'iter' 表示显示每一步迭代的输出；'final' 表示仅显示最终结果。 ➢ GradObj：用户提供的目标函数是否包含梯度。对于信赖域法，该参数必须设置为 'on'（同时 fun 函数必须提供目标函数的梯度），对于拟 Newton 法，可以设置为 'off'。 ➢ MaxFunEvals：目标函数最大调用次数。 ➢ MaxIter：最大迭代次数。

续表

变量	描述
options	➢ TolFun：函数梯度值的终止容差。若当前点与初值的梯度无穷范数比值小于该值，算法停止，此时算法已经收敛到一个局部最优解。 ➢ TolX：x 处的终止容差。若相邻两次迭代点的相对误差小于该值，算法停止，此时算法继续进行对问题几乎没有改善，不一定意味收敛到最优解。 只用于信赖域法（trust-region）的参数： ➢ Hessian：用户定义的目标函数中是否包含 Hessian 矩阵。若设置为 'on' 表示包含，此时 fun 参数必须能够提供用户计算的 Hessian 矩阵；设置为 'off' 表示不包含，函数将使用有限差分计算近似 Hessian 矩阵。 ➢ HessPattern：当使用有限差分计算近似 Hessian 矩阵时，用于提供 Hessian 矩阵的非零元结构。在默认情况下，算法假设 Hessian 矩阵是稠密的，即每个位置都有值，这导致算法要计算 $n(n+1)/2$ 次有限差分。若能预先提供非零元结构，则算法可以利用稀疏性大大降低有限差分的计算次数。 ➢ MaxPCGIter：预条件共轭梯度法（PCG）的最大迭代次数。PCG 用于求解迭代过程中的线性方程组。 ➢ PrecondBandWidth：PCG 前处理的上带宽，默认为 0。对于有些问题，增加带宽可以减少迭代次数。 ➢ TolPCG：PCG 迭代的终止容差。 ➢ TypicalX：典型 x 值。用于检查用户输入的目标函数和梯度使用的自变量。 只适用于拟 Newton 法（quasi-newton）的参数： ➢ HessUpdate：Hessian 矩阵更新格式，可设置为 'bfgs'（默认）、'lbfgs'。 ➢ DiffMaxChange：变量有限差分梯度的最大变化。 ➢ DiffMinChange：变量有限差分梯度的最小变化。
exitflag	描述退出条件： ➢ 1：算法收敛，解 x 处目标函数的梯度相对范数小于给定容差。 ➢ 2：因相邻两次迭代自变量相对误差过小，算法终止，不一定收敛。 ➢ 3：因相邻两次迭代函数值相对误差过小，算法终止，不一定收敛。 ➢ 5：拟 Newton 算法中，线搜索不能继续减少函数值，可能是搜索方向有问题、Hessian 矩阵不正定等原因，算法无法继续。 ➢ 0：已经达到函数调用或迭代的最大次数。 ➢ <0：算法执行被用户定义的输出函数中断。
output	该参数包含下列优化信息字段： ➢ iterations：迭代次数。 ➢ algorithm：所采用的算法。 ➢ funcCount：目标函数调用次数。 ➢ cgiterations：PCG 迭代次数（只适用于信赖域算法）。 ➢ stepsize：最终步长的大小（只适用于拟 Newton 算法）。 ➢ firstorderopt：一阶最优性条件度量，即解 x 处梯度的无穷范数。

fminunc 函数支持使用信赖域法和拟 Newton 法求解无约束优化问题。

➢ 信赖域法。

若用户将 options.Algorithm 设置为 'trust-region'，则 fminunc 使用信赖域法求解。该算法要求用户输入的目标函数必须提供函数值和梯度，用户可以同时提供 Hessian 矩阵的解析表达式，若不提供，算法将使用有限差分计算 Hessian 矩阵的近似。在信赖域算法的计算中，每一次迭代都涉及使用预条件共轭梯度法（PCG）求解大型线性系统得到的近似解。

➢ 拟 Newton 法。

若用户将 options.Algorithm 设置为 'quasi-newton'，则 fminunc 使用拟 Newton 法求解。此时用户可以通过设置 options.HessUpdate 参数选择拟 Newton 法的更新格式，包含 BFGS 格式（默认）、有限内存 BFGS（L-BFGS）。

注 （1）对于求解无约束非线性最小二乘问题，建议使用 lsqnonlin 函数。

（2）使用信赖域法时，必须将 options.GradObj 设置为 'on' 并在目标函数中提供梯度信息，否则北太天元将报错。

（3）目标函数必须是连续的实函数。fminunc 函数有时会给出局部最优解。

例 7-2 将下列函数最小化：

$$f(x) = 5x_1^2 + 2x_1x_2 + 2x_2^2$$

解 首先创建 M 文件 myfun.m：

```
function f = myfun(x)
H = [5 1; 1 2];
f = x*(H*x');  % 目标函数
```

这里为了方便使用矩阵形式表示目标函数。然后调用 fminunc 函数求最小值，迭代初值取 [0, 1]。

```
>> x0 = [0,1];
>> [x,fval] = fminunc(@myfun,x0)
x =
  1.0e-07 *
    0.1072   -0.4169
fval =
      3.1573e-15
```

经过迭代以后，返回解 x 和 x 处的函数值 fval。

注意到上述目标函数可微，可以在计算时提供梯度 g。修改后的 M 文件如下：

```
function [f,g] = myfun2(x)
H = [5 1; 1 2];
xH = x * H; % 预先计算 x * H
f = xH * x';      % 目标函数
if nargout > 1
      g = 2*xH;
end
```

上述代码利用了目标函数具有二次型结构，预先计算 xH 以便后续函数值和梯度的计算，该技巧在自变量 x 维数较高时可以节省计算量。注意，还需同时将优化选项 options.GradObj 设置为 'on' 指明输入的函数提供了梯度值。

```
>> clear
>> options = optimset('GradObj','on');
>> x0 = [1, 1];
>> [x,fval2] = fminunc(@myfun2,x0,options)
x =
  1.0e-07 *
    0.8770   -0.3046
fval2 =
     3.4971e-14
```

经过数次迭代以后，返回解 x 和 x 处的函数值 fval2。

除 fminunc 外，北太天元还提供 fminsearch 函数。该函数同样可用于求解多变量无约束优化问题，其用法如下。

- x = fminsearch(fun, x0)：求 fun 函数的局部极小点 x，迭代初值为 x_0。
- x = fminsearch(fun, x0, options)：用 options 参数指定的优化参数进行最小化求解。
- [x, fval] = fminsearch(___)：同时返回 x 处的目标函数值 fval。
- [x, fval, exitflag] = fminsearch(___)：将求解器退出的状态返回到 exitflag 变量。
- [x, fval, exitflag, output] = fminsearch(___)：返回包含优化信息的结构体 output。

fminsearch 使用单纯型法进行计算，对于仅能获取到目标函数值的优化问题，fminsearch 函数通常比 fminunc 函数有效。此外，当目标函数高度非线性时，fminsearch 函数相比 fminunc 更稳定。应用 fminsearch 函数可能会得到局部最优解。fminsearch 函数只对实数进行最小化，即 x 必须为实数向量，$f(x)$必须返回实数。当可以获取到目标函数的梯度、Hessian 矩阵时，fminsearch 函数在多数情况下求解效率低于 fminunc。

例 7-3 求函数 $f(x,y)=x^2+y^2+2\sin(x)\sin(y)$ 的一个局部极小值点。

解 使用匿名函数定义目标函数：

```
>> f = @(v) v(1).^2 + v(2).^2 + 2*sin(v(1)).*sin(v(2)); % 目标函数
```

然后调用 fminsearch 函数，以 $x=[2,1]$ 为初值求函数的极小值点。

```
>> x_min = fminsearch(f,[2,1])
x_min =
     1.0e-03 *
0.4031   -0.4029
```

§ 7.3 约束最优化问题

与无约束最优化问题相比，约束最优化问题要求自变量 x 满足一组特定的约束条件，如等式约束、不等式约束，或是二者的组合。这导致约束优化问题的求解需要不同的算法，且需要额外的指标来描述该类问题的最优解。本节将介绍如何使用北太天元求解两类典型的约束优化问题：线性规划和约束非线性优化问题。

7.3.1 线性规划问题

线性规划（LP）问题具有如下形式：

$$\begin{aligned}\min\quad & f^{\mathrm{T}}x \\ \text{s.t.}\quad & Ax \leqslant b \\ & A_{eq}x = b_{eq} \\ & l_b \leqslant x \leqslant u_b\end{aligned}$$

该问题的目标函数和约束均为线性，因此被称为线性规划。它的数学形式简单，在制造业、交通、物流、军事、能源等国民领域中是基础且重要的数学模型。

线性规划经过数十年的发展，其理论和算法已经相当成熟。求解线性规划的算法主要有如下两类：

单纯形法。该算法由 Dantzig 于 1947 年提出，以后经过多次改进，如今为线性规划主流算法之一。单纯形法是一种迭代算法，它根据某种规则遍历基本可行解（单纯形顶点）而选出最优解。算法的特点是每次迭代十分迅速，适用于求解结构简单或中小规模的问题。

内点法。早期的内点法由 Karmarkar 于 1984 年提出，经改进后为当今线性规划另一主流算法。内点法利用原变量与对偶变量构造扰动 KKT 方程，并从可行域内部选取合适的迭代路径逼近最优解。该算法理论上具有多项式复杂度，每次迭代需要求解线性方程组，适用于求解大规模问题。

北太天元的 linprog 函数支持使用单纯形法和内点法求解。该函数的用法如下:

- x = linprog(f,A,b)：求解问题 $\min f^{\mathrm{T}}x$ ，约束条件为 $Ax \leqslant b$ 。
- x = linprog(f,A,b,Aeq,beq)：求解上述问题，但增加等式约束，即 $A_{eq}x = b_{eq}$ 。若不等式约束不存在，可令 A=[]，b=[]。
- x = linprog(f,A,b,Aeq,beq,lb,ub)：求解上述问题，但增加关于 x 的上下界约束 $l_b \leqslant x \leqslant u_b$。若 x 的某些分量没有约束，可以将 l_b 或 u_b 的相应分量设置为 −inf 或 inf。若等式约束不存在，则令 A_{eq}=[]，b_{eq}=[]。
- x = linprog(f,A,b,Aeq,beq,lb,ub,options)：使用结构体 options 指定求解器参数。
- [x,fval] = linprog(___)：返回解 x 处的目标函数值 fval。
- [x,fval,exitflag] = linprog(___)：返回 exitflag 值，描述函数退出时的状态。
- [x,fval, exitflag,output] = linprog(___)：返回包含优化信息的输出变量 output。

用户可以通过设置 options.Algorithm 参数来控制线性规划所使用的算法，北太天元支持如下三种算法：

- 对偶单纯形法（参数设置为 'dual-simplex'）为默认求解算法，基于线性规划对偶形式的单纯形法，能够求解绝大多数线性规划问题。
- 内点法（参数设置为 'interior-point'）适用于求解大规模线性规划问题。
- 原单纯形法（参数设置为 'primal-simplex'）与对偶单纯形法相对应，为基于线性规划原问题（primal problem）的单纯形法。

线性规化问题不一定都存在解，故在调用 linprog 函数后，一般情况下需要检查该问题是否被成功求解。北太天元使用 exitflag 参数描述求解器的返回状态，常见的值如表 7-6 所示。

表 7-6 linprog 函数 exitflag 常见值

值	描述
1	算法成功收敛至给定的精度
0	超过最大迭代次数，或超过最大运行时间
−2	找不到可行解（infeasible），该问题的可行集可能是空集
−3	该问题无界（unbounded），即最优值为负无穷
−4	求解过程中出现 NaN 值，算法无法继续
−5	原问题和对偶问题均不可行，为问题不可行的一种特殊情况
−7	内点法中，搜索方向的模长太小，函数值无法继续改善，算法提前终止

例 7-4 使用 linprog 函数求解如下线性规划问题：

$$\begin{aligned} \max\ & 5x_1 + 4x_2 + 6x_3 \\ \text{s.t.}\ & x_1 - x_2 + x_3 \leqslant 20 \\ & 3x_1 + 2x_2 + 4x_3 \leqslant 42 \\ & 3x_1 + 2x_2 \leqslant 30 \\ & x_1, x_2, x_3 \geqslant 0 \end{aligned}$$

解 首先，注意到问题为求最大值，可将目标函数取相反数变为极小化问题。该问题的约束包含 3 个线性不等式约束和关于 x 的界约束，可以整理出算法的各个输入参数。由于问题不含线性等式约束，可将 A_{eq} 与 b_{eq} 均设置为 [ ]。

```
>> f = [-5;-4;-6];
>> A = [1 -1 1;3 2 4;3 2 0];
>> b = [20;42;30];
>> lb = zeros(3,1); % 省略 ub，表示不存在上界
>> [x, fval, exitflag, output] = linprog(f, A, b, [], [], lb)
x =
    0
   15
    3
fval =
  -78
exitflag =
   1
output =
  1x1 struct
        iterations: 2.0000
        algorithm: 'dual-simplex'
```

```
    cgiterations: [0x0 empty double]
         message: 'Optimal'
 constrviolation: 0
   firstorderopt: [0x0 empty double]
```

7.3.2 约束非线性最优化问题

本节讨论具有一般形式的约束非线性最优化问题的求解，其数学描述为：

$$
\begin{aligned}
\min\ & f(x) \\
\text{s.t.}\ & c(x) \leqslant 0 \\
& c_{eq}(x) = 0 \\
& Ax \leqslant b \\
& A_{eq}x = b_{eq} \\
& l_b \leqslant x \leqslant u_b
\end{aligned}
$$

其中目标函数 $f(x)$ 为非线性函数，通常情况下可微，$c(x)$ 和 $c_{eq}(x)$ 均为非线性函数，分别对应非线性不等式和等式约束，其余约束均为线性约束，其含义与线性规划相同，详见第 7.3.1 小节。

北太天元提供 fmincon 函数求解约束非线性优化问题，该函数的常用调用方法为：

```
[x,fval,exitflag,output,lambda] = fmincon(fun,x0,A,b,Aeq,beq,lb,ub,nonlcon,
  options)
```

输入参数的含义如下：

- fun 表示优化目标函数，通常使用函数句柄的形式指定，可以同时返回函数值、梯度、Hessian 矩阵等，形式与 fminunc 相同，详见表 7-5。
- x_0 为优化的初始值，fmincon 的多数算法为迭代法，需要依赖初值计算。初值不一定要满足问题的约束，但建议提供可行解。
- A，b 为满足线性不等式约束 $Ax \leqslant b$ 的系数矩阵和右端项；参数 A_{eq}，b_{eq} 是满足线性等式 $A_{eq}x = b_{eq}$ 的系数矩阵和右端项。
- l_b 和 u_b 表示自变量 x 的上下界约束。
- nonlcon 表示非线性不等式 $c(x) \leqslant 0$ 与非线性等式 $c_{eq}(x) = 0$ 。其使用函数句柄指定，具体为 [c, ceq] = nonlcon(x)，即使用两个输出参数分别表示 $c(x)$ 的值和 $c_{eq}(x)$ 的值。若对应约束不存在，可以返回空矩阵。
- options 为优化求解器的参数设置。

输出参数的含义如下：

- exitflag 表示算法退出的状态。返回值为 1 时算法成功收敛，其余值为算法计算失败，用户可参考函数文档获取相应含义。
- output 为结构体，包含多种优化求解器信息，如迭代次数，函数值调用次数，最终步长，一阶最优性条件度量等。

- lambda 为结构体，其字段对应不同约束的拉格朗日乘子，例如 lambda.ineqlin 表示线性不等式约束对应的乘子。

北太天元的 fmincon 函数支持 4 种求解约束非线性问题的算法。用户可以通过给定 options.Algorithm 参数来选取不同的算法。如下是各个算法的说明：

- 内点法（参数指定为 'interior-point'），为默认求解算法，需要利用目标函数和约束函数的梯度。适用于大部分问题，稳定性好。
- 积极集法（参数指定为 'active-set'），识别不等式约束中的积极集（约束取等号的指标集），从而将问题简化为等式约束优化问题。
- 序列二次规划（参数指定为 'sqp' 或 'sqp-legacy'），连续求解多个二次规划问题，逼近原问题的解。
- 反射信赖域法（参数指定为 'trust-region-reflective'），该算法只能够处理仅含有 x 的上下界约束或仅含有线性等式约束的问题。

例 7-5 使用 fmincon 求如下约束优化问题的最优解和最优函数值：

$$\begin{aligned} \max\ & x_1x_2x_3 \\ \text{s.t.}\ & x_1+2x_2+x_3 \leqslant 48 \\ & x_2 \leqslant 5 \\ & x_3 \leqslant 8 \end{aligned}$$

解 注意到目标函数可以使用内置函数 prod 表示，可定义函数句柄：

```
>> fun = @(x) -prod(x);
```

问题约束包含线性不等式和上下界约束，可分别设置各项系数。然后调用优化程序

```
>> x0 = [1 1 1];
>> A = [1 2 1];
>> b = 48;
>> lb = [];
>> ub = [inf 5 8];
>> [x,fval,exitflag,output,lambda]=fmincon(fun,x0,A,b,[],[],lb,ub)
```

运行结果为

```
x =
   30.0000    5.0000   8.0000
fval =
  -1.2000e+03
exitflag =
   1
output =
  1x1 struct


          iterations: 17
           funcCount: 86
```

```
      constrviolation: 0
             stepsize: 2.5683e-06
            algorithm: 'interior-point'
        firstorderopt: 1.0278e-04
         cgiterations: 5
         bestfeasible: []
lambda =
  1x1 struct
                eqlin: []
             eqnonlin: []
              ineqlin: 40
                lower: [3x1 double]
                upper: [3x1 double]
           ineqnonlin: []
```

需要注意，fmincon 函数针对求解一般类型的约束非线性最优化问题，若问题具有特殊形式，例如线性规划、二次规划、非负最小二乘等，建议调用专门的求解器（linprog、quadprog、lsqnonneg 等），使用 fmincon 的效率可能较低。

§ 7.4 二次规划

二次规划（QP）问题的标准形式如下：

$$\begin{aligned}&\min q(x)=\frac{1}{2}x^{\mathrm{T}}Hx+f^{\mathrm{T}}x\\&\text{s.t.}\quad Ax\leqslant b\\&\qquad A_{eq}x=b_{eq}\end{aligned}$$

其中 $x\in\mathbb{R}^n$，$f\in\mathbb{R}^n$，$H\in\mathbb{R}^{n\times n}$ 是一个对称矩阵，A_{eq}，b_{eq} 表示等式约束的系数矩阵和右端项，A，b 表示不等式约束的系数矩阵和右端项。可以看到，二次规划问题的目标函数为二次，约束为线性，其形式比线性规划稍复杂。

若 H 正定，则问题称为凸二次规划，它有唯一的全局解，在应用中较为常见。实际上，北太天元提供的求解器也要求 H 在可行集中具有（半）正定结构。

北太天元提供 quadprog 函数求解二次规划问题。该函数使用积极集（active-set）方法，其用法如下：

- x = quadprog(H,f)：求解无约束的二次规划问题，返回的 x 使得目标函数 $\frac{1}{2}x^{\mathrm{T}}Hx+f^{\mathrm{T}}x$ 最小。
- x= quadprog(H,f,A,b)：求解二次规划问题：

$$\begin{aligned}&\min\ \frac{1}{2}x^{\mathrm{T}}Hx+f^{\mathrm{T}}x\\&\text{s.t.}\ \ Ax\leqslant b\end{aligned}$$

- x = quadprog(H,f,A,b,Aeq,beq)：在上述问题的基础上增加等式约束 $A_{eq}x = b_{eq}$，如果不等式约束不存在，则设置 $A = []$，$b = []$。
- x = quadprog(H,f,A,b,Aeq,beq,lb,ub)：增加自变量的上下界约束 $l_b \leqslant x \leqslant u_b$。$l_b$ 和 u_b 是由双精度组成的向量，表示 x 每个分量的上下界。如果不存在上界或下界，可将 l_b 或 u_b 设置为空矩阵。如果 x 的某个分量无界，则可将 l_b 或 u_b 相应位置的分量设置为-inf 或 inf。
- x = quadprog(H,f,A,b,Aeq,beq,lb,ub,x0)：调用算法时给定初值 x_0，北太天元使用积极集法求解二次规划，初值信息是必要的。
- [x,fval] = quadprog(___)：同时返回解 x 处的目标函数值 $\text{fval} = \frac{1}{2}x^{\mathrm{T}}Hx + f^{\mathrm{T}}x$。
- [x,fval,exitflag] = quadprog(___)：同时返回 exitflag 描述算法退出的状态，用户需要检查该值来判断算法是否正确执行，见表 7-7。
- [x,fval,exitflag,output] = quadprog(___)：output 为包含优化信息的结构体，如算法迭代次数，约束违反度量等。
- x = quadprog(H,f,A,b,Aeq,beq,lb,ub): 增加自变量的上下界约束 $l_b \leqslant x \leqslant u_b$。$l_b$ 和 u_b 是由双精度组成的向量，表示 x 每个分量的上下界。如果不存在上界或下界，可将 l_b 或 u_b 设置为空矩阵。如果 x 的某个分量无界，则可将 l_b 或 u_b 相应位置的分量设置为 -inf 或 inf。如果等式约束不存在，则设置 Aeq = []，beq = []。

表 7-7 quadprog 函数 exitflag 常见状态

值	描述
1	算法成功收敛至给定的精度
0	超过最大迭代次数
−2	找不到可行解（infeasible），该问题的可行集可能是空集
−3	该问题无界（unbounded），即最优值为负无穷
−6	检测到非凸问题，矩阵 H 在 A_{eq} 的零空间投影不是半正定的。

例 7-6 使用 quadprog 函数求解下面的二次规划问题：

$$\min \frac{1}{2}x_1^2 + x_2^2 - x_1x_2 - 2x_1 - 6x_2$$

s.t.

$$\begin{aligned} x_1 + x_2 &\leqslant 2 \\ -x_1 + 2x_2 &\leqslant 2 \\ 2x_1 + x_2 &\leqslant 3 \end{aligned}$$

解 将目标函数变为标准形式：

$$f(x) = \frac{1}{2}[x_1, x_2]\begin{bmatrix} 1 & -1 \\ -1 & 2 \end{bmatrix}\begin{bmatrix} x_1 \\ x_2 \end{bmatrix} + [-2, -6]\begin{bmatrix} x_1 \\ x_2 \end{bmatrix}$$

在北太天元的命令窗口中执行如下语句：

```
>> H = [1 -1; -1 2];
>> f = [-2; -6];
>> A = [1 1; -1 2; 2 1];
>> b = [2; 2; 3];
>> x = quadprog(H,f,A,b)
```

结果为

```
x =
    0.6667
    1.3333
```

§ 7.5 多目标规划

多目标规划是处理实际问题的常见优化模型，多用于工程设计、电力、最优控制、制造业、经济等领域，它的一般形式为

$$\begin{aligned}&\min\ [f_1(x), f_2(x), \cdots, f_m(x)]\\&\text{s.t.}\ \ g_j(x) \leqslant 0\ , j = 1,2,\cdots,p\end{aligned}$$

其中 x 为 n 维实向量。该问题要求在同一组约束下，对多个目标函数同时求极小值，约束函数和目标函数一般是可微的。

通常情况下，对不同目标函数同时求极小值是有冲突的，即对某一目标函数的优化可能会对其他目标造成负面影响。此时应该关心这样的解：在不增加其他目标函数值的情况下，无法降低任意一个目标函数值。即对于给定的解 x^*，不存在可行解 x，使

（1）对于任意的 $i = 1, 2, \cdots, m$，使得 $f_i(x) \leqslant f_i(x^*)$；

（2）存在某一 $i = 1, 2, \cdots, m$，使得 $f_i(x) < f_i(x^*)$。

满足上述条件的解也称为具有 Pareto 最优性的解。

北太天元所考虑的多目标问题形式为

$$\begin{aligned}\min_{x,t}\ \ & t\\ \text{s.t.}\ \ & F(x) - t\cdot w \leqslant g\\ & c(x) \leqslant 0\\ & c_{eq}(x) = 0\\ & Ax \leqslant b\\ & A_{eq}x = b_{eq}\\ & l_b \leqslant x \leqslant u_b\end{aligned}$$

其中待优化的变量为 x 和 t，$F(x)$为目标函数构成的向量，w 为给定的权重向量，g 为事先给定的目标向量，其余均为自变量约束的描述，含义与约束非线性优化问题相同，详见 7.3.2 小节。直观上，该问题所寻找的是一定权重下达到目标向量的最优可行解，用户可通过调

节 w 和 g 参数来得到不同的解。

在北太天元中，使用 fgoalattain 函数来求解多目标规划问题，其调用格式如下：

- x = fgoalattain(fun,x0,goal,weight)：以 x_0 为初值，求解 fun 对应的多目标优化问题。参数 goal 和 weight 分别表示问题模型中的目标向量 g 和权重向量 w。参数 fun 多为函数句柄，它的第一个输出参数返回所有目标函数值构成的向量，第二个输出参数返回所有目标函数的梯度值（表示为矩阵的形式）。
- x = fgoalattain(fun,x0,goal,weight,A,b)：添加线性不等式约束，求解多目标规划问题。
- x = fgoalattain(fun,x0,goal,weight,A,b,Aeq,beq)：添加线性等式约束，求解多目标规划问题。
- x = fgoalattain(fun,x0,goal,weight,A,b,Aeq,beq,lb,ub)：增加自变量的上下界约束 $l_b \leqslant x \leqslant u_b$。$l_b$ 和 u_b 是由双精度组成的向量，表示 x 每个分量的上下界。如果不存在上界或下界，可将 l_b 或 u_b 设置为空矩阵。如果 x 的某个分量无界，则可将 l_b 或 u_b 相应位置的分量设置为 -inf 或 inf。
- x = fgoalattain(fun,x0,goal,weight,A,b,Aeq,beq, lb,ub,nonlcon)：使用 nonlcon 定义非线性约束。函数 nonlcon 同时返回向量 c 和 c_{eq}，分别代表非线性不等式和等式，即具有调用格式 [c, ceq] = feval(nonlcon,x)。若 nonlcon 还需要计算约束函数的梯度，需要返回第三个与第四个输出参数。
- [x,fval] = fgoalattain(___)：命令返回目标函数 fun 在 x 处的值。
- [x,fval,attainfactor,exitflag] = fgoalattain(___)：同时返回目标因子 attainfactor，对应于优化问题中的变量 t。变量 exitflag 为算法的返回状态，exitflag = 1 表示算法收敛；exitflag = 0 表示超过函数最大调用次数或最大迭代次数；为其他值表示算法不收敛或过早停机，可进一步参考软件文档检查停机原因。

例 7-7 求解下面多目标规划问题。设双目标函数：

$$F(x)=\begin{bmatrix} 2+\|x-p_1\|^2 \\ 5+\dfrac{\|x-p_2\|^2}{4} \end{bmatrix}$$

其中 $p_1=[2,3]$，$p_2=[4,1]$，目标 g 是[3,6]，权重 w 是[1,1]，自变量约束为上下界约束：$0\leqslant x_1\leqslant 3$，$2\leqslant x_2\leqslant 5$。

解 创建目标函数、目标和权重

```
>> p_1 = [2,3];
>> p_2 = [4,1];
>> fun = @(x) [2 + norm(x-p_1)^2;5 + norm(x-p_2)^2/4];
>> goal = [3,6];
>> weight = [1,1];
```

设置上下界约束

```
>> lb = [0,2];
>> ub = [3,5];
```

将初始点设为 [1, 4]，并显示迭代输出

```
>> x0 = [1,4];
>> A = [];
>> b = [];
>> Aeq = [];
>> beq = [];
>> options.Display='iter'; %显示迭代输出
>> [x,fval,attainfactor] = fgoalattain(fun,x0,goal,weight,A,b,Aeq,beq,lb,ub,
   [],options)
```

结果为

```
                Attainment          Max  Line search  Directional
Iter  F-count       factor   constraint   steplength   derivative  Procedure
   0        4            0          3.5
   1        9           -1        1.125            1       -0.426
   2       14      -0.1429      0.06378            1        0.959
   3       19      -0.1113    0.0002809            1        0.883
   4       24      -0.1111    5.549e-09            1        0.883  Hessian modified

x =
   2.6667   2.3333
fval =
   2.8889
   5.8889
attainfactor =
  -0.1111
```

§ 7.6 最小二乘最优化问题

最小二乘法是数据拟合的一种重要手段，它因使用简单，所得到的结果能够很好地满足要求而备受青睐。根据问题形式的不同，最小二乘法又可以分为以下 4 种情况：非线性数据（曲线）拟合、非负线性最小二乘问题、约束线性最小二乘问题、非线性最小二乘问题。作为一类特殊的优化问题，本节将介绍如何在北太天元中求解上述 4 类问题。

7.6.1 非线性曲线拟合

非线性曲线拟合问题本质是一族参数化函数的参数估计问题，数学模型可以写为：

$$y_{data} = F(x, x_{data}) + e$$

其中 x_{data} 为输入的自变量，y_{data} 为因变量（观测值），向量 x 是函数 F 的参数（即系数向量），由于观测存在误差，在上述模型右端引入零均值随机噪声 e。那么在给定自变量和观测值的条件下，可构造如下最小二乘问题：

$$\min_x \frac{1}{2}\|F(x,x_{data})-y_{data}\|_2^2$$

理论结果表明，当 e 是高斯白噪声时，以上问题的解是极大似然估计，具有良好的统计性质。

北太天元提供函数 lsqcurvefit 解决非线性曲线拟合问题。调用格式如下：

- x = lsqcurvefit(fun,x0,xdata,ydata)：使用观测向量 x_{data}，y_{data} 对 fun 函数进行拟合。迭代初值为 x_0，函数 fun 的要求见下述的参数说明。
- x = lsqcurvefit(fun,x0,xdata,ydata,lb,ub)：同时指定参数 x 的上下界。
- x = lsqcurvefit(fun,x0,xdata,ydata,lb,ub,options)：使用结构体 options 指定优化求解器选项。
- [x,resnorm] = lsqcurvefit(___)：同时返回最优解处残差的二范数平方 resnorm。
- [x,resnorm,residual] = lsqcurvefit(___)：返回最优解处残差向量 residual。
- [x,resnorm,residual,exitflag] = lsqcurvefit(___)：exitflag 表示求解器返回的状态信息。
- [x,resnorm,residual,exitflag,output] = lsqcurvefit(___)：output 为输出结构体，包含各类优化信息，如迭代步数等。
- [x,resnorm,residual,exitflag,output,lambda] = lsqcurvefit(___)：当指定上下界时，还可以要求输出上下界对应的拉格朗日乘子 lambda。
- [x,resnorm,residual,exitflag,output,lambda,jacobian] = lsqcurvefit(___)：同时返回解 x 处拟合函数 fun 关于 x 的 Jacobi 矩阵。

参数说明：

fun 为拟合函数，定义为 F = fun(x,xdata)，即函数参数（待优化的变量）为第一个输入，观测的自变量 x_{data} 为第二个输入，输出每个自变量的预测值 F（维数与 xdata 相同）。最小二乘算法要求 fun 返回关于 x 的 Jacobi 矩阵，这可以通过定义 fun 的第二个输出参数完成，即 [F,J] = fun(x,xdata)。

resnorm 为最优解 x 处残差的 2-范数平方，即

$$\|F(x,x_{data})-y_{data}\|_2^2$$

residual 的定义为 $F(x, x_{data})-y_{data}$，即在 x 处的残差向量。

exitflag 为迭代终止时的求解器状态。值为 1 表示算法收敛，等于 0 表示达到最大迭代次数，为其他值表示算法失败或提前终止，可参考软件文档查明具体原因。

例 7-8 设拟合函数具有如下形式

$$y_{data}=c_1e^{c_2x_{data}}$$

令初始解向量为 x_0=(100，−1)，在给定数据 x_{data} 和 y_{data} 的条件下进行曲线拟合。

解 先定义拟合函数：

```
>> fun = @(x,xdata) x(1)*exp(x(2)*xdata);
```

随后给出数据 x_{data} 和 y_{data}：

```
>> xdata = [0.9 1.5 13.8 19.8 24.1 28.2 35.2 60.3 74.6 81.3];
>> ydata = [455.2 428.6 124.1 67.3 43.2 28.1 13.1 -0.4 -1.3 -1.5];
```

```
>> x0 = [100,-1];     % 设置初始点
>> [x,resnorm] = lsqcurvefit(fun,x0,xdata,ydata)
```

结果为

```
x =
   498.8309   -0.1013
resnorm =
   9.5049
```

7.6.2 非负线性最小二乘问题

非负线性最小二乘问题的标准形式为

$$\min_{x} \frac{1}{2}\|Cx-d\|_2^2$$
$$\text{s.t.} \quad x \geqslant 0$$

其中矩阵 C 和向量 d 为目标函数的系数，通常由观测值经过计算得到，x 为非负向量。与标准线性最小二乘相比，非负最小二乘要求参数非负，该约束可能来自于实际问题的物理意义，或者是一些先验的知识。

北太天元提供函数 lsqnonneg 求解非负线性最小二乘问题，调用格式如下。

- x = lsqnonneg(C,d)：C 为实矩阵，d 为实向量。
- x = lsqnonneg(C,d,options)：options 为指定优化参数。
- [x,resnorm] = lsqnonneg(___)：返回残差 2-范数平方至输出 resnorm。
- [x,resnorm,residual] = lsqnonneg(___)：返回残差向量 residual，即 $Cx-d$。
- [x,resnorm,residual,exitflag] = lsqnonneg(___)：exitflag 表示求解器返回的状态信息。
- [x,resnorm,residual,exitflag,output] = lsqnonneg(___)：output 表示输出优化信息。
- [x,resnorm,residual,exitflag,output,lambda] = lsqnonneg(___)：同时返回约束 $x \geqslant 0$ 所对应的拉格朗日乘子。若算法收敛，则 lambda 和 x 的相同位置的分量应至少有一个为零。

例 7-9 标准最小二乘问题与非负最小二乘问题的比较。

假设我们有一个线性模型 $y = Ax$，其中 A 是已知的矩阵，x 是我们需要求解的参数向量。我们将生成带有一些负参数的假数据，并使用标准最小二乘法和 lsqnonneg 来拟合模型。

```
% 生成数据
>> A = [1 2 3; 4 5 6; 7 8 10];  % 设计矩阵
>> x_true = [-1; 2; 3];          % 真实参数（包含负值）
>> y = A * x_true + randn(3,1);  % 响应变量（带噪声）
>> x_ls = A \ y   % 标准最小二乘法
x_ls =

  -2.0814
   2.2200
   3.5880
```

```
>> x_nnls = lsqnonneg(A, y)   % 非负最小二乘法
x_nnls =

   0.0000
   0.0000
   3.9717
```

7.6.3 约束线性最小二乘问题

约束线性最小二乘的标准形式为

$$\begin{aligned}&\min_x \frac{1}{2}\|Cx-d\|_2^2\\ &\text{s.t.}\quad Ax\leqslant b\\ &\qquad\ \ A_{eq}x=b_{eq}\\ &\qquad\ \ l_b\leqslant x\leqslant u_b\end{aligned}$$

其中 C, A, A_{eq} 为矩阵，d,b,b_{eq},l_b,u_b,x 为向量。与非负线性最小二乘相比，该问题将非负约束替换成了一般的线性约束与上下界约束，问题形式更为复杂。

在北太天元中，约束线性最小二乘用函数 lsqlin 来求解，其调用格式如下。

- x=lsqlin(C,d,A,b)：求在约束条件 $Ax\leqslant b$ 下，方程 $Cx=d$ 的最小二乘解 x。
- x=lsqlin(C,d,A,b,Aeq,beq)：同时指定线性等式约束 $A_{eq}x=b_{eq}$ ，若不存在线性不等式约束，则设 $A=[]$，$b=[]$。
- x= lsqlin(C,d,A,b,Aeq,beq,lb,ub)：同时指定上下界约束 $l_b\leqslant x\leqslant u_b$，若不存在线性等式约束，则 A_{eq}=[]，b_{eq}=[]。
- x=lsqlin(C,d,A,b,Aeq,lb,ub,x0)：给定初值 x_0 进行求解，不要求初值满足各个约束。
- x=lsqlin(C,d,A,b,Aeq,lb,ub,x0,options)：options 为指定优化参数。
- [x,resnorm]=lsqlin(___) ：返回残差 2-范数平方值 resnorm。
- [x,resnorm,residual]=lsqlin(___)：返回残差向量 residual，即 $Cx-d$。
- [x,resnorm,residual,exitflag]=lsqlin(___)：exitflag 表示求解器返回的状态信息。
- [x,resnorm,residual,exitflag,output]=lsqlin(___)：output 表示输出优化信息。

例 7-10 求解下面系统的最小二乘解。

系统：$Cx=d$；

约束：$Ax\leqslant b$，$l_b\leqslant x\leqslant u_b$。

解 先输入系统系数和 x 的上下界：作为演示目的，我们令 C 为 5×4 矩阵，A 为 3×4 矩阵，且系数 C，d，A，b 的每一个分量均从 [0, 1] 区间中随机选取，x 的每个分量均处于区间 [−0.1, 2] 之内。首先准备数据：

```
>> C = rand(5, 4);
>> d = rand(4, 1);
>> A = rand(3, 4);
```

```
>> b = rand(3, 1);
>> lb = -0.1*ones(4,1);
>> ub = 2*ones(4,1);
```

然后调用 lsqlin 函数：

```
>> [x,resnorm,residual] = lsqlin(C,d,A,b,[],[],lb,ub)
```

结果为（由于数据随机生成，反复运行的结果有差异）：

```
x =
    0.3819
    0.7013
    0.0867
    0.0804
resnorm =
    0.0710
residual =
    0.1449
   -0.1986
   -0.0421
   -0.0804
   -0.0483
```

7.6.4 非线性最小二乘问题

非线性最小二乘问题的标准形式为

$$\min_x f(x) = f_1(x)^2 + f_2(x)^2 + \cdots + f_m(x)^2 + L$$

其中 L 为常数，由于常数不影响最优性，以下假设 $L=0$。该问题是非线性数据曲线拟合的推广形式，也是求解非线性方程组的常用模型之一。

北太天元使用函数 lsqnonlin 求解非线性最小二乘问题，调用格式如下：

- x = lsqnonlin(fun,x0)：x_0 为初始解向量；fun 为向量值函数，每个分量表示 $f_i(x), i=1,2,\cdots,m$，注意 fun 不是平方和值，平方的运算隐含在算法中，不需要显式指定。变量 fun 应具有如下调用形式：$F=\text{fun}(x)$，若函数还提供 Jacobi 矩阵，需要作为第二个参数返回：$[F,J]=\text{fun}(x)$。
- x = lsqnonlin(fun,x0,lb,ub)：同时指定 x 的下界和上界，$l_b \leqslant x \leqslant u_b$。
- x = lsqnonlin(fun,x0,lb,ub,options)：options 为指定优化参数，若 x 没有界，则 l_b= []，u_b= []。
- [x,resnorm] = lsqnonlin(___)：返回残差 2-范数平方 resnorm，即解 x 处目标函数值。
- [x,resnorm,residual] = lsqnonlin(___)：返回残差向量 residual，即解 x 处 fun 的值（为一向量）。
- [x,resnorm,residual,exitflag] = lsqnonlin(___)：exitflag 表示求解器退出时的状态，值

为1表示算法收敛，为其他值表示算法出错或提前终止。

- [x,resnorm,residual,exitflag,output] = lsqnonlin(___)：output 输出优化信息。
- [x,resnorm,residual,exitflag,output,lambda] = lsqnonlin(___)：lambda 为结构体，各个字段表示上下界约束对应的拉格朗日乘子。
- [x,resnorm,residual,exitflag,output,lambda,jacobian] =lsqnonlin(___)：同时返回解 x 处的 Jacobi 矩阵。

例 7-11 求下面非线性最小二乘问题：$\sum_{k=1}^{5}(3+6k-\mathrm{e}^{kx_1}-\mathrm{e}^{kx_2})^2$，初始解向量为 $x_0=[0.1,0.2]$。

解 首先使用 M 文件定义目标函数，并命名为 myfun.m。由于 lsqnonlin 中的 fun 为向量形式而不是平方和形式，因此 myfun 函数应直接定义每个 $f_k(x)$：

$$f_k(x)=3+6k-\mathrm{e}^{kx_1}-\mathrm{e}^{kx_2},\quad k=1,2,\cdots,5$$

```
function F = myfun(x)
k = 1:5;
F = 3 + 6*k-exp(k*x(1))-exp(k*x(2));
```

然后调用 lsqnonlin 函数：

```
>> x0 = [0.1 0.2];
>> [x,resnorm] = lsqnonlin(@myfun,x0)
```

结果为

```
x =
    0.5890    0.5890
resnorm =
  247.8587
```

§ 7.7 非线性方程（组）求解

7.7.1 非线性方程的解

非线性方程的标准形式为 $f(x)=0$，其中 f 和 x 均为实数标量，且 $f(x)$为连续函数。非线性方程的求解既可以用于求解实际问题，又是更复杂问题的基础。

北太天元提供函数 fzero 求解非线性方程，调用方式如下。

- x=fzero(fun,x0)：用 fun 定义函数 $f(x)$，其形式通常为函数句柄。x_0 为初始解。
- x=fzero(fun,x0,options)：可以使用 options 结构体设置求解器参数。
- [x,fval]=fzero(___)：同时返回 fun 在解 x 处的函数值 fval。

- [x,fval,exitflag]=fzero(___)：exitflag 表示函数退出时的状态，用于判断求解是否正常收敛，当 exitflag = 1 时算法收敛，为其他值时算法异常终止，具体原因可参考软件的详细文档。

fzero 函数使用搜索类型算法计算非线性方程的解，迭代时仅需要函数值信息，其主要分为如下两个阶段：

变号区间搜索。以初值 x_0 为参考，寻找一个闭区间$[a, b]$，使得$f(a)f(b) < 0$。根据连续函数的零点性质，此时$[a, b]$区间内必存在零点。若已经事先知道变号区间，则可以通过将 x_0 赋值为 1×2 向量的方式指定，用户需自行保证输入的正确性，算法将跳过区间搜索。当算法无法找到变号区间时，exitflag 的值为-6。

零点的搜索。得到变号区间后，fzero 将会使用二分法和插值法的混合策略搜寻零点。二分法每次计算区间中点的值，将其对应函数值与区间端点比较后缩小搜索区间，该方法较为稳定；插值法使用合适的多项式近似$f(x)$，然后使用多项式零点作为方程的解的近似，该方法效率较高，但有可能会失败。

例 7-12 求 $x^4 - 7x^2 + 4x - 3 = 0$ 的根。

解 在北太天元的命令行中输入：

```
>> fun = @(x) x^4-7*x^2+4*x-3;
>> z = fzero(fun,1)
```

运行结果为

```
z =
    2.4206
```

7.7.2 非线性方程组的解

非线性方程组的标准形式为$F(x) = 0$，其中 x 为向量，$F(x)$ 为向量值函数。方程的个数和未知数的个数不必相等，当二者相等时，方程组在多数情况下存在解，当方程个数多于未知数个数时，问题变为超定方程组，此时需要考虑最小二乘解。

北太天元使用函数 fsolve 求解非线性方程组，调用方式如下。

- x=fsolve(fun,x0)：求解 fun 定义的向量函数对应的非线性方程组，x_0 为迭代初值。变量 fun 应具有如下调用形式：F = fun(x)，若函数还提供 Jacobi 矩阵，需要作为第二个参数返回：[F, J] = fun(x)。
- x=fsolve(fun,x0,options)：options 为设置的优化参数。
- [x,fval]=fsolve(___)：fval 为 fun 在解 x 处的值。
- [x,fval,exitflag]=fsolve(___)：exitflag 表示求解器退出状态，值为 1 表示算法收敛，为其他值表示算法执行出错或提前终止。。
- [x,fval,exitflag,output]=fsolve(___)：结构体 output 包含迭代次数、函数调用次数、所用算法等信息。
- [x, fval,exitflag,output,jacobian]=fsolve(___)：同时返回解 x 处的 Jacobi 矩阵。

北太天元的 fsolve 函数将非线性问题转化为最小二乘问题进行求解，之后可以使用如下三种方法之一进行求解。用户可通过设置 options.Algorithm 参数来选择具体使用的算法：

- 信赖域-折线法（参数指定为 'trust-region-dogleg'）：为默认算法，用于处理方程个数等于变量数量的情况。
- 信赖域法（参数指定为 'trust-region'）：用于求解方程数量不少于变量数量的情形。
- Levenberg-Marquardt 算法（LM 方法，参数指定为 'levenberg-marquardt'）：可以处理所有情况，当前两种算法无法处理当前输入时，fsolve 会自动切换为 LM 方法。

在理论上，上述三种方法均依赖 $F(x)$的 Jacobi 矩阵进行迭代，当用户提供的函数仅提供函数值时，北太天元使用有限差分计算近似 Jacobi 矩阵。若用户定义的函数同时提供 Jacobi 矩阵，需要同时将 options.Jacobian 设置为 'on'。

例 7-13 求下列非线性方程组的解：

$$x_1^2 + x_2^2 - 4 = 0$$
$$\sin(x_1) + x_2^3 - 2 = 0$$

解 先使用 M 脚本定义函数，并保存为 myfun.m：

```
function F = myfun(x)
F = [x(1)^2+x(2)^2-4;sin(x(1))+x(2)^3-2];
```

然后将初值点设为 x_0= [1,1]，调用 fsolve 函数直接求解：

```
>> x0 = [1; 1];    %初始点
>> [x,fval,~,output] = fsolve(@myfun,x0)
x =
    1.7296
    1.0042
fval =
  1.0e-07 *
    0.2752
   -0.0422
output =
  1x1 struct
        iterations: 4
         funcCount: 15
         algorithm: 'trust-region-dogleg'
    firstorderopt: 9.5881e-08
```

注意到函数是可导的，也可以直接在 myfun 的定义中同时返回 Jacobi 矩阵，从而避免 fsolve 函数使用差分进行计算：

```
function [F, J] = myfun(x)
F = [x(1)^2+x(2)^2-4;sin(x(1))+x(2)^3-2];
if nargout > 1
    J = [2*x(1), 2*x(2); cos(x(1)), 3*x(2)^2];
end
```

之后在输入选项中指定梯度由用户给出，调用 fsolve 函数：

```
>> x0 = [1; 1];     % 初始点
>> options = optimoptions('fsolve', 'Jacobian', 'on', 'JacobMult', 'off');
>> [x,fval,~,output] = fsolve(@myfun,x0,options)
x =

    1.7296
    1.0042
fval =
  1.0e-07 *
    0.2752
   -0.0421
output =
  1x1 struct
        iterations: 4
         funcCount: 5
         algorithm: 'trust-region-dogleg'
     firstorderopt: 9.5875e-08
```

注意到两次运行的迭代数相同，但函数调用次数不同，这表明用户在计算的同时给定 Jacobi 矩阵可以减少函数调用次数，提高求解器效率。

例 7-14　求矩阵 X 使其满足方程 $X^2 = \begin{bmatrix} 5 & 4 \\ 3 & 1 \end{bmatrix}$，并设初始解矩阵为 $X_0 = \begin{bmatrix} 1 & 0 \\ 0 & 1 \end{bmatrix}$。

解　本例子的目的是说明 fsolve 函数也可用于求解变量为矩阵的方程（组）。使用匿名函数定义目标函数后，调用 fsolve：

```
>> [x, fval] = fsolve(@(x) x^2 - [5 4; 3 1], eye(2))
```

运行结果为

```
x =
    1.9849    1.3826
    0.9423    0.6564
fval =
    0.2426   -0.3483
   -0.5110    0.7337
```

第 8 章
北太天元编程基础

北太天元是一款面向科学与工程计算的数值计算通用软件。它不仅具备出色的数值计算、科学计算和绘图能力，还提供了卓越的程序设计功能。与 C、C+ +、FORTRAN 等第三代编程语言相比，北太天元语言是一种简洁高效的高级编程语言，符合科研工作者与工程设计人员等相关用户对数学表达式的书写格式要求，有利于非计算机专业用户使用。软件支持面向矩阵编程，可移植性高，可拓展性强。使用北太天元编写的程序可以保存为扩展名为 .m 的文件，通常称为 M 文件。这种文件格式便于管理复杂的代码、逻辑和数据流，同时方便日后查看和重复使用。

北太天元内置了丰富的数值计算函数，用户可以直接调用这些函数，也可以基于它们编写自定义的 M 文件，扩展功能并丰富自己的函数库。此外，用户还可以在命令行窗口中以交互方式直接输入命令，这种方式适合解决简单的问题。然而，对于复杂问题，由于命令行窗口不利于程序的修改和调试，建议用户使用 M 文件进行编程，以提高效率和代码的可维护性。

§ 8.1 M 文件

M 文件的语法与常见的第三代编程语言（高级语言）相似，也是一种程序化的编程语言。然而，与传统高级语言相比，M 文件具有独特的特点。它的语法更为简洁，程序调试更为方便，并且具有更好的可交互性。

北太天元提供了丰富的工具箱，针对不同领域的数值计算。用户可以根据需要在这些工具箱的基础上添加自己的 M 文件，注意每个 M 文件的扩展名必须为 .m。

从语言特性来看，北太天元语言是一种解释性语言，不需要分为编译和运行等多个步骤，而是解释并执行用户的指令。对于没有编程经验的用户来说，北太天元语言的设计非常直观，语法和数学公式相近，用户短时间就可以轻松入门，编写自己的程序文件开发项目。

M 文件因其扩展名为.m 而得名，是标准的文本文件，可以在任何文本编辑器中读取、修改和存储。其语法类似于一般的高级语言，但更为简洁，程序调试更为方便，交互性更强。

M 文件可以分为两种类型：脚本式 M 文件和函数式 M 文件。脚本式 M 文件无须输入参数，也不返回任何输出，而是按照文件中命令的顺序依次执行。函数式 M 文件可以接受输入参数，并根据需要返回数据。

脚本式 M 文件和函数式 M 文件的区别在于：脚本式 M 文件（或称为脚本文件），是用于执行一系列北太天元语句的命令文件，可以多次运行。它不接受参数输入，也不返回输出结果，而是在基本工作空间中保存和使用变量，该空间由所有脚本和命令行窗口共享。相比之下，函数式 M 文件（function）使用 function 语句进行定义，主要用于编写应用程序。它能够接受输入参数并返回输出结果，拥有独立的用来保存变量的工作空间。

8.1.1 脚本编辑器

脚本编辑器会在北太天元启动时自动启动，但只有在用户通过界面操作新建或打开脚本时才会进入可使用状态。需要强调的是，脚本编辑器不仅可以用于编辑 M 文件，还支持对 M 文件进行交互式调试。此外，它还可以用于查看和编辑纯文本文件。通常，可以通过单击工具栏上的“新建”或脚本编辑器的“+”按钮，新建文件；还可以通过单击工具栏上的“打开”按钮，打开已有文件（图 8-1）。

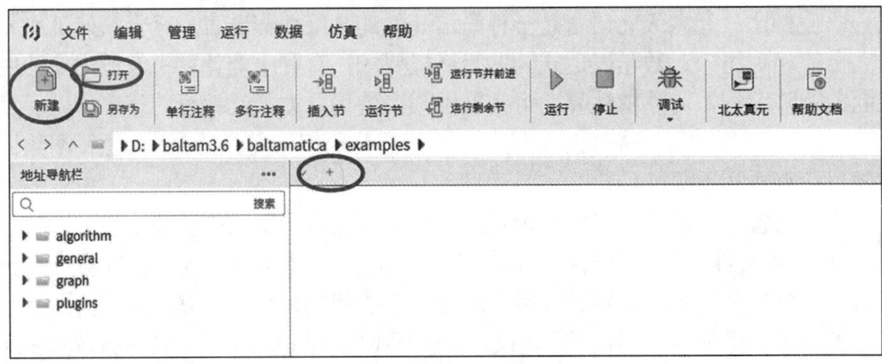

图 8-1　新建或打开 M 文件

通过上述方法新建 M 文件后，就可以看到脚本编辑器的界面（图 8-2）。脚本编辑器还具有其他丰富的功能，例如：代码块的折叠与展开；使用“%%”符号将相邻代码分隔为代码节；函数自动补全；程序调试等功能。用户可以通过查阅帮助文档和实际操作来熟悉脚本编辑器的使用。

```
undefined_0
1   x = 0;
2   y = [];
3   for i=1:100
4       x = x+0.1;
5       y = [y,sin(x)];
6   end
7   plot(y)
8
9   %%
10  x = linspace(0,10,100);
11  y = sin(x);
12  plot(x,y)
```

图 8-2　脚本编辑器

8.1.2 M文件的基本内容

M文件作为利用北太天元软件实现目标程序功能的重要媒介，其中包含了开发任务的所有信息，包括函数名、功能、变量、使用方法等内容。下面以一个简单的示例来介绍M文件。

例8-1 简单M文件示例。

本例以一个求数据的方差的函数式M文件为例，简单介绍M文件的基本组成单元。示例代码如下：

```
calculateVariance.m
function variance = calculateVariance(data) % 函数定义行，脚本式M文件无此行
% 计算输入数据的方差            % 摘要行
% variance = calculateVariance(data)计算数据 data 的方差 variance。% 函数帮助文本
% data: 输入数据向量或矩阵
% variance: 输出方差

    % 检查输入数据是否为非空向量或矩阵    %注释内容
    if isempty(data)
        error('输入数据不能为空');
    end

    % 计算均值
    mean_value = mean(data);

    % 计算数据与均值的差的平方
    squared_diff = (data - mean_value).^2;

    % 计算方差
    variance = sum(squared_diff) / (length(data) - 1);
end
```

在上述示例代码中，包括了一个M文件所包含的基本组成单元。M文件的基本组成单元如表8-1所示。

表8-1 M文件的基本组成单元

M文件组成单元	说明
函数定义行 (只存在于函数文件)	定义函数名，指定输入输出参数的数量和顺序
摘要行	对代码功能的概括说明
帮助文本	对代码的详细说明，在调用help命令查询此M文件的帮助时会同摘要行一起显示在命令行窗口
注释	具体语句代码行的功能注释或说明
函数体或脚本主体	进行实际计算的代码

1. 函数定义行

函数定义行一般包含函数名、输入参数和输出参数，建议采用明确且具有描述性的函数名和参数名。函数名和参数名的命名规则与变量名相同，不能使用北太天元系统的保留关键字，不能以数字开头，也不能包含非法字符。请注意，脚本式 M 文件没有此行。完整的函数定义语句如下：

```
function [out1, out2, out3, …] = funName(in1, in2, in3, …)
```

其中从左到右分别是，用来标示一个函数开始的关键词 function，用方括号括起的输出变量，与文件名一致的函数名，以及用圆括号括起的输入变量。输入输出变量之间都要用英文逗号“,”分隔。如果没有输入变量，只写一个空的圆括号“()”或者直接省略括号；如果只有一个输出变量可以省略方括号，定义为

```
function out = funName(in1, in2, in3, …)
```

如果没有输出变量，可以使用空括号“[]”，或者连同等号一起省略，定义为

```
function funName(in1, in2, in3, …)
```

2. 摘要行

摘要行紧跟着函数定义行。由于它位于帮助文本的第一行，通常用简明扼要的一句话来描述函数的功能，因此称为摘要行，并以注释符号“%”开头。

3. 帮助文本

帮助文本是为了帮助用户了解和使用函数而编写的文本，是连续多行的注释文本。只能在命令行窗口查看，不能在北太天元的帮助文档中显示。帮助文本从第一个注释行开始，到第一个非注释行结束，之后的所有注释行都不是帮助文本。帮助文本的第一行是摘要行。

在北太天元中可以通过 help 命令把 M 文件上的帮助文本显示在命令行窗口。因此，建议在编写 M 文件时添加帮助文本，描述函数的功能和调用参数，以便自己和他人查看，方便函数的使用。例如，通过如下命令可以查看 calculateVariance.m 的帮助文本：

```
>> help calculateVariance
函数：calculateVariance
文件：…\calculateVariance.m
[m-函数] 调用语法：
 variance = calculateVariance(data) % 函数定义行，脚本式 M 文件无此行
  计算输入数据的方差              % 摘要行
  variance = calculateVariance(data)计算数据 data 的方差 variance。% 函数帮助文本
  data: 输入数据向量或矩阵
  variance: 输出方差
```

8.1.3 脚本式 M 文件

有时用户需要输入大量的命令，并且频繁地重复输入和调试这些命令。在这种情况下，直接在“命令”窗口输入会显得烦琐，而使用脚本文件则更加方便和简洁。用户可以将所

有需要重复输入的命令按顺序写入 M 脚本文件中，每次运行时只需输入该 M 脚本文件的文件名，或者打开文件并点击脚本编辑器的“运行”按钮即可，也可以使用 F5 快捷键运行。需要注意的是，创建 M 文件时，文件名应避免与北太天元中的内置函数或工具箱中的函数重名，以免覆盖内置函数，因为在北太天元 M 文件的调用优先级高于内置函数。同时，如果用户创建的 M 文件不在当前搜索路径中，该函数将无法被调用。

由于脚本文件的运行相当于在命令行窗口中逐行输入命令，因此在编辑这类文件时，只需将要执行的语句逐行写入文件即可。脚本文件中新产生的变量在执行后都位于顶层工作区，其他命令文件和函数都可以访问这些变量。

例 8-2 通过 M 脚本文件，画出三维螺旋图：

本例中三维螺旋图所对应的 M 文件代码如下:

```
Ex_8_2.m
 t = -10:0.01:10;
 x = cos(t);
 y = sin(t);
 z = t;
 plot3(x,y,z)
```

新建 M 文件，并输入以上内容，然后将之命名为 Ex_8_2.m 并保存在当前目录下。然后在命令行输入文件名 Ex_8_2，或者在脚本编辑器打开该文件后单击工具栏的“运行”按钮，便可以运行这个脚本，并得到如图 8-3 所示的结果。

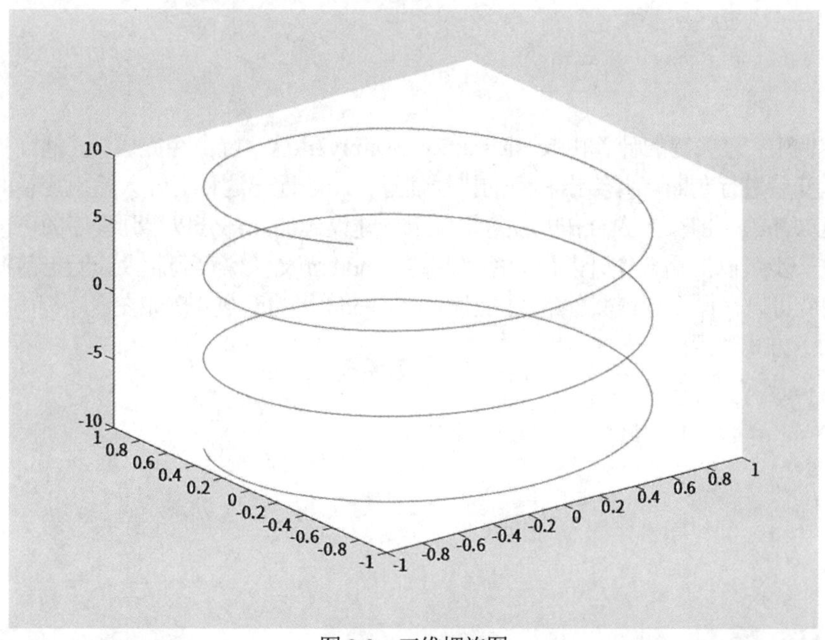

图 8-3 三维螺旋图

8.1.4 函数式 M 文件

函数式 M 文件与脚本式 M 文件相比更加复杂，脚本式 M 文件不通过输入输出变量进行数据交换，而是直接共享同一个工作区，然而函数式M文件一般要有输入变量，并且有返回结果。当然，函数式M文件也可以没有输入变量，此时文件中一般会使用一些全局变量来实现与其他函数之间的数据交换。

函数式M文件必须以关键词function开始，说明此文件是一个函数式M文件。本质上，函数式M文件是用户向北太天元的函数库中添加一个用户自定义的函数。在默认情况下，文件中的所有变量都是局部变量，仅在函数本次运行期间有效，并在函数运行结束的时候，北太天元会将这些变量从其专有的工作空间中清除。

函数式M文件的打开、编写和保存与脚本式M文件基本一致。

例8-3 使用函数式M文件计算两个数组的和。

打开脚本编辑器，保存以下内容为add.m。

```
add.m
function result = add(array1, array2)
% add 计算两个数组元素的和
% result = add(array1, array2),array1,array2 是两个大小相同的数组

    % 检查两个输入数组的尺寸是否相同
    if ~isequal(size(array1), size(array2))
        error('两个数组的尺寸必须相同');
    end

    % 计算代数加法
    result = array1 + array2;
end
```

在本例中，最关键的计算由result = array1 + array2; 这一行命令完成，其他行是对不合适的输入变量进行判断，并给出相应的错误信息。一般地，这种对输入输出变量的判断语句并不是必需的，但在多人合作开发等情况下，建议添加此部分以增强程序的可读性与健壮性，进一步可以提高合作开发的效率。将这个add.m文件保存到北太天元当前搜索目录下，我们就可以在命令行或其他的M文件中使用add作为函数。例如在命令行中，我们可以按照如下方式调用:

```
>> A1 = magic(3);
>> A2 = randi(3,3,3);
>> result = add(A1,A2)

result =

    8    4   10
    9    7    6
    5   12    6
```

§8.2 流程控制

一般的程序设计语言中，程序结构主要分为三类：顺序结构、分支结构和循环结构。北太天元语言也遵循这一结构，但相对其他编程语言来说更易学。下面将详细介绍这三类结构。

8.2.1 顺序结构

顺序结构是最直观易学的一种程序结构，由若干个程序语句以一定的执行顺序排列而成，每个语句之间用“;”或者换行隔开，程序执行时也是按照由上至下、由左至右的顺序进行的。需要注意的是，以“;”结束的语句不会打印输出，而以换行结束的语句将在语句执行后在命令行窗口上打印输出。

例 8-4 顺序结构示例，计算两个矩阵相加。

创建 M 文件 Ex_8_4.m，内容如下：

```
A = [1 2;3 4];
B = [5 6;7 8];
C = A + B
```

将其在当前目录下保存为 Ex_8_4.m，点击快捷键 F5 或“运行”按钮或者在命令行窗口中键入 Ex_8_4 并运行，得到如下结果:

```
>> Ex_8_4
  C =
      6    8
     10   12
```

8.2.2 分支结构：if 语句

在编写程序逻辑时，经常需要根据一些条件进行判断，然后执行相应的逻辑，此时需要使用分支结构来进行流程控制。其中 if 判断语句是各种复杂程序结构最为常用的一种分支结构，具有以下三种形式:

1. if…end

程序结构如下:

```
if  表达式
   执行语句
end
```

这是最简单的判断语句。即当表达式为真时，按照顺序执行 if 与 end 之间的语句；而当表达式为假时，跳过这些语句，直接执行 end 后面的程序。

例 8-5 if…end 语句使用示例。

Ex_8_5.m

```
% 定义一个变量
x = 5;

if x > 0% 使用 if 语句检查条件
    disp('x 是正数');
end
```

在这个示例中，程序首先判断变量 x 是否为正数，因为 x 在上方被赋值为 5，所以表达式 $x>0$ 返回逻辑值 true，即真。然后程序将运行 if 语句之内的代码，并得到如下结果：

```
x 是正数
```

2. if…else…end

加入了 else 子句的程序结构如下：

```
if  表达式
    执行语句 1
else
    执行语句 2
end
```

如果表达式为真，则执行 if 与 else 之间的执行语句 1，否则执行 else 与 end 之间的执行语句 2。

例 8-6 if…else…end 语句使用示例。

```
% 定义一个变量
x = -3;

% 使用 if 和 else 语句检查条件
if x > 0
    disp('x 是正数');
else
    disp('x 是非正数');
end
```

3. if…elseif…else…end

当有更多判断条件需要一次进行判断的时候，可以使用如下程序结构。

```
if  表达式 1
    执行语句 1
elseif  表达式 2
    执行语句 2
elseif  表达式 3
    执行语句 3
elseif  …
    …
else
```

```
    执行语句
end
```

在这种情况下，程序会依次判断每个表达式，如果某一个表达式的结果是真，则执行相应的语句，即如果表达式 3 为真，则执行语句 3。注意，后面的其他表达式将不会被继续进行判断，也就是程序将在相应的语句执行后直接跳到 end 处。另外，最后的 else 分句可以省略。

需要指出的是：如果关键词 elseif 被空格或者回车符分开，变成了 else 和 if 两个关键词，那么北太天元会认为这是一个嵌套的 if 语句，所以需要有多个 end 关键词相匹配，这与 if…elseif…else…end 语句中只有一个 end 关键词不同。

例 8-7　if…elseif…else…end 语句使用示例。

保存以下内容为 Ex_8_7.m：

```
x = -2;

% 使用 if, elseif 和 else 语句检查多个条件
if x > 0
    disp('x 是正数');
elseif x < 0
    disp('x 是负数');
else
    disp('x 是零');
end
```

然后在命令行窗口中运行，得到的结果如下：

```
>> Ex_8_7

x 是负数
```

8.2.3 分支结构：switch 语句

有时候需要使用 if…elseif…else…end 语句的分支结构，实际上可以简化为先对一个表达式求值，然后和一系列固定的常量做匹配，并执行对应的逻辑。此时可以使用 switch…case…end 分支结构，这种结构一目了然，而且更便于后期维护。这种结构形式如下：

```
switch 变量或表达式
case  常量表达式 1
      语句组 1
case  常量表达式 2
      语句组 2
...
case  常量表达式 n
      语句组 n
otherwise
      语句组 n+1
```

```
end
```

其中 switch 关键词后的“变量或表达式”可以是数字变量、字符串或者可以得到两者的一个表达式。若其值与后面某个 case 常量表达式的值相等，就执行这个 case 后面紧跟的语句组，如果与任意一个 case 常量表达式均不符，那么执行 otherwise 后面的语句组 n+1。当程序执行完一个语句组，便会退出该分支结构，继续执行 end 后面的语句。

例 8-8 switch…case…end 语句使用示例，单值比较。

保存以下内容为 compare.m：

```
function y = compare(x)
   switch x
   case -1
      disp('negative one')
   case 0
      disp('zero')
   case 1
      disp('positive one')
   case 'bei tai tian yuan'
      disp('bei tai tian yuan')
   otherwise
      disp('other value')
   end
end
```

然后在命令行窗口中运行，得到的结果如下:

```
>> compare(0)
zero
```

8.2.4 循环结构：for 循环

当使用北太天元软件进行编程时，我们可以利用前面介绍的两种重要的分支结构语句来控制程序的流程，使程序结构更加清晰，便于操作。然后，在需要进行许多有规律的重复运算时，我们可以使用 for 循环或 while 循环结构。在本小节中，将详细介绍 for 循环。

在 for…end 循环中，循环次数通常是已知的，除非我们使用后面将介绍的 break 语句提前终止循环。这种循环结构非常适合处理需要重复执行相同操作的情况，其结构形式如下：

```
for 变量 = 表达式
   可执行语组
end
```

其中“表达式”通常形如 m:s:n 的向量，其中 s 可以省略并默认为 1，此时表达式写为 m:n，其含义为变量的取值从 m 开始，以间隔 s 递增，尽可能接近 n 或不超过 n，变量每取一次值，循环便执行一次。

例 8-9 for 循环使用示例，构造向量 $A=[1,2,3,4,5]$。

保存以下内容为Ex_8_9.m：

```
A = zeros(1,5);
for i = 1:5
    A(i) = i;
end
A
```

运行后可得到如下结果：

```
>> Ex_8_9
A =
   1   2   3   4   5
```

例8-10 for循环嵌套使用示例，生成5×5的乘法表。

保存以下内容为Ex_8_10.m：

```
% 定义乘法表的大小
n = 5;

% 初始化乘法表矩阵
multiplication_table = zeros(n, n);

% 使用嵌套的 for 循环生成乘法表
for i = 1:n
    for j = 1:n
        multiplication_table(i, j) = i * j;
    end
end

% 显示乘法表
disp('5x5 乘法表:');
disp(multiplication_table);
```

运行以上文件，得到如下结果：

```
5x5 乘法表:

     1     2     3     4     5
     2     4     6     8    10
     3     6     9    12    15
     4     8    12    16    20
     5    10    15    20    25
```

需要指出的是，由于北太天元语言是一种解释性语言，循环结构的执行效率并不高，所以在可以利用向量代替循环时，用户最好使用更为高效的向量化语言来代替循环。

8.2.5 循环结构：while 循环

如果无法事先知道循环需要执行的次数，那么可以选择 while…end 循环，其结构形式如下：

```
while 表达式
      可执行语句组
end
```

其中“表达式”也可以称为循环控制语句，一般是逻辑运算、关系运算以及一般运算组成的表达式，可以判断真假。若表达式的值非零，则执行一次循环，否则停止循环。这种循环方式在编写数值算法时用得非常多。一般来说，能用 for…end 循环实现的程序也能用 while…end 循环实现。

例 8-11 while 循环使用示例，实现了一个计算阶乘的函数。

保存以下内容为 factorial.m：

```
function s = factorial(n)
   s = n;
   while n > 1
      n = n - 1;
      s = s * n;
   end
end
```

当我们想利用这个函数求 10!，则可以在命令行窗口输入 s = factorial(10)，可以得到如下结果：

```
>> s = factorial(10)
s =
   3628800
```

例 8-12 for…end 和 while…end 两种循环体的嵌套使用示例，计算每行中大于指定元素的个数。

保存以下内容为 Ex_8_12.m：

```
% 定义一个 3x4 的矩阵
matrix = [1, 5, 9, 2; 8, 2, 6, 9; 9, 2, 5, 6];

% 定义阈值
threshold = 6;

% 初始化一个向量来存储每行超过阈值的元素数量
count_above_threshold = zeros(size(matrix, 1), 1);

% 使用 for 循环遍历每一行
for i = 1:size(matrix, 1)
```

```
    j = 1;  % 初始化列索引
    count = 0;  % 初始化计数器

    % 使用 while 循环遍历当前行的每一列，直到最后一列
    while j <= size(matrix, 2)
        if matrix(i, j) > threshold
            count = count + 1;  % 如果元素大于阈值，则计数器加一
        end
        j = j + 1;  % 移动到下一列
    end

    % 将当前行中超过阈值的元素数量存储到结果向量中
    count_above_threshold(i) = count;
end

% 显示结果
disp('每行中超过阈值的元素数量:');
disp(count_above_threshold);
```

然后运行 Ex_ 8_ 12.m 文件，我们可以得到如下结果：

```
>> Ex_8_12
每行中超过阈值的元素数量:

   1
   2
   1
```

8.2.6 循环结构：continue 命令

在 for 循环和 while 循环结构中，我们有时希望在循环体内跳过某几次循环，而不是结束整个循环，此时我们就需要使用 continue 命令。该命令通常与 if 一起使用，其作用是结束本次循环，即跳过其后的循环语句而直接进行下一次是否执行循环的判断。

例 8-13 跳过 $i=3$ 的单次循环。

保存以下内容为 Ex_8_13.m:

```
s = 1;
for i = 1:4
    if i == 3
        continue;
    end
    s = s * i;
end
s
i
```

执行结果如下：

```
>> Ex_8_13
s =
   8
i =
   4
```

8.2.7 循环结构：break 命令

在循环结构中，我们有时需要结束整个循环，而不是如 continue 一样结束某几次循环，此时我们需要 break 命令。该命令通常与 if 条件语句结合在一起使用，如果条件满足则利用 break 命令将循环终止。请注意，在多层循环嵌套中，break 只终止最内层的循环。

例 8-14 break 命令跳出循环。

保存以下内容为 Ex_8_14.m：

```
s = 1;
for i = 1:100
    i = s + i;
    if i > 50
        i
        disp('stop');
        break;
    end
end
```

执行结果如下：

```
>> Ex_8_14
i =
   51
stop
```

8.2.8 return 命令

在函数式 M 文件中使用 return 命令，允许在任意位置结束本次函数调用，并正常退出。一般会对特定条件进行判断，然后根据需要，调用 return 语句终止当前运行的函数。

例 8-15 return 命令调用示例。

保存以下内容为 sumAB.m：

```
function C = sumAB(A, B)
    [m1, n1] = size(A);
    [m2, n2] = size(B);
    C = zeros(m1, n1);
    if m1 == 0
        disp('input empty');
```

```
    C = [];
    return;
    end

    for i = 1:m1
        for j = 1:n1
            C(i,j) = A(i,j) + B(i,j);
        end
    end
    end
```

这个例子中，利用 if 条件判断特殊情况，并做特殊处理，随后结束了本次函数调用。例如，我们选取两个矩阵 A，B，调用 sumAB 得到的结果如下：

```
>> A = [];
>> B = [3 4];
>> C = sumAB(A, B)
input empty
C =
    []
```

8.2.9 人机交互命令

我们在本节重点讨论北太天元语言的程序设计，已经在前面的几个小节中介绍了一些基本的控制语句。这些语句使用户能够进行相对复杂的程序设计。此外，北太天元还提供了一些特殊的程序控制语句，用户可以使用这些语句来实现输入以及暂停。这样，用户在程序设计时就能够与计算机进行即时的交互，使得程序设计变得更加得心应手，所设计的程序也更加合理。

1. 输入提示命令 input

input 命令用来从交互输入端获得用户输入，其调用语法如下：

```
user_entry = input('prompt')
```

这个语句的效果是在命令行显示提示符 prompt，并等待用户从键盘输入，随后将输入结果进行计算赋值给变量 user_entry，在计算表达式的过程中，input 函数将从当前工作区获取变量。如果没有输入任何内容，则返回空矩阵 [ ]。若想要创建多行的提示符，可以使用换行符'\n'，若要在提示符中包含反斜线，可以使用'\\'。当输入的表达式计算发生错误时，北太天元会显示提示符并要求用户重新输入。

如果希望将用户的输入解释为字符向量并返回，不进行表达式求值，可以调用：

```
str = input(prompt, 's')
```

与上个用法不同的是，如果用户没有输入任何内容，则返回 0×0 空字符向量。

例 8-16 input 函数使用示例。

判断输入值的奇偶性，编写 M 文件如下：

Ex_8_16.m

```
% 提示用户输入一个整数
num = input('请输入一个整数: ');

% 使用 if 语句判断奇偶性
if mod(num, 2) == 0
   disp(['你输入的数字 ', num2str(num), ' 是偶数。']);
else
   disp(['你输入的数字 ', num2str(num), ' 是奇数。']);
end
```

运行此文件，将返回北太天元命令行窗口，并显示

```
请输入一个整数:
```

这时控制权交给了用户，用户可以分别输入不同的整数以查看结果的异同：

```
>> Ex_8_16
请输入一个整数: 3
ans =
   3
你输入的数字 3 是奇数。
>> Ex_8_16
请输入一个整数: 4
ans =
   4
你输入的数字 4 是偶数。
```

2. pause 命令

pause 命令用于暂停程序的运行。当程序运行到此命令时，程序暂停，并等待用户按任意键继续运行。该命令在程序的调试过程中，以及用户需要查询中间结果时非常有用。该命令的调用语法如下。

- pause：暂停 M 文件的运行，并等待用户按任意键继续运行。
- pause(n)：将程序暂停 *n* 秒然后继续，*n* 可以为任意实数。暂停时间的分辨率和操作系统相关，多数系统支持 0.01 秒量级的分辨率。pause(inf)会使得程序无限暂停，直到用户使用 Ctrl+C 进行中断。
- pause ON：在后续程序中启用暂停功能，使得 pause(n) 等命令生效。
- pause OFF：在后续程序中禁用暂停功能，使得 pause(n) 等命令失效。
- pause QUERY：返回当前暂停的状态，可能的值是 'on' 或者 'off'。

pause 命令常用于在循环体内绘图代码之后，通过用户可控制的暂停，方便用户观察所绘制的图像。

例 8-17 pause 在画图中的应用示例。

保存以下内容为 Ex_8_17.m：

```
x = linspace(0, 2*pi, 100);% 定义 x 的范围
```

```
y = zeros(size(x));% 初始化 y 变量
% 打开一个新图形窗口
figure;
% 使用 for 循环逐步绘制正弦波
for k = 1:length(x)
    % 计算当前点的 y 值
    y(k) = sin(x(k));
    clf;% 清除当前图形
    % 绘制当前的正弦波曲线
    plot(x(1:k), y(1:k), 'b-', 'LineWidth', 2);
    axis([0 2*pi -1 1]);% 设置轴范围
    grid on;% 添加网格
    % 暂停 0.1 秒，以便看到绘图过程
    pause(0.1);
end
title('动态生成的正弦波');
xlabel('x');
ylabel('sin(x)');
grid on;
```

本例中所绘制的图形在程序运行过程中一共有 101 张，每隔 0.1 秒后会自动切换为下一张，其最终的图形结果如图 8-4 所示。

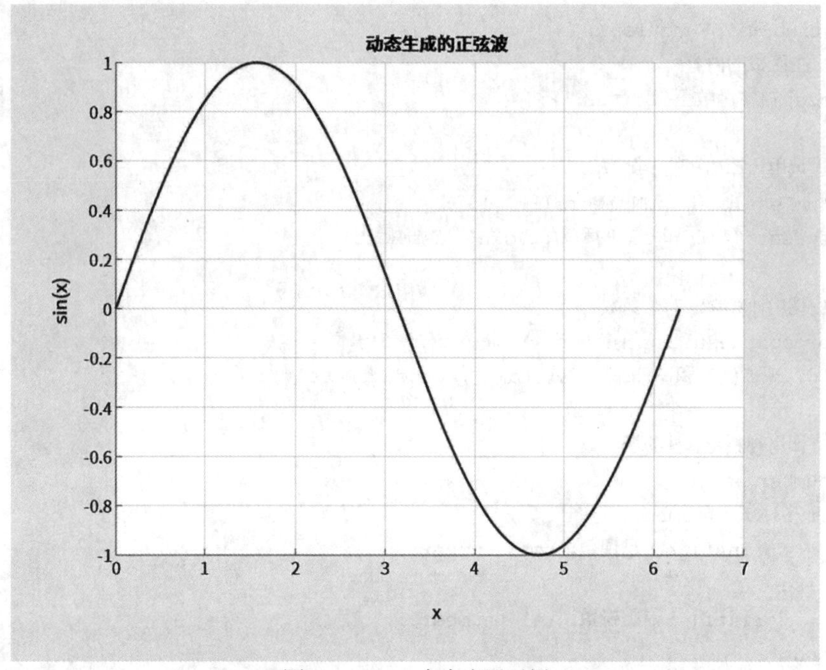

图 8-4　pause 命令应用示例

§8.3 函数的类型

从创建方式上看，北太天元中用户自定义的函数主要有两种：保存在M文件中的函数，以及在命令行中定义的匿名函数。保存在M文件中的函数又可以分为两种类型，包括主函数和子函数。

8.3.1 主函数

从函数自身的结构上看，主函数与其他函数几乎是一致的，之所以称其为主函数，是因为它在M文件中位于最前面，并且与M文件同名，是唯一可以在命令行窗口或者其他函数中调用的函数。主函数可以通过函数名（即M文件名）来调用。

8.3.2 子函数

编写北太天元的函数式M文件时，你可以在同一个文件中定义多个函数。其中，排在最前面的函数是主函数，而在主函数之后定义的函数则被称为子函数。子函数的排列顺序没有明确的规定。需要注意的是，子函数只能被同一个文件中的主函数或其他子函数调用，而从函数自身的结构上看，子函数与主函数并无区别。每个子函数都有自己的函数定义行。

例 8-18 北太天元中使用子函数的简单示例：

保存以下内容为 mainFunction.m：

```
function mainFunction()
    % 主函数的内容
    disp('主函数正在运行...');

    % 调用计算加法的子函数
    sumResult = addNumbers(10, 15);
    fprintf('10 和 15 的和为: %d\n', sumResult);

    % 调用计算乘法的子函数
    productResult = multiplyNumbers(7, 8);
    fprintf('7 和 8 的乘积为: %d\n', productResult);

    % 调用判断奇偶性的子函数
    number = 9;
    if isEven(number)
        fprintf('%d 是偶数。\n', number);
    else
        fprintf('%d 是奇数。\n', number);
    end
end

% 子函数：加法
```

```
function result = addNumbers(a, b)
    result = a + b;
end

% 子函数：乘法
function result = multiplyNumbers(a, b)
    result = a * b;
end

% 子函数：判断是否为偶数
function isEvenFlag = isEven(number)
    if mod(number, 2) == 0
        isEvenFlag = true;
    else
        isEvenFlag = false;
    end
end
```

命令行输入以下命令运行脚本：

```
>> mainFunction
```

显示结果为

```
主函数正在运行...
10 和 15 的和为：25
7 和 8 的乘积为：56
9 是奇数。
```

本例中 mainFunction 是主函数，它依次调用了三个子函数。在北太天元中，子函数虽然同处于一个文件，但它们之前无法直接访问彼此的变量，即拥有各自独立的变量空间。在该示例中，addNumbers 是计算两数之和的子函数，multiplyNumbers 是计算两数的乘积的子函数，isEven 则是判断给定数字是否为偶数的子函数。

在北太天元中，主函数调用子函数时，有自己的函数查找顺序，具体如下：

（1）查找 M 文件：当主函数需要调用一个子函数时，首先查看当前 M 文件中是否定义了同名的子函数。注意，其他 M 文件内部的子函数无法被识别。

（2）搜索路径：如果在当前 M 文件中没有找到所需的函数，那么环境会按照预设的搜索路径，依次查找路径上的其他 M 文件。

（3）内置函数：如果搜索路径中也无法找到所需函数，则会查找是否有一个内置的同名函数。

由于这些查找步骤具有明确的优先级顺序，因此可以通过编写同名文件来覆盖优先级较低的同名函数。这在实际应用中可能会带来便利，但也需要注意不要意外地覆盖掉重要的内置函数或库函数，从而导致意外的行为或错误。

8.3.3 匿名函数

匿名函数使得北太天元用户能以一种便捷而高效的方式来快速定义函数，而无须频繁地创建一个完整的M文件进行编辑和保存。在北太天元中，无论是命令行界面、脚本文件还是函数文件内部，用户都能灵活地创建并使用这些匿名函数，从而极大地提高编程的灵活性和效率。

匿名函数的精髓在于其极致的简洁性——仅通过一条表达式即可定义函数，且能够接收多个输入或输出参数，无须创建额外的M文件。这不仅简化了编程过程，还在一定程度上降低了文件管理和存储的复杂性，使代码更加轻量、易于维护。

1. 匿名函数的构建

北太天元中的匿名函数是通过@符号后跟输入变量列表和一个函数表达式来定义的。这种函数表达式可以包含输入参数、运算符和北太天元的内置函数。匿名函数的基本语法如下：

```
fhandle = @(arglist) expression
```

其中 fhandle 是匿名函数的句柄或引用；@是北太天元中用于定义函数句柄的重要操作符；arglist 表示输入变量列表，如果存在多个输入，则使用逗号隔开；expression 是匿名函数的核心，即北太天元表达式，它定义了函数执行的具体任务或计算过程。

这种形式的匿名函数在用户的应用场景中展现出了极高的灵活性和便利性，具体体现在以下几个方面：

- 动态创建函数：在编程实践中，面对多变的条件和输入，往往需要动态地创建函数以适应不同的需求。匿名函数以其即时定义、即时使用的特性，允许用户根据程序当前的状态或输入的参数直接构造函数，并将此函数的句柄（即 fhandle）赋值给变量，从而实现了函数的动态构建与灵活调用。
- 函数参数传递：一些数学函数需要其他函数作为输入参数，例如 quad（数值积分函数）、ode45（常微分方程求解）、fzero（求函数零点）等。匿名函数凭借其简洁性和轻量级的特点，能够无缝地作为参数传递给这些函数，从而简化了函数的调用过程，提高了代码的可读性和可维护性。
- 代码简洁性：对于执行简单任务的函数而言，使用匿名函数不仅可以避免编写冗长的函数定义文件，还能在保持代码清晰易懂的同时，实现函数的快速定义与调用。这种简洁性不仅减少了代码量，还提高了编程效率，使得开发者能够更专注于算法逻辑本身。

例 8-19 使用匿名函数计算一个数的相反数。

```
>> fun = @(x) -x;          % 创建匿名函数句柄
>> a = fun(8)              % 函数句柄的调用
   a =
     -8
```

fun 作为一个函数句柄，允许用户将它作为参数传递到其他函数中使用。以下代码展示了如何将 fun 函数句柄传递到积分函数 quad 中，并执行数值积分操作：

```
>> quad(fun,0,100)        % 将 fun 所指向的函数从 0 积分到 100
ans =
   -5000
```

例 8-20 包含两个输入变量的匿名函数示例。

```
>> a = 5;
>> b = 2;
>> c = 1;
>> sumFunc = @(x, y) (a*x + b*y + c);     % 创建匿名函数
>> whos                                % 查看 sumFunc 类型
   Name      Size  Bytes   Class           Attributes


   sumFunc   1x1      40   function_handle
   c         1x1       8   double
   b         1x1       8   double
   a         1x1       8   double
>> sumFunc(2,6)   % 函数句柄的调用
ans =
  23
```

2. 匿名函数数组

在北太天元中，创建匿名函数数组意味着用户正在创建一个元胞数组，每一个单元都包含一个指向匿名函数的句柄。

例 8-21 北太天元中创建匿名函数数组的示例。

```
>> A = {@(x)x.^3, @(v)2*v+1, @(x,y)x.^4+3*y+3}
A =
  1x3 cell array
    {@(x)x.^3}    {@(v)2*v+1}    {@(x,y)(x.^4+3*y)+3}
```

现在 A 是一个元胞数组，每一个单元都是一个匿名函数句柄。用户可以通过元胞数值的索引访问方式轻松调用这些匿名函数，并传入所需的输入变量进行计算，具体操作流程如下：

```
>> A{1}(3)
ans =
   27

>> A{2}(2) + A{3}(4, 6)
ans =
   282
```

在定义普通函数时，合理使用空格能够提高代码的清晰度和可读性。但在定义匿名函数数组时，需避免使用空格字符，以免引起歧义。为确保北太天元能够正确解析匿名函数，

可以采用以下方法来避免歧义。

- 明确界定函数体：在定义匿名函数时，保持其参数列表、表达式及结束符之间的紧凑性，避免在这些关键部分插入不必要的空格，这样可以帮助解析器清晰地识别函数的开始和结束。

```
A = {@(x)x.^3, @(v)2*v+1, @(x,y)x.^4+3*y+3}
```

- 利用元胞数组：如前例所述，使用北太天元中的元胞数组来存储匿名函数句柄是一个有效的策略。这样每个匿名函数都被独立地封装在一个元胞中，从而避免了因直接存储函数定义字符串而可能产生的解析问题。

```
A1 = @(x) x .^ 3;
A2 = @(v) 2 * v + 1;
A3 = @(x,y) x .^ 4 + 3 * y + 3;
A = {A1,A2,A3};
```

3. 匿名函数的输出

匿名函数本身并不直接限制或决定返回输出参数的数目，其输出参数的数目完全取决于函数体内部如何构造返回值。最重要的是，如果匿名函数设计为返回多个输出，则用户可以通过在等号左边指定相应的变量数来捕获这些输出，指定的输出个数不能超过函数所能生成的最大数目。

定义一个匿名函数，返回矩阵 A 的奇异值分解 $A=USV^{\mathrm{T}}$：

```
multiOutputFunc = @(A) svd(A);
```

当只需要返回平方值时，我们只需在等号左侧指定一个变量捕获该输出即可：

```
U = multiOutputFunc(A);
```

如果需要同时返回矩阵 U, S, V，则需要在等号左侧指定三个变量来捕获对应的输出：

```
[U, S, V] = multiOutputFunc(A);
```

4. 匿名函数的变量

匿名函数在北太天元中具有高度的灵活性，可以处理两种关键类型的变量：输入参数和其定义范围内可访问的其他变量。

- 输入参数：这些是函数执行时需要接收的变量。在定义匿名函数时，用户可以指定一个或多个输入参数，这些参数在函数体内部使用。
- 作用域内的其他变量：除输入参数外，匿名函数还可以访问并捕获其定义时作用域内的其他变量（包含局部变量和全局变量）。需要注意的是，这些变量一旦捕获后，在匿名函数内部就一直保持不变，无论之后如何修改原变量。

例 8-22 使用匿名函数求积分 $\int_0^1 \left(x^3+cx^2+5\right)\mathrm{d}x$。

解 首先，需要保证在定义匿名函数时，变量 c 的值已经给定。然后根据积分函数 (x^3+cx^2+5) 构建匿名函数，并设置输入参数为 x，此时无须将匿名函数赋值给某个变量。

```
>> c = 1;
>> @(x) (x.^3 + c*x.^2 + 5);
```

然后，调用数值积分函数 quad，在求解区域[0, 1]上对函数句柄计算积分，注意此时若未定义 c 的值，会报错，因此需要提前给定 c 的值：

```
>> quad(@(x) (x.^3 + c*x.^2 + 5),0,1);
```

最后，由于上述步骤中，c 是一个输入参数外的其他变量，该变量在函数执行时保持不变。若想将 c 作为输入参数，则需对整个方程构造一个匿名函数，并将函数句柄指定给 g：

```
>> g = @(c)(quad(@(x)(x.^2+c*x.^2+1),0,1));
```

我们计算当 c 取值为 6 时，g 对应的函数值为

```
>> g(6)
ans =
    3.3333
```

§ 8.4 函数的变量

全面理解函数中涉及的各类变量及其特性可以帮助用户更好地实现函数功能，包括提高代码的可读性和可维护性，提高函数的通用性和灵活性，优化算法和性能，等等。

8.4.1 变量类型

北太天元系统地管理着每一个变量的生命周期，将它们分别安置在独立的内存区域，我们称之为“工作空间”。所有通过命令窗口直接创建的变量以及脚本执行过程中生成的变量放在同一个工作空间中，我们称为主工作空间。值得注意的是，脚本文件并不拥有专属的独立工作空间，但每个函数（包括子函数）都享有其私有的工作空间，专门用于存储和隔离该函数内部的所有变量。

接下来，我们将深入探讨两种基本的变量类型：局部变量和全局变量。这两种分类主要是根据变量在其所属工作空间中的作用范围与可访问性。

1. 局部变量

作为程序执行过程中不可或缺的一部分，局部变量在函数内部定义，并仅在该函数的执行期间内有效。在函数的设计中，每个函数都有其专属的局部变量。这些变量被存放在函数的工作空间中，与外界（主工作空间和其他函数）的变量保持着严格的界限。一旦函数执行完毕，函数内部的局部变量也会被删除，不再占用内存空间。除非它们以返回值的形式被带出，否则不会改变外界变量的值。值得注意的是，尽管脚本文件本身不拥有独立工作空间，当它们被命令行窗口或函数调用时，会根据调用者的不同而共享相应的工作空间。其中命令行调用则共享主工作空间，函数调用则共享该函数的工作空间。在此框架下，脚本对工作空间中变量值的任何修改，都将直接影响调用结束后的环境状态。在未加特殊说明的情况下，北太天元软件将所识别的一切变量视为局部变量，即仅在其使用的 M 文件内有效。

2. 脚本中的变量

在脚本文件中，可以通过直接赋值的方式定义普通变量。脚本可以在命令行中被调用，也可以被函数调用，其本身并不拥有独立的工作空间，当它们被调用时，会根据调用者的不同而共享相应的工作空间。其中命令行调用则共享主工作空间，函数调用则共享该函数的工作空间。在此框架下，脚本对工作空间中变量值的任何修改，都将直接影响调用结束后的环境状态。

3. 全局变量

相较于局部变量的地域性，全局变量则具有跨越工作空间界限的特点。一旦一个变量被声明为全局变量（通过在变量名前加上 global 关键字，如 global var1），它便能在所有工作空间中访问，其值的任何变动都会即时反映在所有能够访问到它的地方。访问全局变量需要进行声明，即便是在子函数或命令行中访问全局变量，也必须先进行相应的声明。在北太天元中，变量名的唯一性不仅在于其拼写，更在于其大小写，这一点在定义全局变量时尤为重要。

例 8-23 下面介绍使用全局变量，求解核反应链方程组的一个示例。

核反应链方程组 (Chain Reaction Equations) 公式为

$$
\begin{aligned}
p_1' &= -\lambda_1 p_1 \\
p_2' &= \lambda_1 p_1 - \lambda_2 p_2 \\
p_3' &= \lambda_2 p_2
\end{aligned}
$$

创建 chainReactionODE.m，具体代码：

```
function yp = chainReactionODE(t,p)
% chainReactionODE Chain Reaction Equations
global LAMBDA1 LAMBDA2              % 声明全局变量
yp = [-LAMBDA1*p(1);LAMBDA1*p(1)-LAMBDA2*p(2);LAMBDA2*p(2)];
```

调用 ode45 函数求解微分方程，具体代码如下：

```
global LAMBDA1 LAMBDA2
LAMBDA1 = 0.5;
LAMBDA2 = 0.3;
[t,y] = ode45(@chainReactionODE, [0,20], [1; 0; 0]);
plot(t,y)
```

程序的运算结果如图 8-5 所示。

在上述算例中，全局变量被用于实现函数文件外部定义的参数 LAMBDA1 和 LAMBDA2 在函数内部的调用。然而必须强调的是，全局变量的使用虽有其便利之处，且也伴随着不容忽视的风险，因此建议用户谨慎使用全局变量。主要风险在于，当多个函数或脚本共享全局变量时，极易发生命名冲突。这种冲突源自不同函数或脚本可能不经意间声明了同名的全局变量，从而导致一个函数对全局变量的修改意外地覆盖了另一个函数所依赖的相同名称的全局变量值，此类错误因其隐蔽性而难以迅速察觉与定位。

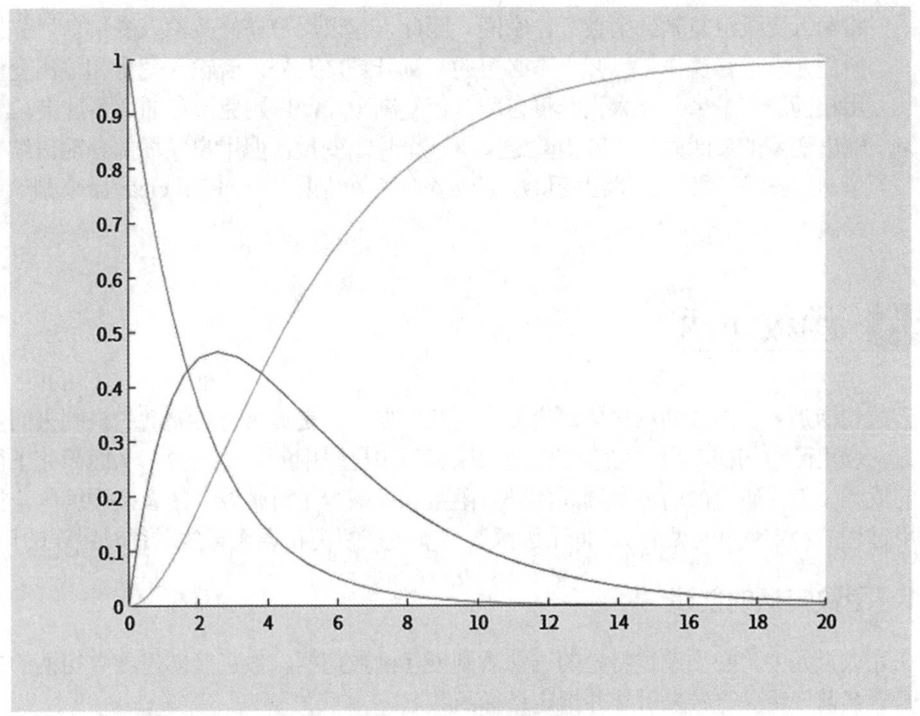

图 8-5 核反应链模型

进一步而言，全局变量的使用还增加了代码维护的复杂性。一旦需要更改全局变量的名称，开发者必须确保在整个项目中彻底搜索并替换所有相关的变量引用，这一过程不仅耗时耗力，而且容易因疏漏而引入新的错误。特别是在团队合作开发环境中，由于上下文信息或同步的不及时，会进一步加剧问题的严重性。

8.4.2 变量的传递

参数传递策略在编程实践中占据着举足轻重的地位，它不仅深刻影响着程序的运行效率，更是决定程序功能否准确无误实现的关键因素。北太天元作为一款功能强大的编程平台，其在函数设计上的具有很高的灵活性，通过广泛支持字符串、函数句柄、文件名、结构数组、元胞数组等多种数据类型作为输入变量，为开发者打造了一个极具包容性和创造性的编程环境。这种多样化的输入参数能力，极大地拓宽了函数的应用场景，使得开发者能够根据不同需求灵活选择并处理数据，进而构建出功能丰富、高效运行的程序。此外，北太天元还提供一系列精心设计的函数，旨在简化并优化变量的检测和传递过程。北太天元函数文件中，灵活的输入输出机制主要体现在以下几方面：

- 无输入输出限制：函数式 M 文件可自由选择是否需要输入或输出变量。
- 变量数量的严格性：调用函数时，虽然输入和输出变量的个数可少于 M 文件中规定的个数，但是不能超过其范围，这一规则保证了函数调用的规范性和安全性。
- 输入变量的引用与复制：输入变量在函数内部默认以引用方式访问，即输入变量不会复制到函数的工作空间中，以此避免不必要的数据复制。然而，当输入变量的值被改变了，为了避免对原数据的意外影响，系统会进行必要的复制操作，即将输入变量组复制到函数工作空间。因此，建议用户在修改输入变量前，先提取所需元素进行操作，以减少不必要的复制开销。此外，若输入变量和输出变量使用相同的变量名，北太天元将自动执行复制操作，以避免潜在的命名冲突。

➢ 输出变量的灵活处理：若函数定义了多个输出变量，但用户仅需部分输出结果，可通过省略不必要的输出变量赋值或者在函数结束之前，使用 clear 命令删除这些变量。

§ 8.5 函数句柄

函数句柄是一种高效的结构化语言元素，其主要作用是提供一种灵活的机制来间接调用函数。利用函数句柄，用户可以方便地引用和调用程序中的其他函数，从而简化了函数调用的流程，使代码更加清晰易读。此外，函数句柄减少了对函数名的直接硬编码，提高了调用过程的稳定性和可靠性，降低了因函数名变更或拼写错误而导致运行时错误的风险。

8.5.1 函数句柄的创建

在北太天元中，必须通过特定的语法规则创建函数句柄。最直接创建函数句柄的方式是在函数名前使用@符号来引导并指定目标函数名。

在创建函数句柄时，需要注意一些关键点以确保正确使用和避免潜在的问题，以下是两个特别重要的注意事项：

➢ 函数作用域和可见性：当用户创建一个函数句柄时，需确保该函数在当前作用域内是可见的。如果函数定义在另一个文件或脚本中，则需要确保该文件或脚本已经被加载到路径当中。

➢ 有效性验证：若尝试创建的句柄所指向的函数在当前作用域内不可见，则所创建的函数句柄无效。

函数句柄的创建过程在北太天元中不仅直观且高度便捷，其调用语法简洁明了，具体形式如下：

```
handle = @functionName
```

其中 handle 代表所创建的函数句柄，而 functionName 则是指定要引用或调用的函数。对应匿名函数创建函数句柄的过程同样简洁流畅：

```
sqr = @(x) x.^3;
```

这行代码不仅定义了一个匿名函数，同时立即创建了一个指向该匿名函数的句柄 sqr。这种方式使得函数定义与句柄创建无缝衔接，进一步简化了代码结构。函数句柄是一个标准的北太天元数据类型，用户可以在元胞数组和结构体中使用它。

例 8-24 创建余弦函数。

```
>> fun_handle = @cos
fun_handle =
```

```
  1x1 function_handle
    @cos
```

8.5.2 函数句柄的调用

例8-25 函数句柄的调用示例。

```
>> f = @sum;              % 创建函数句柄
>> z = f(1:10)            % 调用函数句柄
z =
    55
```

对于多输出变量，函数句柄的调用同样简单。

```
>> f = @(X) unique(X);          % unique用来查找数组中的唯一值
>> A = [5, 3; 8, 3; 5, 3; 8, 1; 8, 1]
A =
   5   3
   8   3
   5   3
   8   1
   8   1
>> [c,ia,ic] = f(A)   % 多输出变量情况下的函数句柄调用
c =
   1
   3
   5
   8
ia =
   9
   6
   1
   2
ic =
   3
   4
   3
   4
   4
   2
   2
   2
   1
   1
```

8.5.3 函数句柄的操作

在北太天元中，用户可以使用一系列专为函数句柄设计的操作函数。这些函数不仅扩展了函数句柄的应用范围，还增强了开发者在处理函数引用和调用时的灵活性和效率。具体函数如表 8-2 所示。

表 8-2 函数句柄的操作

函数名	功能描述	函数名	功能描述
func2str	根据函数句柄创建一个函数名的字符串	str2func	由一个函数名的字符串创建一个函数句柄
save	从当前工作空间向 M 文件保存函数句柄	load	从一个 M 文件中向当前工作空间调用函数句柄
isa	判断一个变量是否包含一个函数句柄	isequal	判断两个函数句柄是否为某一相同的句柄
arrayfun	将函数句柄应用于数组的每一个元素	cellfun	将函数句柄应用于元胞数组中的每个元胞

例 8-26 使用函数句柄进行求和计算的示例。

创建求和函数文件 sum2.m：

```
function f = sum2(x,y)
    f = x + y;
end
```

创建 sum2 函数的函数句柄：

```
>> fhandle = @sum2
fhandle =
  1x1 function_handle
    @sum2
```

使用 cellfun 应用于元胞数组：

```
>> cellfun(fhandle,{1 2},{3 4})
ans =
    4     6
```

§ 8.6 串演算函数

在编程实践中，命令、表达式和语句构成了用户执行计算与逻辑处理的基本框架。为了赋予计算操作更高的灵活性与动态性，北太天元引入了一种利用字符串进行计算的高级能力。这一特性允许用户通过字符串构建函数，甚至在程序运行时修改和切换所执行的命令。

8.6.1 eval 函数

eval 函数是北太天元中的一个强大工具，它专门设计用于执行以字符串形式提供的北太天元表达式。通过 eval 函数，用户可以轻松地将包含计算逻辑或函数调用指令的文本转换为可执行代码块，实现高度灵活的编程模式，其调用语法如下：

- result = eval(expression)：执行 expression 作为北太天元表达式指定的计算，并将结果存放到 result 中。expression 可以是一个包含算术表达式的字符串，也可以是包含北太天元函数的字符串。

例 8-27 通过 eval 函数动态创建变量名并赋值。

保存以下内容为 Ex_8_27.m：

Ex_8_27.m

```
for i = 1:3
   varName = ['var', num2str(i)];
   eval([varName, ' = i^2;']);
end
```

在这个示例中，我们使用 eval 动态创建了 var1, var2, 和 var3 三个变量，并赋值为 1, 4, 9。eval 通过执行生成的字符串代码来实现这一点。在例 8-27 中我们实现了动态变量名创建的功能，它与以下程序所实现的功能是一样的：

```
var1 = 1^2;
var2 = 2^2;
var3 = 3^2;
```

例 8-28 通过处理一系列“语句”组成的字符串，可以动态创建变量。

```
>> clear,t = 10; eval('t2=t*2, y = sqrt(t2)'); who
t2 =
  20

y =
   4.4721
```

当前工作区变量有：

```
y  t  t2
```

例 8-29 使用 eval 绘制正弦图像。

```
x = linspace(0, 2*pi, 100);
eval('plot(x, sin(x), "-o"); ');
```

运行结果如图 8-6 所示。

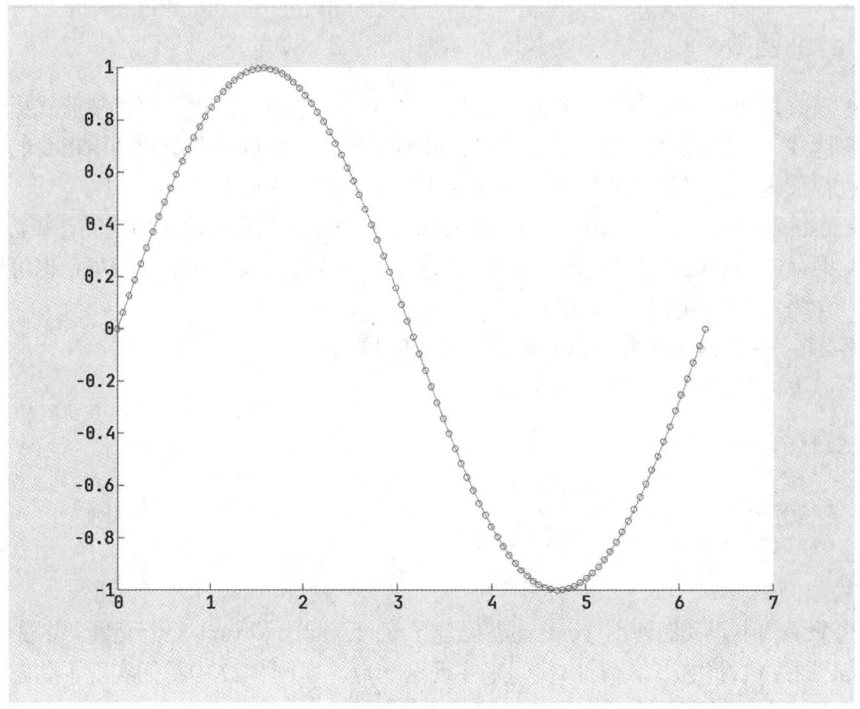

图 8-6　正弦图像

8.6.2　feval 函数

feval 函数通过函数句柄或函数名来调用函数。feval 函数的调用语法如下：

- result = feval(function, arg1, arg2, ...)：这里 function 可以是函数名或函数句柄，arg1, arg2, ... 则是传递给该函数的参数。

下面两行代码在功能上等价：

```
[U,S,V] = svd(A)
[U,S,V] = feval(@svd, A)
```

尽管在某些情况下，eval 函数也能达到类似的目的，但由于 feval 函数的运行效率比 eval 函数高，建议用户使用 feval 函数。

特别地，在开发那些接受函数名或者函数句柄作为输入参数的函数文件时，feval 函数显得尤为重要。它提供了一个灵活且强大的机制，使得我们能够在函数体内动态地调用那些作为变量传入的函数。以下将通过 operation 函数的实例，详细展示 feval 函数的运用：

例 8-30　operation 函数中 feval 函数的运用。

保存以下内容为 operation.m：

```
function result = operation(op, a, b)
    % 根据操作符号调用相应的函数
    switch op
        case 'add'
            func = @add;
```

```
        case 'subtract'
            func = @subtract;
        case 'multiply'
            func = @multiply;
        otherwise
            error('未知算符。');
    end

    % 使用 feval 动态调用函数
    result = feval(func, a, b);
end

% 定义加法函数
function r = add(x, y)
    r = x + y;
end

% 定义减法函数
function r = subtract(x, y)
    r = x - y;
end

% 定义乘法函数
function r = multiply(x, y)
    r = x * y;
end
```

可以根据输入的标识进行相应地计算：

```
>> result1 = operation('add', 2, 3)
result1 =
   5
>> result2 = operation('subtract', 2, 3)
result2 =
  -1
```

§ 8.7 内存的使用

在处理大规模数据时，用户在读取数据时可能会遭遇读取失败的情况，这类问题通常是由于此时系统内存资源紧张乃至不足导致。面对这一挑战，掌握并实践有效的内存使用优化策略显得尤为重要，它们是确保数据处理能否顺畅进行的关键。

8.7.1 内存管理函数

以下是北太天元中内存管理相关的函数，能有效帮助用户监控和优化内存的使用：

- whos 函数：此函数能详细显示当前工作区中各个变量的名字、大小和数据类型，以及各自占用的内存量。
- clear 函数：清除当前工作区的变量并释放内存，可针对性地释放个别变量。适时地清理不再使用的变量，不仅能释放宝贵的内存资源，还能减少因不必要的数据保留而导致的性能下降。
- save 函数：将工作区变量保存到磁盘中。适时地将重要的数据保存到磁盘，可以显著减轻内存负担。
- load 函数：与 save 函数相对应，load 函数用于将保存到磁盘的数据文件重新载入到工作空间中。

8.7.2 高效使用内存的策略

为了提高内存使用效率，我们可以采取如下常见策略：压缩内存的使用，优化数据存储策略，回收内存。

1. 压缩内存的使用

处理大文件或大量数据变量时，可能会遇到“out of memory”的情况，这严重限制了数据处理和分析的效率和可行性。为了避免这一情况，在北太天元变量区导入大文件或数据集时，我们可以采用以下策略来有效压缩内存的消耗。

（1）按需导入

在数据导入时，仅将程序真正需要的数据导入到北太天元的工作空间。通过预处理数据，如化简或裁剪数据，确保导入的数据既满足程序需求又不过于占用资源。

（2）分块处理数据

在数据处理循环中，采用分块处理策略，即每次循环处理数据集中的一小块。通过数据过滤，可以将庞大的数据集巧妙地切割成若干段易于处理的数据块。这种方法不仅减少了内存中同时处理的数据量，还提高了数据处理的灵活性和效率。

（3）减少临时数组的使用

在算法设计中，一个关键的考量是尽量减少对大型临时数组的依赖。若因特定需求必须创建此类数组，则应在使用完成后立即清除这些数组，以释放占用的内存资源。

2. 优化数据存储策略

（1）选择合适的数据类型以优化存储效率

北太天元的默认数据类型是 double 型，该数据类型可以确保数据处理时拥有极高的数值精度。然而，高精度往往伴随着高昂的存储成本，因为每个 double 型的数据需要 8 个字节的存储空间。在数据处理中，若应用场景对数据的精度要求不高，则可以考虑使用其他的数据类型，以有效降低数据所占用的存储空间。例如，当处理一系列小的无符号整数时，如果这些数值的范围在 uint8 类型能够表示的范围之内，那么选择 uint8 类型来存储这些数据将是一个明智之举。以存储 10 亿个此类小整数为例，与 double 类型存储相比，可以节省 700MB 的内存空间。这样的优化不仅有助于提升系统的内存使用效率，还能在处理大规模数据集时显著降低资源消耗，从而提升整体的数据处理性能和响应速度。

（2）充分利用稀疏矩阵

在处理大规模数据时，特别是当数据矩阵非常庞大但其中非零元素数量相对较少时，采用稀疏矩阵是一种极为有效的策略。稀疏矩阵策略的核心在于仅记录非零元素的值及其位置信息，从而大幅降低内存资源的消耗。

例 8-31 稀疏矩阵与一般矩阵在存储空间上的对比示例。

```
>> A = diag(999,999);              % 一般矩阵
>> As = sparse(A);                 % 稀疏矩阵
>> whos
  Name  Size          Bytes  Class          Attributes


  As    1000x1000      8024  sparse double   sparse
  A     1000x1000   8000000  double
```

可见本例中的矩阵 *A* 用稀疏矩阵存储只需要约 8KB，而用一般矩阵形式存储约需要 8MB。

3. 回收内存

在优化内存利用的策略中，回收内存虽是一个基础方法，但却是提升系统性能和资源利用率非常有效的方法。所谓回收内存，就是指主动释放不再被使用的大型数据所占用的内存空间，从而避免资源的占用与浪费。因为北太天元不会自动清除内存中的变量，所以需要用户使用 clear varl,var2 命令来清除内存中的 var1 和 var2 等两个不再需要的变量。

8.7.3 解决“Out of Memory”问题

1. 关于内存不足的解决方法

- 数据压缩与内存碎片整理：压缩数据以减少内存碎片。
- 矩阵分割处理：对于大型矩阵，考虑将其分割成多个较小的矩阵进行处理。这种方法能显著减少同一时间内对内存的需求，避免内存过载。
- 解除外部限制：确保没有外部约束来限制北太天元对内存的使用，使其能够充分利用系统可提供的最大内存资源。
- 增加虚拟内存：增加系统虚拟内存大小，推荐虚拟内存是实际内存的两倍，以应对突发的大内存需求。
- 物理内存升级：若频繁遇到内存不足问题，可考虑增加物理内存条，从根本上提升系统内存容量。

2. 操作系统相关

在 32 位 Windows 操作系统的环境下，每个进程面临着虚拟内存地址空间的上限，即通常不超过 2GB，这直接限制了北太天元等软件能够分配和使用的内存量。尽管整个操作系统理论上能够管理最多 4GB 的物理内存，但由于系统保留部分地址空间用于自身及内核模式操作，用户模式下的应用程序往往无法完全利用这一容量。如果需要频繁操作或存储 4GB 以上的数据，建议使用 64 位操作系统。

§ 8.8 程序调试和优化

在使用北太天元平台编写 M 文件的时候，正如其他编程语言所经历的一样，难免遇到错误(bug)，尤其是在处理大规模代码开发任务或者多人合作开发的复杂项目中。因此，熟练掌握高效的程序调试技巧，对于提高工作效率而言，尤为重要。

程序代码的错误大致可以划分为两类：语法错误和逻辑错误。语法错误通常较为直观，主要涉及变量名、函数名的拼写错误、变量访问类型出错、标点符号缺失以及如 end 等关键词的漏写等。北太天元的错误检测机制能够在运行时捕获此类错误，并反馈详细的错误信息，帮助用户快速定位并修正问题。

相比之下，逻辑错误则更为隐蔽。这类错误往往源于理论模型与程序代码实现之间的不一致，或是编程人员对算法逻辑理解上的偏差，以及对北太天元编程语言特性及其内部机制掌握不够深入。逻辑错误的表现形式多种多样，可能包括程序能正常运行，但运行结果不符合预期，或者程序在执行过程中意外中断等。由于逻辑错误难以直接通过错误信息定位，因此，利用调试工具进行逐步跟踪、变量监视以及断点分析等手段，成为了解决这类问题不可或缺的方法。

在应对日常调试需求时，我们可以采用一系列高效且实用的调试策略，以精准定位并解决问题。这些策略主要包括以下几点：

- 即时结果显示：为了即时观察和分析运算结果，我们可以选择移除关键代码行末尾的分号，使得这些行的执行结果直接显示在命令窗口。这种做法能够迅速提供执行状态的直观反馈，有助于快速识别潜在问题。
- 关键变量监控：在代码的关键节点插入打印语句以输出关键变量的值。通过监控这些变量的变化，我们可以追踪数据流的走向，从而更有效地定位问题根源。
- 断点调试技术：利用北太天元提供的断点功能，我们可以在程序的特定位置设置断点。当程序执行至这些断点处时，会自动暂停，并在命令窗口显示“K>>”提示符，允许用户深入检查当前程序状态，查看变量的值。此外，用户还可以在此状态下修改变量的值，以测试不同的执行路径或条件，这对于理解复杂逻辑和排除潜在错误尤为重要。

对于更为复杂的程序，北太天元进一步提供了功能强大的调试器窗口和命令行命令，这些高级工具支持更深入的调试操作，极大地增强了调试的灵活性和效率。通过充分利用这些资源，开发者可以更加从容地应对复杂的调试任务，确保程序的稳定性和性能。

8.8.1 使用调试器窗口调试

脚本编辑器其实也就是调试器窗口。例如使用脚本编辑器分别创建函数文件 debug_v.m 和 debug_fun.m，函数文件内容如下：

debug_v.m

```
A = [2, 1, -1; -3, -1, 2; -2, 1, 2];% 系数矩阵
b = [8; -11; -3];% 常数项
```

```
x = debug_fun(A, b);% 调用高斯消去法函数
disp('解向量 x:');% 显示结果
disp(x);
```

debug_fun.m

```
function x = debug_fun(A, b)
   % A: 系数矩阵
   % b: 常数项列向量
   % x: 解向量
   % 检查输入矩阵的尺寸
   [n, m] = size(A);
   if n ~= m
      error('系数矩阵 A 必须是方阵');
   end

   if length(b) ~= n
      error('常数项向量 b 的尺寸与系数矩阵 A 不匹配');
   end

   % 扩展矩阵 [A | b]
   Ab = [A, b];
   % 高斯消去
   for k = 1:n
      % 寻找主元
      [~, maxRow] = max(abs(Ab(k:n, k)));
      maxRow = maxRow + k - 1;
      % 交换行
      if k ~= maxRow
         Ab([k, maxRow], :) = Ab([maxRow, k], :);
      end
      % 消去
      for i = k+1:n
         factor = Ab(i, k) / Ab(i, i);
         Ab(i, k:end) = Ab(i, k:end) - factor * Ab(k, k:end);
      end
   end
   % 回代求解
   x = zeros(n, 1);
   for i = n:-1:1
      x(i) = (Ab(i, end) - Ab(i, 1:end-1) * x) / Ab(i, i);
   end
end
```

下面以 debug_fun.m 函数为例，介绍在调试器中对其进行调试的过程。

我们首先明确 debug_fun.m 函数设计的初衷，即用于求解线性方程组的解向量。在北

太天元的命令窗口中直接调用该函数，用于求解给定系数矩阵和常数项对应的解向量，结果如下：

```
>> A = [2, 1, -1; -3, -1, 2; -2, 1, 2];
>> b = [8; -11; -3];
>> x = debug_fun(A, b)
x =
   -0.0556
    4.1667
   -3.5000

>> x = A\b
x =
    2.0000
    3.0000
   -1.0000
```

在对比 debug_fun.m 函数与北太天元内置函数（\）的返回值时，我们发现两者返回的解向量显著不同。为了深入探究并纠正该错误，我们可以利用调试器窗口进行调试。

首先，我们需要在脚本 debug_v.m 的关键位置设置一个或多个断点，以便在执行过程中暂停代码，逐步检查变量的状态和函数的执行流程。设置断点的具体操作为：鼠标单击需要设置断点那一行所对应的行数旁边的空白区域，即可将该行设置为断点。完成断点的设置以后，行前空白处会出现一个圆点标记。断点的选择可以根据个人的经验和算法结构来决定，如图 8-7 所示，将断点设置在第 4 行。

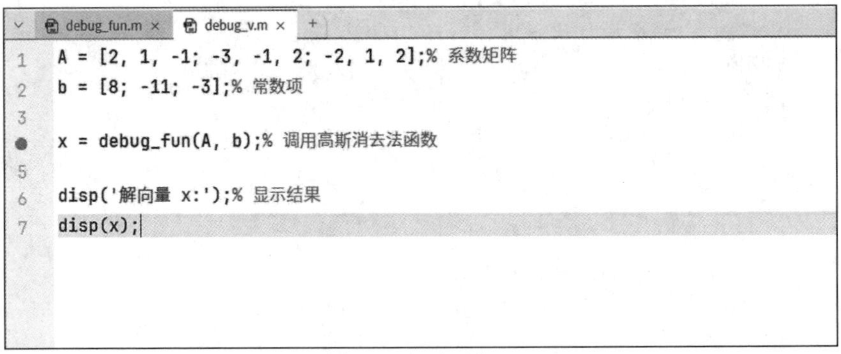

```
debug_fun.m ×   debug_v.m ×   +
1  A = [2, 1, -1; -3, -1, 2; -2, 1, 2];% 系数矩阵
2  b = [8; -11; -3];% 常数项
3
●  x = debug_fun(A, b);% 调用高斯消去法函数
5
6  disp('解向量 x:');% 显示结果
7  disp(x);
```

图 8-7　调试器窗口

一旦断点设置完成，点击调试 debug_v.m 脚本时，代码执行将自动在第一个断点处暂停，并且调试器窗口将转换到最前端显示，此时断点处将被一个箭头标记，同时命令行变成“K>>”模式，如图 8-8 所示。

在命令行界面中，当命令提示符“>>”前显示字符“K”时，标志着当前环境正处于调试模式。在此模式下，用户可以利用命令行窗口查询特定变量的状态，或执行北太天元代码以检查某个函数或逻辑的正确性，从而提升调试过程中的灵活性和效率。例如：

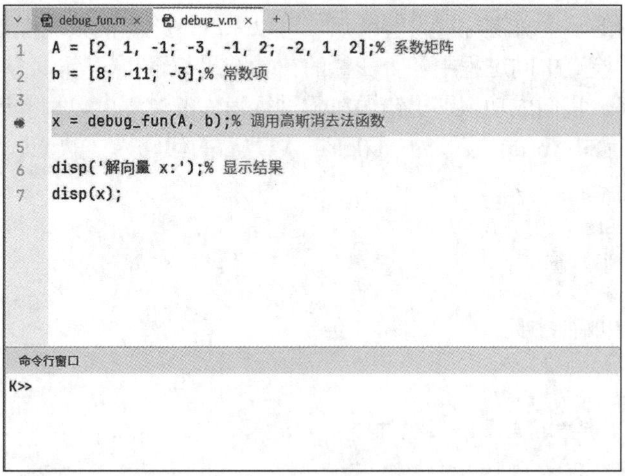

```
debug_fun.m × debug_v.m × +
1 A = [2, 1, -1; -3, -1, 2; -2, 1, 2];% 系数矩阵
2 b = [8; -11; -3];% 常数项
3
4 x = debug_fun(A, b);% 调用高斯消去法函数
5
6 disp('解向量 x:');% 显示结果
7 disp(x);

命令行窗口
K>>
```

图8-8 调试示意图

```
K>> A
A =
   2   1  -1
  -3  -1   2
  -2   1   2
K>> b
b =
    8
  -11
   -3
```

在断点触发前的代码段中，主要执行了以下关键步骤，包括分别定义必要的变量并保存稀疏矩阵和常数项，然后调用函数 debug_fun。变量定义都没有问题，此时可确定问题一定在调用的高斯消去函数 debug_fun 中。鼠标点击工具栏的“步入”，界面自动跳转到 debug_fun.m 函数，如图8-9所示，紧接着对该函数进行检查调试。

为了清除已设置的断点，可以再次点击代码行左侧的小圆点。注意，此时函数运行的位置还是在断点的位置，如图8-10所示。

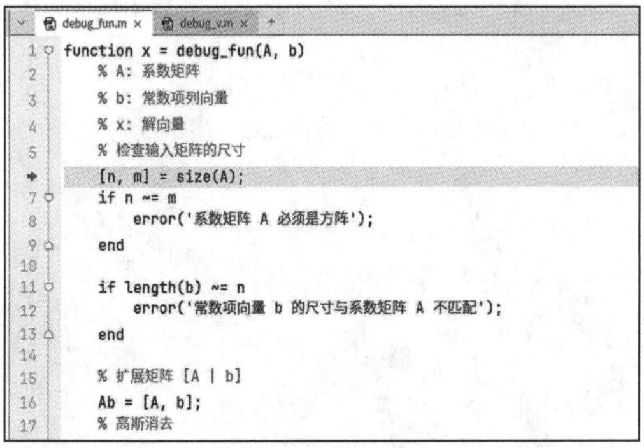

```
debug_fun.m × debug_v.m × +
1  function x = debug_fun(A, b)
2      % A: 系数矩阵
3      % b: 常数项列向量
4      % x: 解向量
5      % 检查输入矩阵的尺寸
6      [n, m] = size(A);
7      if n ~= m
8          error('系数矩阵 A 必须是方阵');
9      end
10
11     if length(b) ~= n
12         error('常数项向量 b 的尺寸与系数矩阵 A 不匹配');
13     end
14
15     % 扩展矩阵 [A | b]
16     Ab = [A, b];
17     % 高斯消去
```

图8-9 “步入”函数

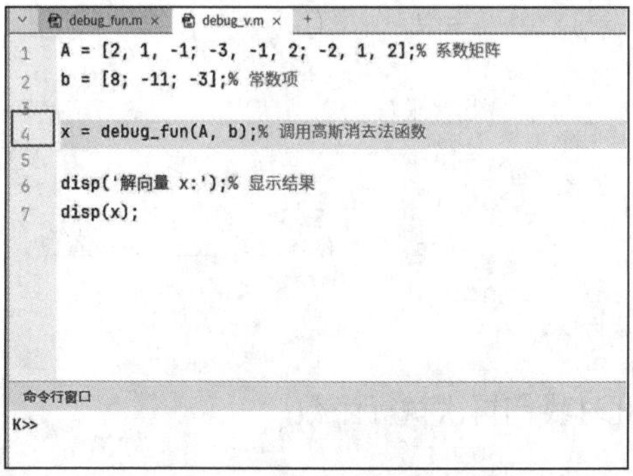

```
debug_fun.m × debug_v.m × +
1 A = [2, 1, -1; -3, -1, 2; -2, 1, 2];% 系数矩阵
2 b = [8; -11; -3];% 常数项
3
4 x = debug_fun(A, b);% 调用高斯消去法函数
5
6 disp('解向量 x:');% 显示结果
7 disp(x);

命令行窗口
K>>
```

图8-10 断点清除

通过在函数中的多个关键位置设置断点，可以系统地检查函数流程是否严格遵循算法设计的初衷，同时检查中间过程中各个变量的计算结果是否正确等。

运用这一策略，我们成功识别出错误在于进行消去的过程中，每次计算的是更新后的对角元素，即 28 行的 Ab(i,i) 应该为 Ab(k,k)，修改后的代码为

```
function x = debug_fun(A, b)
    % A: 系数矩阵
    % b: 常数项列向量
    % x: 解向量
    % 检查输入矩阵的尺寸
    [n, m] = size(A);
    if n ~= m
        error('系数矩阵 A 必须是方阵');
    end

    if length(b) ~= n
        error('常数项向量 b 的尺寸与系数矩阵 A 不匹配');
    end

    % 扩展矩阵 [A | b]
    Ab = [A, b];
    % 高斯消去
    for k = 1:n
        % 寻找主元
        [~, maxRow] = max(abs(Ab(k:n, k)));
        maxRow = maxRow + k - 1;
        % 交换行
        if k ~= maxRow
            Ab([k, maxRow], :) = Ab([maxRow, k], :);
        end
        % 消去
        for i = k+1:n
            factor = Ab(i, k) / Ab(k, k);
            Ab(i, k:end) = Ab(i, k:end) - factor * Ab(k, k:end);
        end
    end
    % 回代求解
    x = zeros(n, 1);
    for i = n:-1:1
        x(i) = (Ab(i, end) - Ab(i, 1:end-1) * x) / Ab(i, i);
    end
end
```

此时我们再次执行函数：

```
>> debug_v
解向量 x:
```

```
    2.0000
    3.0000
   -1.0000
```

经过上述调试与修正后，我们发现所得结果与直接求解 A\b 的结果一致，证明我们已经成功定位并修正了原先存在于 debug_fun 函数中的错误。调试可以帮助我们理解代码的执行流程，特别是在处理复杂算法时，可以了解每一步骤如何执行。对于学习者和开发者来说，调试过程本身就是一种学习和理解程序逻辑的过程。

8.8.2 在命令窗口中调试

北太天元不仅提供图形界面调试器，还提供了一套全面的调试命令集。用户可以利用这些调试命令在命令窗口中直接进行程序的调试。

1. 设置断点

调试过程首先要设置断点，dbstop 函数提供了断点设置功能，调用语法如下：

- dbstop(filename, n)：在 filename.m 的第 *n* 行设置调试断点。

2. 清除断点

当断点不再需要时，清除断点的 dbclear 函数便派上用场，其调用语法如下：

- dbclear：清除所有调试断点。
- dbclear("filename", n)：清除在 filename.m 的第 *n* 行设置的调试断点。

3. 恢复执行

一旦在断点处完成了必要的检查和调整，就可以使用 dbcont/dbcontinue 函数恢复程序的执行，调用语法如下：

- dbcont/dbcontinue：在脚本调试过程中，继续运行剩余脚本代码，直到下一个断点，或者代码运行结束并回到交互模式。

4. 切换工作空间

在调试过程中，dbup 和 dbdown 函数允许用户切换工作空间，调用语法如下：

- dbup 跳出一层调用栈，dbdown 则是深入一层调用栈。

5. 执行一行或多行语句

dbstep 函数允许用户逐行执行代码或进入/离开子函数，其调用语法如下：

- dbstep：运行到下一个求值指令。
- dbstep in：进入一个子函数。
- dbstep out：离开一个子函数。
- dbnext：逐行执行一行代码。

6. 列出 M 文件并标上标号

为了在调试时快速定位代码，dbtype/dblist 函数能够打印并标记出正在调试的脚本的代码行。

- dblist/dbtype：两个函数功能相同，默认打印出当前调试处的脚本代码行。

7. 退出调试模式

dbquit/dbexit 函数允许用户立即结束调试并返回到基本工作空间，其调用语法如下：

- dbquit/dbexit：两个函数功能相同，立即结束调试器并返回基本工作空间，之前设置的所有断点仍然有效并保存在断点列表中。

§ 8.9 错误处理

在实际应用场景中，往往会遇到纷繁复杂的错误情况。这时就需要采用针对性的操作策略来帮助用户，例如引导用户补充必要的参数，清晰地显示错误或警告信息，以及利用预设默认值重新执行计算等。北太天元具有强大的错误处理功能，可以监控程序执行过程，并根据预设的条件发出警告或报错。

1. 警告信息

北太天元中的 warning 函数，在检测到程序运行中出现不符合预期但又不至于立即中断程序的条件时，会随时向用户发出警告。与中断程序不同，warning 函数允许程序继续运行，同时以醒目的方式提醒用户注意潜在问题。例如，在处理输入参数时，若发现预期的输入应为字符串类型而实际接收到非字符串类型时，可以通过 warning 函数向用户警告：

```
warning('输入必须为字符串类型，请检查输入数据')
```

2. 错误信息

相比之下，北太天元中的 error 函数采取更为直接且强硬的措施。当程序运行中发现了可能影响后续代码执行的关键错误时，会立即向用户发出错误信息并终止当前程序的运行。这一机制确保问题不会因忽略而扩大化，迫使用户立即解决当前的问题。例如，在严格要求输入为字符串类型的场景下，可以如下使用 error 函数：

```
error('错误：输入必须为字符串类型。程序已终止！')
```

第 9 章

数据可视化

数据可视化（Data Visualization）是一种将数据转化为视觉形式的科学技术。通过计算机图形学和图像处理技术，数据被转换为图形或图像，以更直观的方式展示在屏幕上，使用户更容易查看、管理和分析数据。多种多样的数据呈现形式，如曲线、二维或三维图形等，能够帮助用户直观地分析数据模式和关系，从而揭示隐藏在数据背后的规律，引导用户的决策过程。

之前的章节介绍了北太天元在数据处理中的基本应用，本章将继续探讨北太天元的数据可视化功能，包括各种常用的绘图方法和标记图形的操作。北太天元支持多种图形表示方式，并在版本更新中不断改进和完善其可视化功能。由于相关函数指令繁杂，本章无法涵盖北太天元的所有数据可视化功能，建议读者同时参考帮助文档作为补充。

§ 9.1 二维绘图

9.1.1 绘制二维曲线

本小节主要介绍北太天元中的 plot 函数，其用于绘制二维线图。plot 函数的具体调用语法如下。

- plot(X, Y)：创建 *Y* 中数据对 *X* 中对应值的二维线图。如果 *X* 和 *Y* 都是向量，则它们的长度必须相同，plot 会绘制 *Y* 对 *X* 的图。如果 *X* 或 *Y* 之一为标量，而另一个为标量或向量，则 plot 函数会绘制离散点。如果要查看这些点，需指定标记符号，例如 plot(X, Y, 'o')。
- plot(X, Y, LineSpec)：设置线型、标记符号和颜色。例如 plot(X, Y, 'r-*')。
- plot(X1, Y1, ..., Xn, Yn)：绘制多个 *X*, *Y* 对组的图，所有线条都使用相同的坐标区。
- plot(X1, Y1, LineSpec1, ..., Xn, Yn, LineSpecn)：设置每个线条的线型、标记符号和颜色。可以混合 *X*，*Y*，LineSpec 三元组和 *X*，*Y* 对组，例如 plot(X1, Y1, X2, Y2, LineSpec2, X3, Y3)。
- plot(Y)：创建 *Y* 中数据对每个值索引的二维线图。如果 *Y* 是向量，*x* 轴的刻度范围是从 1 至 length(Y)。如果 *Y* 是复数，则 plot 函数绘制 *Y* 的虚部对 *Y* 的实部的图，使得 plot(Y)等效于 plot(real(Y), imag(Y))。

➢ plot(Y, LineSpec)：设置线型、标记符号和颜色。

例 9-1 绘制正弦函数。

Ex_9_1.m

```
x = linspace(0, 6, 100);
y = sin(x);
plot(x,y)
```

代码的运行结果如图 9-1 所示。

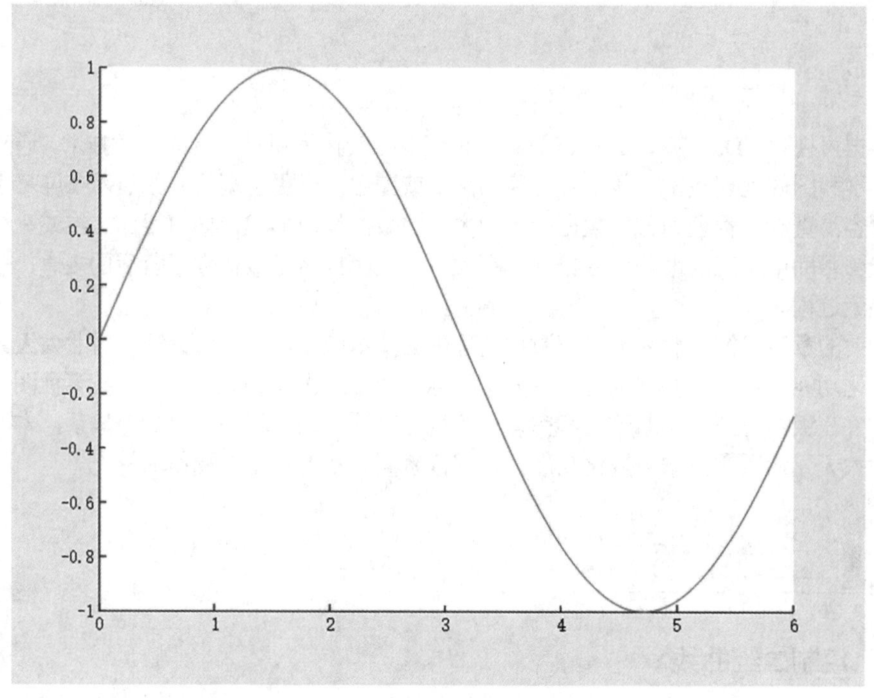

图 9-1 正弦函数的可视化

类似地，我们可以同时绘制多个线条，见例 9-2。

例 9-2 同时绘制多个线条。

Ex_9_2.m

```
x = linspace(0, 6);
y  = log(x);
y1 = sin(x);
y2 = cos(x);
plot(x,y,x,y1,x,y2)
legend({'log(x)','sin(x)','cos(x)'})  % 添加图例
```

代码的运行结果如图 9-2 所示。

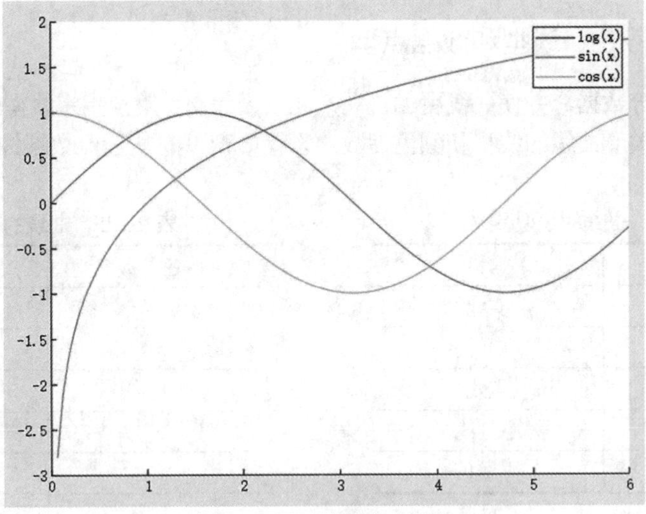

图 9-2　同时绘制多个线条

我们还可以在原有图形上添加新的曲线，见例 9-3。

例 9-3　同时绘制多个线条。

Ex_9_3.m

```
t = (0:3/50:6)';
Y = cos(t);
plot(t, Y)              % 绘制二维曲线
hold on                 % 打开继续绘图状态
plot(t, Y+0.5)          % 绘制新的曲线
hold off
```

代码的运行结果如图 9-3 所示。

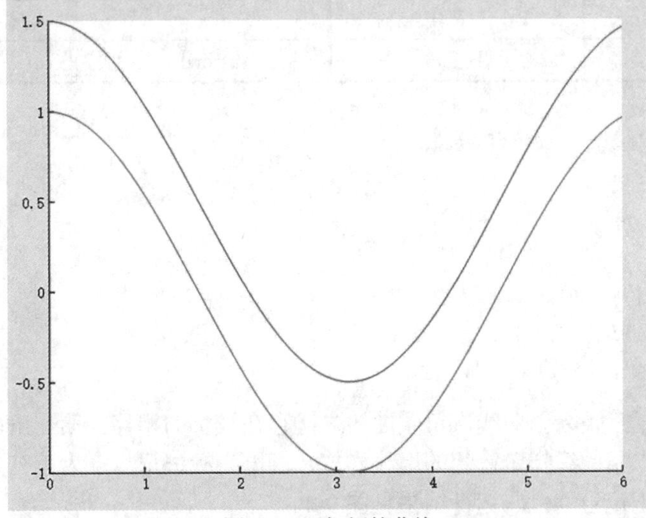

图 9-3　添加新的曲线

9.1.2 曲线的颜色、线型和数据点型

为了有效区分数据，并使曲线更加直观，北太天元支持用户指定线型、颜色和标记。在北太天元中，关于曲线的线型和颜色参数的设置如表 9-1 所示，数据标记符号如表 9-2 所示。

表 9-1(a) 曲线的线型参数

线型参数	含义
-	实线
--	虚线
:	点线
-.	点划线
none	无线条

表 9-1(b) 曲线的颜色参数

颜色参数	含义
r	红色
g	绿色
b	蓝色
c	青色
m	品红色
y	黄色
k	黑色
w	白色

表 9-2 数据点型属性列表

符号	含义	符号	含义
.	点	d	菱形
+	加号	h	六角形
*	星号	o	圆圈
^	上三角	p	五角形
<	左三角	s	方形
>	右三角	x	叉号
v	下三角	none	无标记

例 9-4 指定线型、颜色和标记。

```
Ex_9_4.m
x = 0:0.1:10;
y1 = cos(x);
y2 = cos(x-1);
y3 = cos(x+1);
plot(x,y1,'g',x,y2,'b--o',x,y3,'r*')
```

例 9-4 绘制了三条余弦曲线，每条曲线之间存在较小的相移。第一条曲线使用绿色的默认线型。为第二条曲线指定蓝色的虚线样式、圆圈为标记记号，为第三条曲线指定颜色为红色、星号标记记号。代码运行结果见图 9-4。

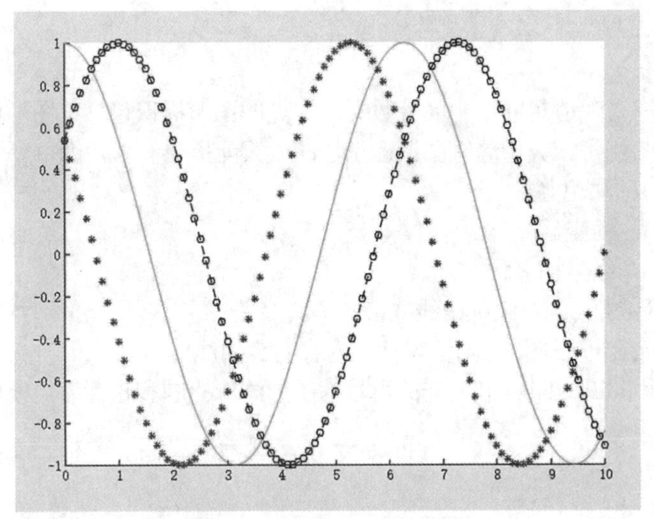

图9-4 指定线型、颜色和标记

例9-5 指定线宽、标记大小和标记颜色。

Ex_9_5.m

```
x = 0:1:10;
y = 2*sin(x)-log(x);
plot(x,y,'--gs',...
        'LineWidth',2,...                    % 设置曲线粗细
        'MarkerSize',10,...                  % 标记大小
        'MarkerEdgeColor','b',...            % 标记边颜色
        'MarkerFaceColor',[0.5,0.5,0.5])     % 标记面颜色
```

代码的运行结果如图9-5所示。

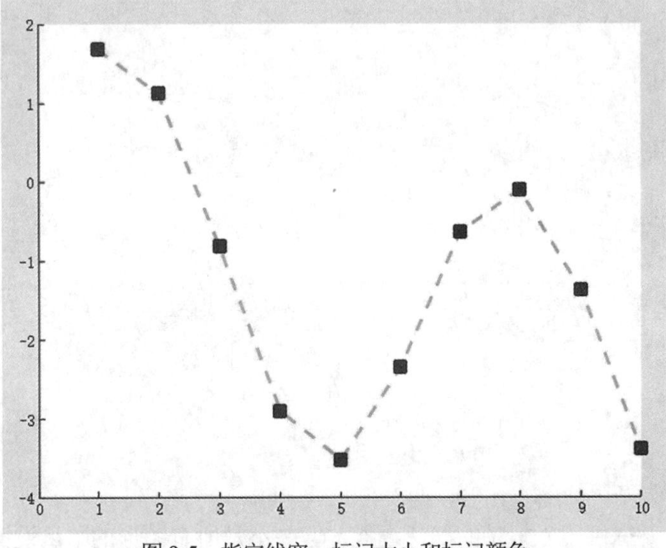

图9-5 指定线宽、标记大小和标记颜色

9.1.3　图形标识

图形标识能够直观地帮助用户区分数据，常见的图形标识包括：图形标题、坐标轴名称、图形注释、图例等。关于这些图形标识，北太天元提供有以下命令。

- title(S)：标注题名。
- xlabel(S)：横坐标名称。
- ylabel(S)：纵坐标名称。
- legend(S1, S2, …)：绘制曲线线形图例。
- text(xt, yt, S)：在图(xt, yt)位置标注内容为 S 的注释。

例 9-6　使用 title、xlabel 和 ylabel 函数为图形添加标题和轴标签，使用 text 函数添加注释。

Ex_9_6.m

```
x = 0:0.1:6;
plot(x, sin(x))
title('2-D Line Plot')
xlabel('x')
ylabel('sin(x)')
text(pi/2, 0.9, '极大值', 'Fontsize', 16)
```

以上代码的运行结果如图 9-6 所示。

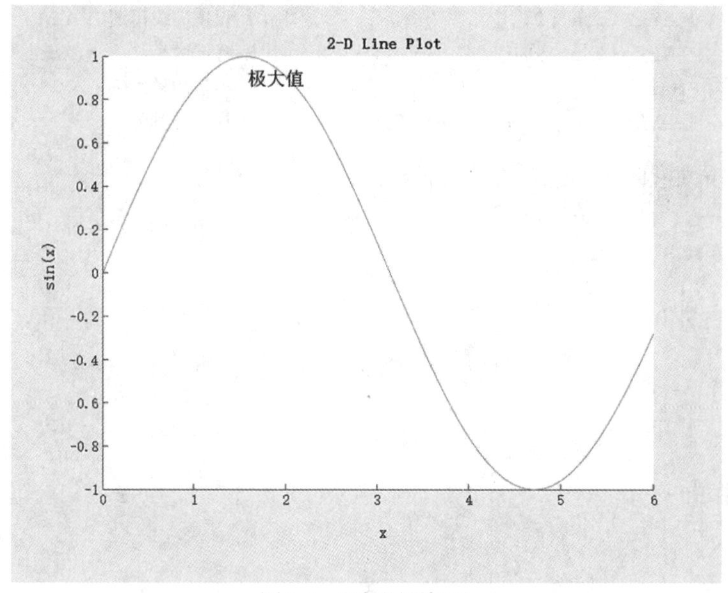

图 9-6　添加图形标识

9.1.4　坐标与刻度

尽管北太天元提供了坐标轴的默认设置，但并不是所有图形的默认设置都是最好的。用户可以根据需要和偏好来调整坐标轴的取向、范围、刻度、高宽比等属性。

1. 坐标控制

北太天元提供命令 axis 设置坐标轴，表 9-3 列出了常用的坐标控制命令，更详细的说明请参考帮助文档。

表 9-3　常用的坐标控制命令

命令	含义	命令	含义
axis(limits)	指定当前坐标区的范围	axis auto	自动选择所有坐标轴范围。
axis manual	使当前坐标范围不变。	axis fill	启用“伸展填充”行为
axis off	取消坐标区背景	axis on	显示坐标区背景
axis normal	还原默认行为	axis square	使用相同长度的坐标轴线。
axis equal	每个坐标轴使用相同的单位长度。	axis image	每个坐标区使用相同的单位长度，并使坐标区框紧密围绕数据。

例 9-7　坐标轴设置使用示例。

Ex_9_7.m

```
x = -1:0.01:1;
y = 1/x;
plot(x, y, '-ro')
```

以上代码的运行结果如图 9-7 所示。

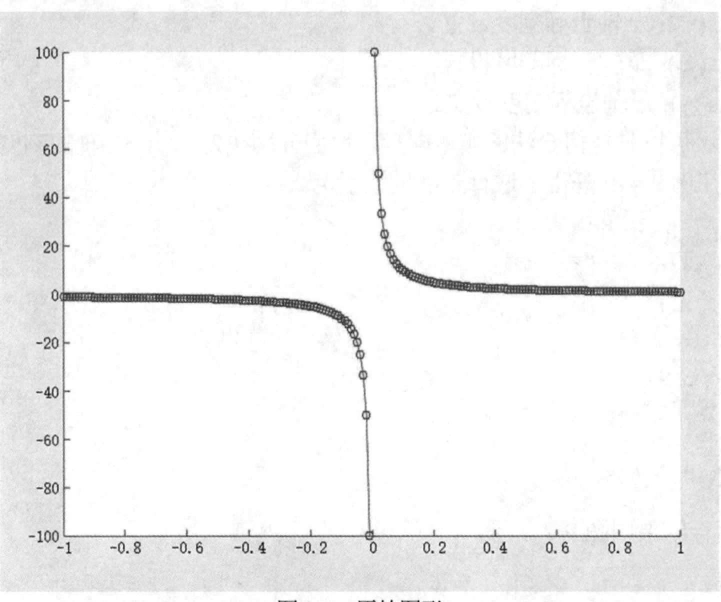

图 9-7　原始图形

使用 axis 命令 axis([-0.1, 0.11, -200, 200])后，得到的图形为图 9-8。

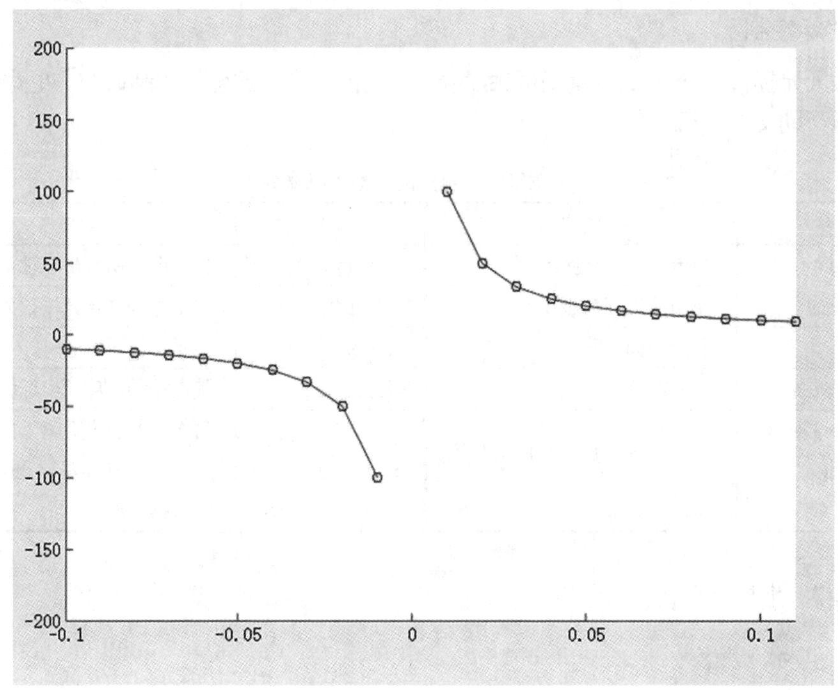

图 9-8　设置过坐标轴之后的图形

2. 刻度

北太天元中有现成的高层指令用于设置坐标刻度，包含 xticks，yticks 和 zticks。

- xticks(xs)：*x* 轴坐标刻度设置。
- yticks(ys)：*y* 轴坐标刻度设置。
- zticks(zs)：*z* 轴坐标刻度设置。

xs，ys，zs 可以是任何合法的实数向量，他们分别决定 *x*，*y*，*z* 轴的刻度。

例 9-8　在例 9-4 的基础上进行刻度设置示例。

Ex_9_8.m

```
x = 0:0.1:10;
y1 = cos(x);
y2 = cos(x-1);
y3 = cos(x+1);
plot(x,y1,'g',x,y2,'b--o',x,y3,'r*')
xticks([pi-1, pi+1])
yticks([-1, -0.5, 0, 0.5, 1])
```

以上代码的运行结果如图 9-9 所示。

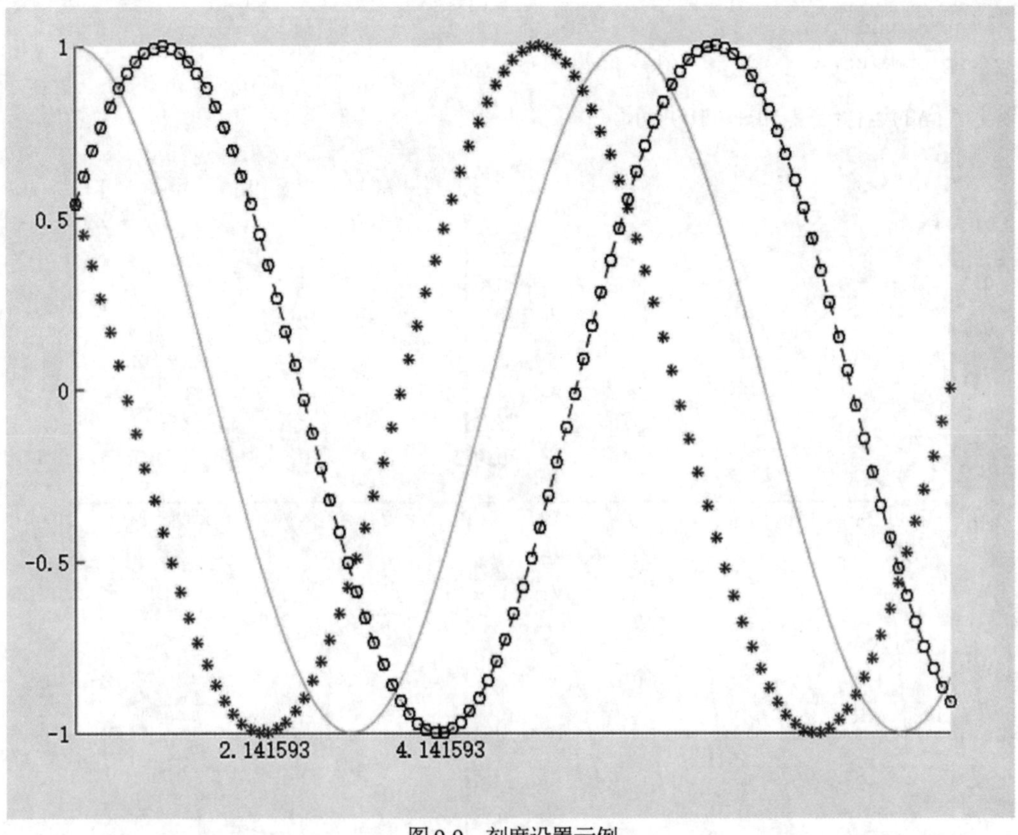

图 9-9 刻度设置示例

9.1.5 子图

本小节介绍子图的绘制方法。北太天元允许用户在同一图形窗口内布置几幅独立的子图，具体的调用语法如下：

➢ subplot(m, n, p)：使 $m \times n$ 幅子图中的第 p 幅成为当前幅。子图的编号顺序是左上方为第 1 幅，向右下依次排序。

例 9-9 subplot 函数调用示例一。

Ex_9_9.m

```
x = 0:0.01:10;
y11 = exp(-0.1*x);
y12 = -exp(-0.1*x);
y21 = exp(-0.1*x).*cos(4*x);
ax11 = subplot(2,2,1);
ax12 = subplot(2,2,2);
ax21 = subplot(2,2,3);
ax22 = subplot(2,2,4);
plot(ax11, x, y11)
plot(ax21, x, y21)
```

```
plot(ax12, x, y12)
plot(ax22, x, y11, x, y12, x, y21)
```

以上代码的运行结果如图 9-10 所示。

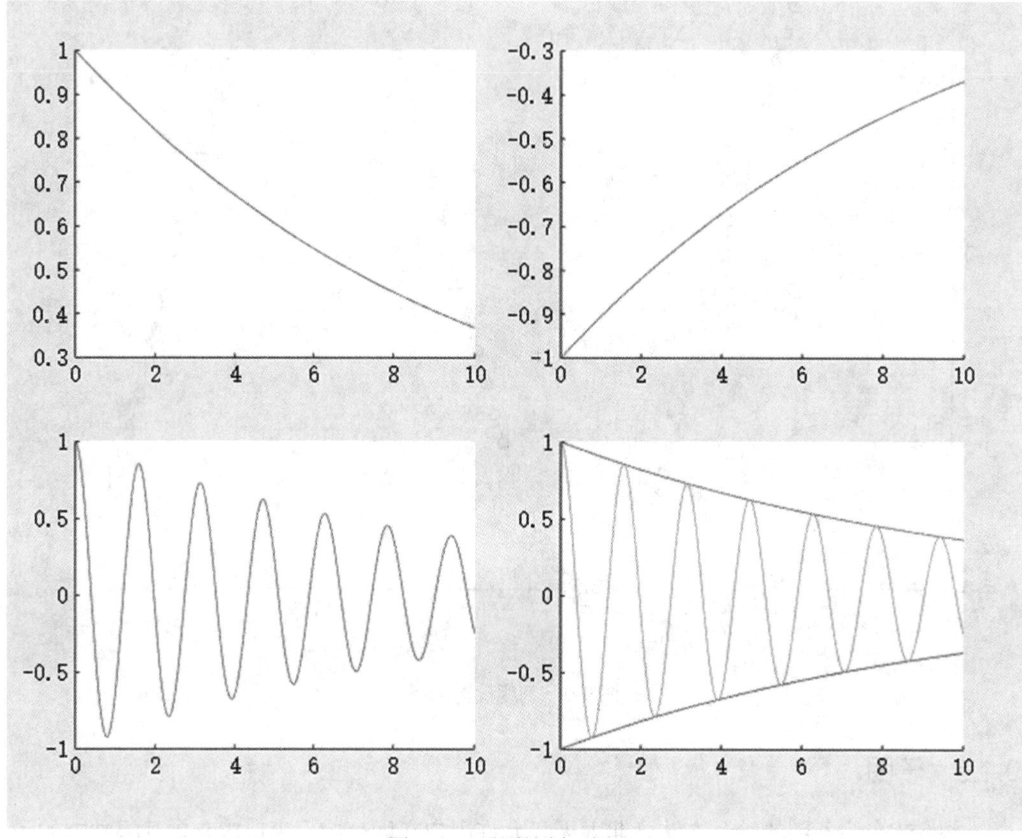

图 9-10　子图绘制示例一

例 9-10　subplot 函数调用示例二。

Ex_9_10.m

```
x = 1:0.1:10;
for i = 1:5
subplot(5, 1, i)                        % 子图位置
plot(x, sin(i*x))                       % 绘制图形
set(gca, 'xtick', [], 'ytick', [])      % 设置坐标轴
end
set(gca, 'xtickMode', 'auto')           % 重新设置最底层子图的 x 轴
```

以上代码的运行结果如图 9-11 所示。

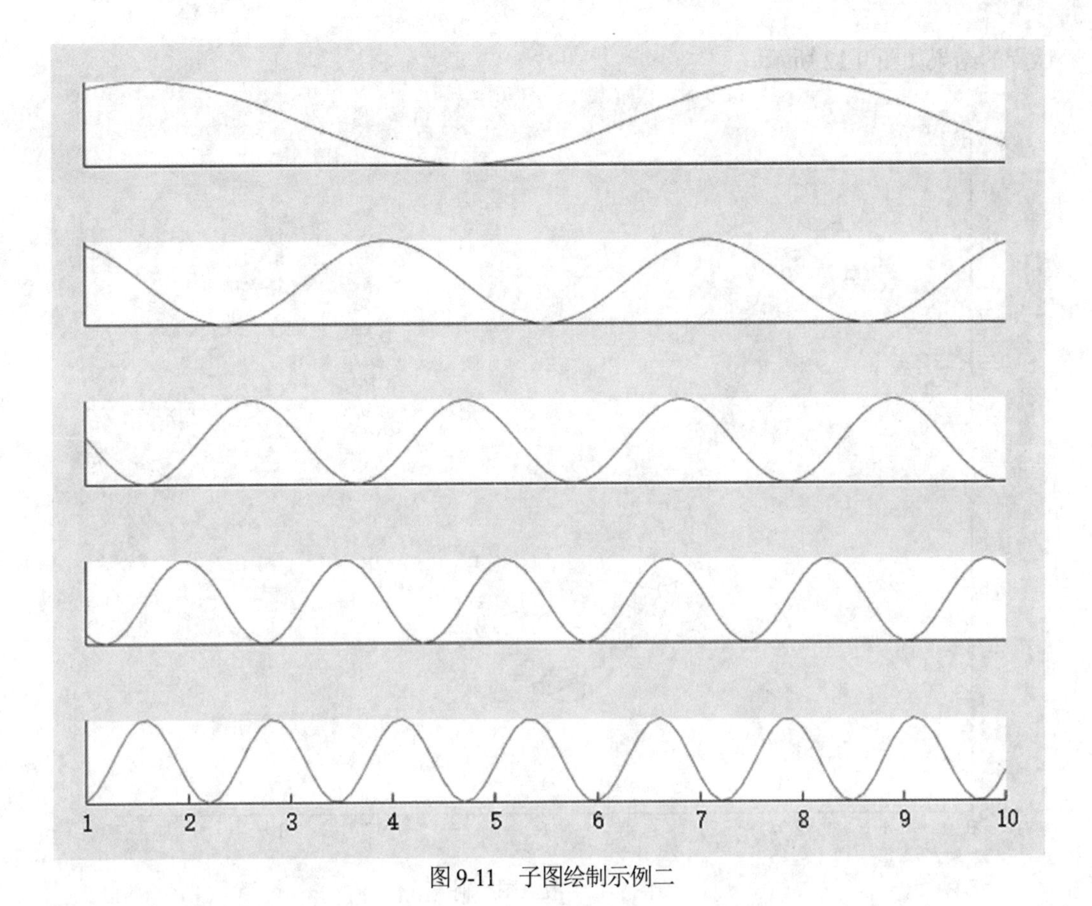

图9-11 子图绘制示例二

9.1.6 其他二维图形

1. 散点图

在北太天元中，可以使用函数 scatter 绘制散点图，常用语法如下：

- scatter(x,y)：在向量 x 和 y 指定的位置创建圆形标记的散点图。
- scatter(x,y,sz)：指定散点的大小和颜色。将 sz 指定为标量时，所有散点使用相同的大小，将 sz 指定为向量或矩阵时，绘制不同大小的散点。
- scatter(x,y,sz,c)：指定圆颜色。您可以为所有圆指定一种颜色，也可以更改颜色。例如，您可以通过将 c 指定为 'red' 来绘制所有红色圆。

例 9-11 绘制带有噪声的正弦函数

Ex_9_11.m

```
x = 0:0.05:10;
y = sin(x)+0.1*randn(1,length(x));
scatter(x,y)
hold on
plot(x, sin(x))
```

运行的结果如图 9-12 所示。

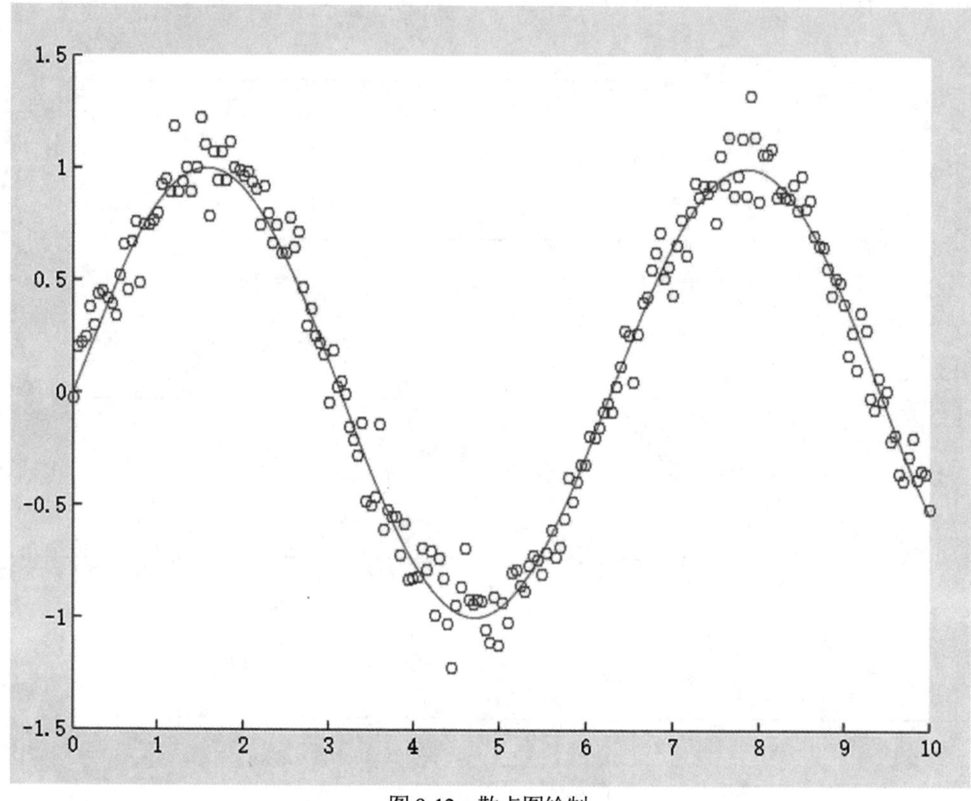

图 9-12　散点图绘制

2. 条形图

在北太天元中使用函数 bar 来绘制纵向二维条形图，默认情况下，用 bar 函数绘制的条形图将矩阵中的每个元素均表示为“条形”，横坐标为矩阵的行数，“条形”的高度表示元素值。其调用语法如下。

- bar(X, Y)：*X* 是坐标，*Y* 是高度，条形的跨度是 *x* 轴坐标的最小间距。
- bar(Y)：对 *Y* 绘制条形图。如果 *Y* 为矩阵，*Y* 的每一行聚集在一起。横坐标表示矩阵的行数，纵坐标表示矩阵元素值的大小。

例 9-12　使用 bar 函数绘图示例。

Ex_9_12.m

```
clear; clc
Y = round(rand(5, 1)*10);          % 随机产生一个向量，每个元素为 1-10 之间的整数
bar(Y)                             % 绘制纵向条形图
```

运行的结果如图 9-13 所示。

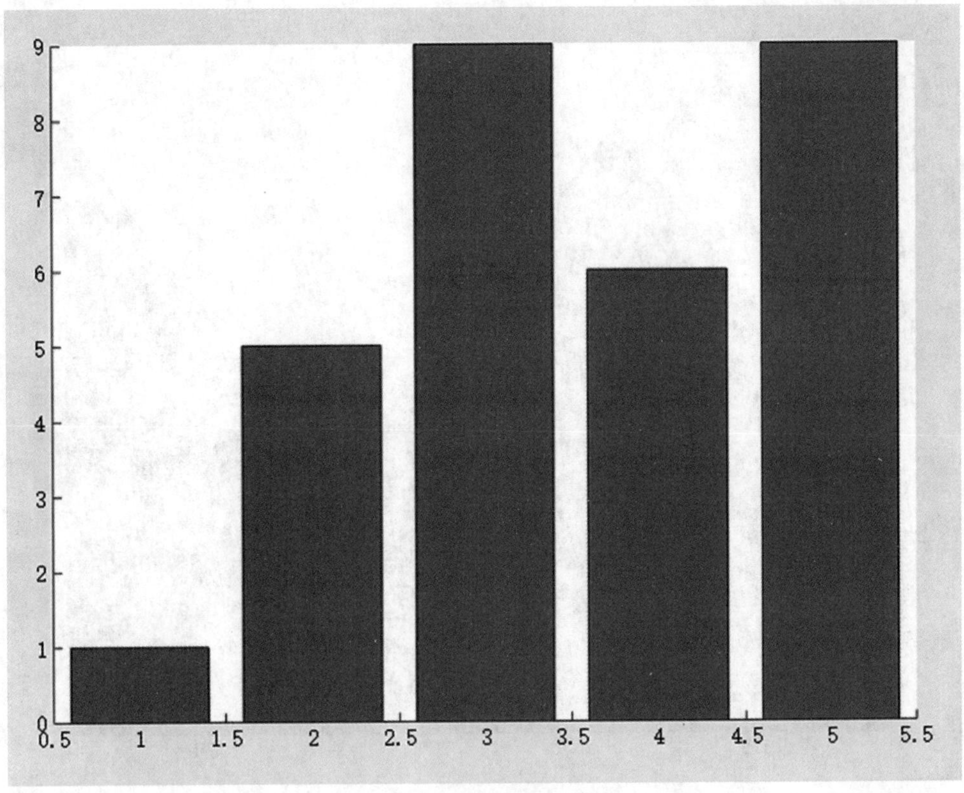

图 9-13 条形图示例

3. 区域图

区域图用于显示向量或者矩阵中的元素在对应的 x 下，在所有元素中所占的比例。默认情况下，函数 area 将矩阵中各行的元素集中，将这些值绘成曲线，并填充曲线和 x 轴之间的空间。其调用语法如下。

- area(Y)：绘制向量 Y。
- area(X, Y)：绘制 Y 中的值对 x 轴坐标 X 的图。然后，该函数根据 Y 的形状填充曲线之间的区域：如果 Y 是向量，则该图包含一条曲线。area 填充该曲线和水平轴之间的区域。如果 Y 是矩阵，则该图对 Y 中的每列都包含一条曲线。area 填充这些曲线之间的区域并堆叠它们，从而显示在每个 x 坐标处每个行元素在总高度中的相对量。

例 9-13 area 函数调用示例。

Ex_9_13.m

```
Y = [1 2 3; 3 5 7; 1 3 2; 3 10 2];
area(Y)
```

运行结果如图 9-14 所示。

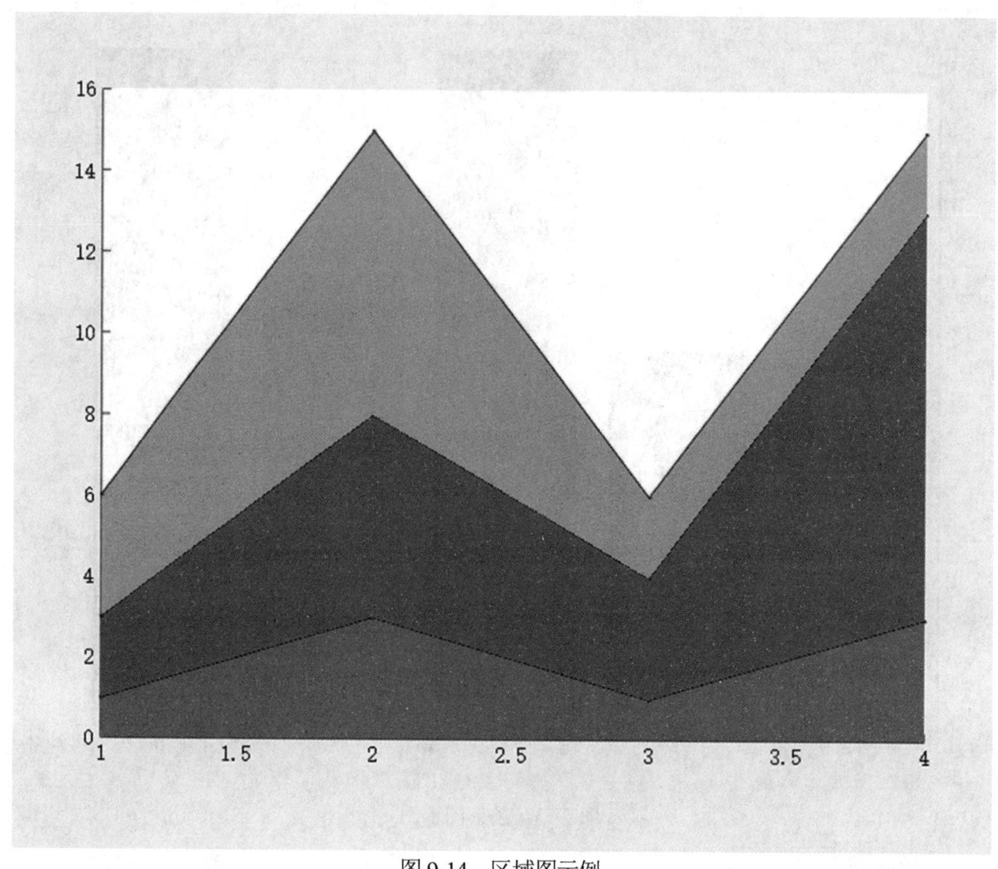

图 9-14 区域图示例

4. 饼状图

在统计学中，经常要使用饼形图来表示各个统计量占总量的份额。在北太天元中可以使用 pie 函数来绘制二维饼形图，可以显示向量或矩阵中的元素占总体的百分比，其调用语法如下：

- pie(x)：使用 x 中的数据绘制饼图。饼图的每个扇区代表 x 中的一个元素。如果 sum(x) ≤1，x 中的值直接指定饼图扇区的面积。如果 sum(x) < 1，pie 函数仅绘制部分饼图。如果 sum(x) > 1，则 pie 通过 x /sum(x)对值进行归一化，以此确定饼图的每个扇区的面积。

例 9-14 使用函数 pie 绘制二维饼形图示例。

Ex_9_14.m

```
x = [1 7 4 2.5 2];
pie(x)
```

运行结果如图 9-15 所示。

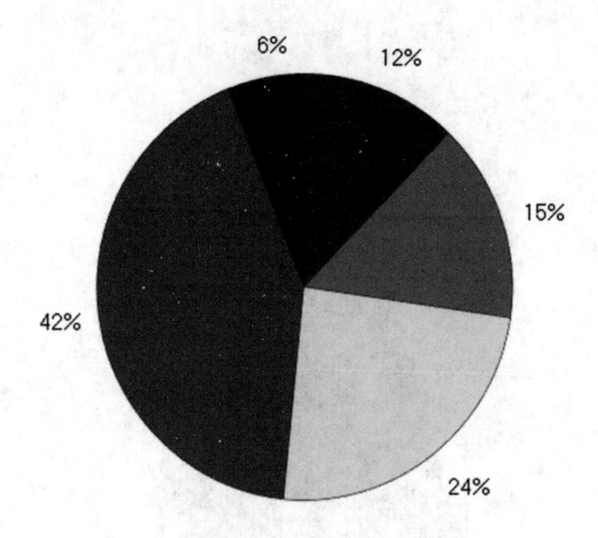

图9-15 饼形图示例

5. 直方图

直方图用于直观地显示数据的分布情况。在北太天元中提供了两个函数用于直方图的绘制：histogram 和 polarhistogram。histogram 主要是用于直角坐标系直方图的绘制；polarhistogram 主要用于极坐标系下直方图的绘制。下文主要介绍 histogram 函数的用法。histogram 函数的调用语法如下。

- n = histogram(y)：绘制 y 的直方图。
- n = histogram(y, nbins)：使用标量 nbins 指定 bin 的数量。
- histogram(y, edges)：将 y 划分为由向量 edges 来指定 bin 边界的 bin。
- histogram('BinEdges', edges, 'BinCounts', counts)：手动指定 bin 边界和关联的 bin 计数。histogram 绘制指定的 bin 计数。
- histogram(__, Name,Value)：使用前面的任何语法指定具有一个或多个 Name, Value 对组参数的其他选项。
- histogram(ax, __)：将图形绘制到 ax 指定的坐标区中，而不是当前坐标区(gca)中。

例 9-15 histogram 函数绘制直方图示例。

Ex_9_15.m

```
y = randn(10000, 1);
histogram(y, 60)
```

运行结果如图 9-16 所示。

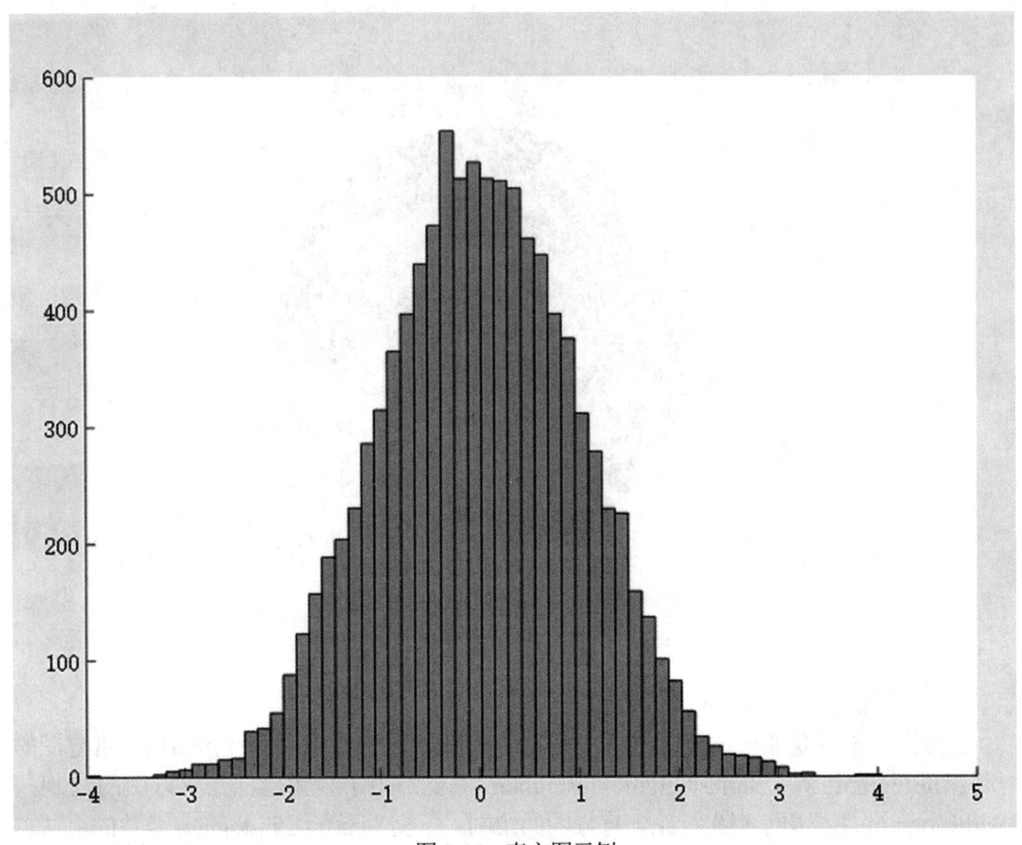

图 9-16　直方图示例

6. 离散序列数据图

在北太天元中，可以使用函数 stem 生成二维离散序列图形。stem 函数调用语法如下。

- stem(Y)：绘制 *Y* 的数据序列，图形起始于 *X* 轴，并在每个数据点处绘制一个小圆圈。
- stem(X, Y)：按照指定的 *X* 绘制数据序列 *Y*。

例 9-16　绘制离散序列数据示例。

Ex_9_16.m

```
t = linspace(0*pi, 8*pi, 50); %创建 50 个位于 0 到 8*pi 之间的等间隔的数
stem(t, cos(t)); %绘制离散序列数据图
```

运行结果如图 9-17 所示。

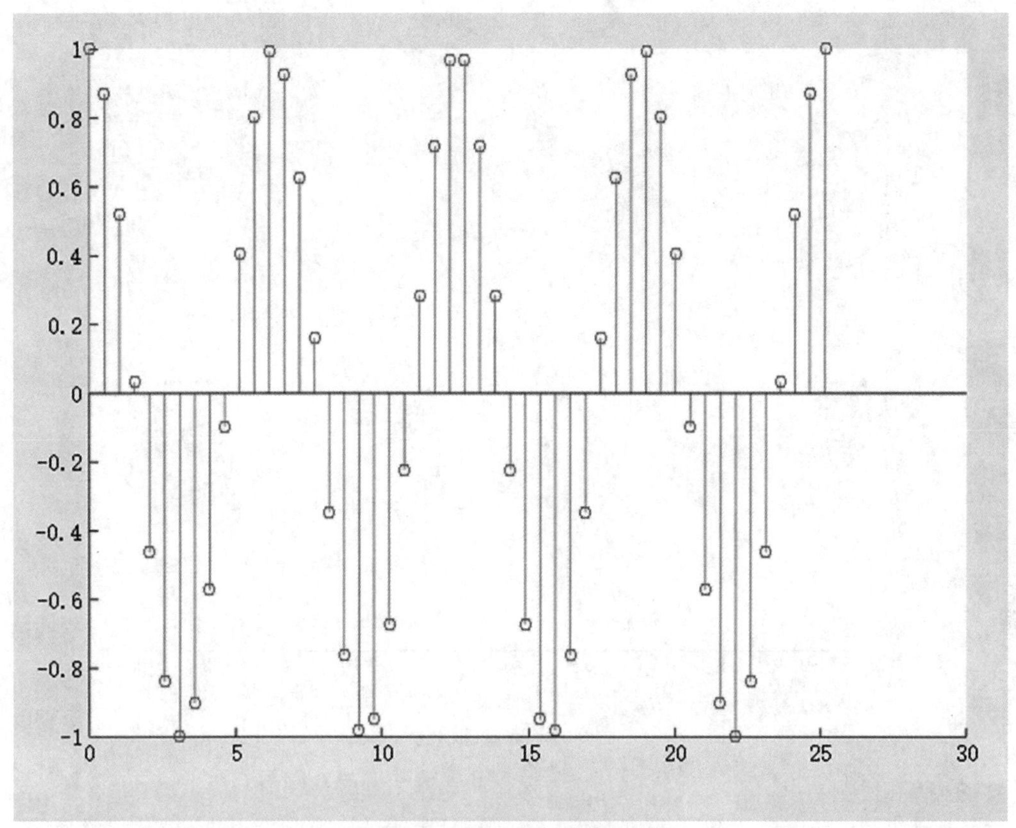

图 9-17 离散序列数据图示例

7. 向量图

在北太天元中可以绘制向量图，用于绘制向量图的函数为 quiver。在函数 quiver 中，向量是由一个或两个参数指定，指定向量相对于原点的 x 分量和 y 分量。如果输入一个参数，则将参数视为复数，复数的实部为 x 分量，虚部为 y 分量；如果输入两个参数，则分别为向量的 x 分量和 y 分量。

quiver 函数用来绘制箭状图或者向量图，其调用语法如下：

➢ quiver(x, y, u, v)：绘制向量图，参数 x 和 y 用于指定向量的位置，u 和 v 用于指定要绘制的向量。

➢ quiver(u, v)：绘制向量图，向量的位置为默认值。

例 9-17 绘制函数的向量图。

Ex_9_17.m

```
[x, y] = meshgrid(linspace(-2, 2, 10));
u = x; v = y;
axis square
quiver(x, y, u, v)
```

运行结果如图 9-18 所示。

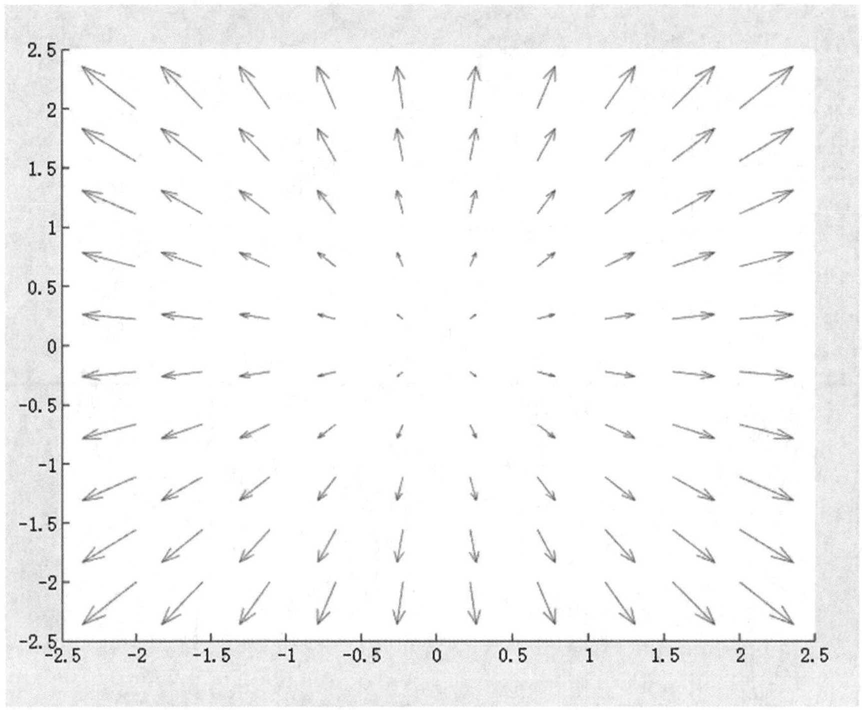

图 9-18　向量图示例

8. 等高线图

等高线用于创建、显示并标注由一个或多个矩阵确定的等值线。北太天元中提供有一些函数用于绘制等高线，如表 9-4 所示。

表 9-4　等高线绘制函数

函数名	功能	函数名	功能
contour	显示矩阵 Z 的二维等高线图	meshc	创建一个匹配有二维等高线图的网格图
contourf	显示矩阵 Z 的二维等高线图，并在各等高线之间用实体颜色填充	surfc	创建一个匹配有二维等高线图的曲面图

这里只介绍最常用的函数 contour，其他函数请读者自行查阅帮助文档。contour 函数用于绘制二维等高线图，其调用语法如下。

- contour(Z)：绘制矩阵 Z 的等高线，绘制时将 Z 在 x-y 平面插值，等高线数量和数值由系统根据 Z 自动确定。
- contour(X, Y, Z)：绘制矩阵 Z 的等高线，坐标值由矩阵 X 和 Y 指定，矩阵 X，Y，Z 的维数必须相同。
- contour(X, Y, Z,"ShowText","on")：绘制矩阵 Z 的等高线，坐标值由矩阵 X 和 Y 指定三维图形，通过 ShowText 后的参数为“on”或者“off”，设置图像是否显示标注。

例 9-18 绘制带标注的等高线。

Ex_9_18.m

```
[X, Y] = meshgrid(-2:0.1:2);
Z = X.^2+Y.^2
contour(X, Y, Z, "ShowText", "on")
```

运行结果如图 9-19 所示。

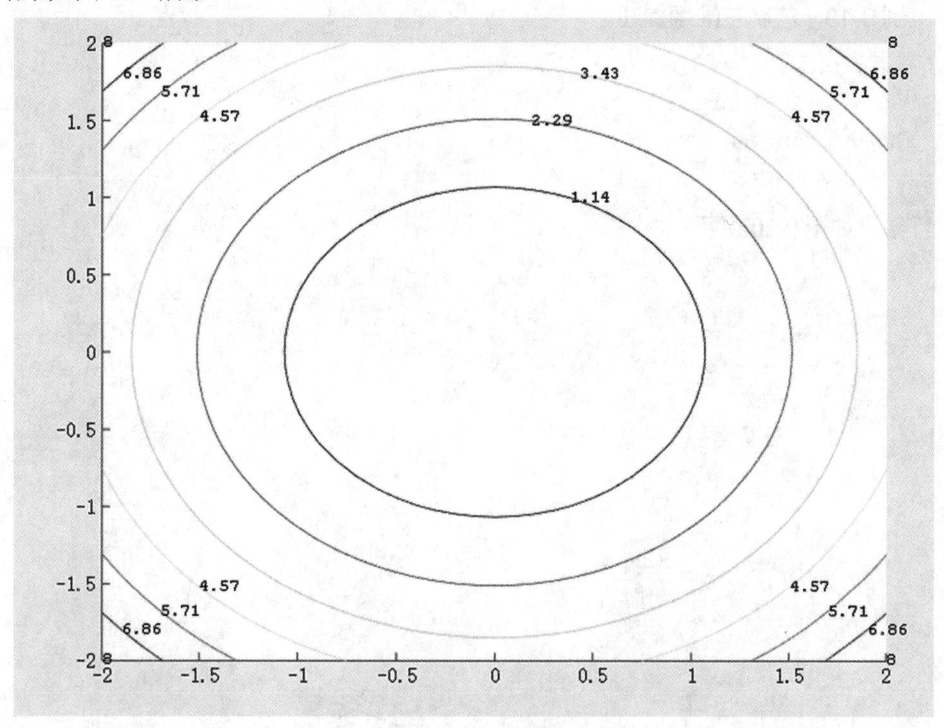

图 9-19 带标注的等高线

§ 9.2 三维绘图

除了绘制二维图形，北太天元还提供一系列三维图形绘制函数，下文将选取部分常用函数进行详细说明。

9.2.1 绘制三维曲线

在北太天元中，plot3 函数用于绘制三维曲线图。该函数的用法和 plot 类似，其调用语法如下。

- plot3(X, Y, Z)：绘制三维空间中的坐标。要绘制由线段连接的一组坐标，请将 *X*，*Y*，*Z* 指定为相同长度的向量。要在同一组坐标轴上绘制多组坐标，请将 *X*，*Y*，*Z* 中的至少一个指定为矩阵，其他指定为向量。
- plot3(X, Y, Z, LineSpec)：使用指定的线型、标记和颜色创建绘图。

- plot3(X1, Y1, Z1, ..., Xn, Yn, Zn)：在同一组坐标轴上绘制多组坐标。使用此语法作为将多组坐标指定为矩阵的替代方法。
- plot3(X1, Y1, Z1, LineSpec1, ..., Xn, Yn, Zn, LineSpecn)：可为每个(*X*，*Y*，*Z*)三元组指定特定的线型、标记和颜色。您可以对某些三元组指定 LineSpec，而对其他三元组省略它。
- plot3(..., Name, Value)：使用一个或多个名称值对组参数指定 Line 属性。

例 9-19 绘制三维螺旋线。

Ex_9_19.m

```
t = 0:pi/50:10*pi;
plot3(sin(t), cos(t), t);
axis square;
```

运行结果如图 9-20 所示。

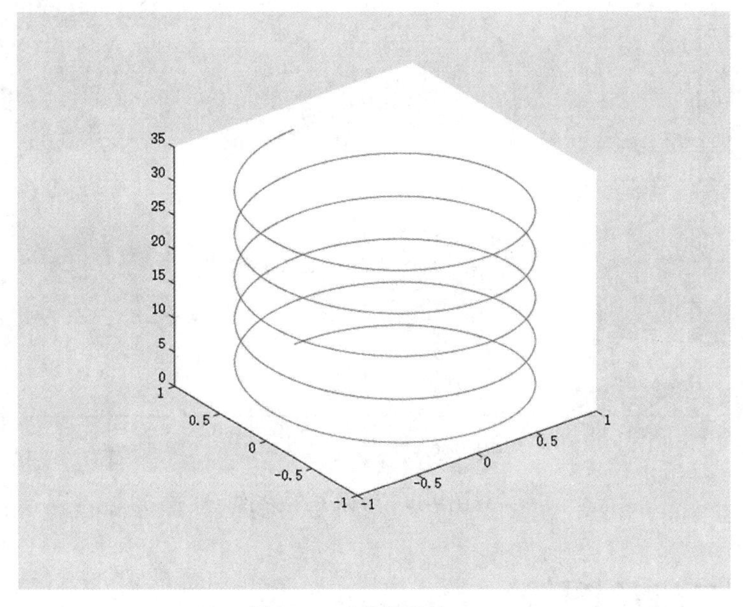

图 9-20 三维螺旋线

9.2.2 绘制三维曲面

在北太天元中，除了plot3 函数可用于绘制三维图形外，还有一些函数可以用来绘制三维网格图和曲面图。下面分别介绍这些函数。

1. 三维网格曲面图

mesh 函数用于绘制三维网格曲面图，其调用语法如下。

- mesh(X, Y, Z)：创建一个网格图，该网格图为三维曲面，有实色边颜色，无面颜色。该函数将矩阵 *Z* 中的值绘制为由 *X* 和 *Y* 定义的 *x*-*y* 平面中的网格上方的高度。边颜色因 *Z* 指定的高度而异。

➢ mesh(Z)：创建一个网格图，并将 Z 中元素的列索引和行索引用作 x 坐标和 y 坐标。
➢ mesh(Z, C)：进一步指定边的颜色。
➢ mesh(___, C)：进一步指定边的颜色。
➢ mesh(ax, ___)：将图形绘制到 ax 指定的坐标区中，而不是当前坐标区中。指定坐标区作为第一个输入参数。
➢ mesh(___, Name, Value)：使用一个或多个名称-值对组参数指定曲面属性。例如，'FaceAlpha', 0.5 创建半透明网格图。

例 9-20 绘制函数 $z = x^2 + y^2$ 的网格曲面图。

Ex_9_20.m

```
x = -4:.2:4;
y = x;
[X, Y] = meshgrid(x, y);
Z = X.^2+Y.^2;
mesh(X, Y, Z)
```

以上代码的运行结果如图 9-21 所示。

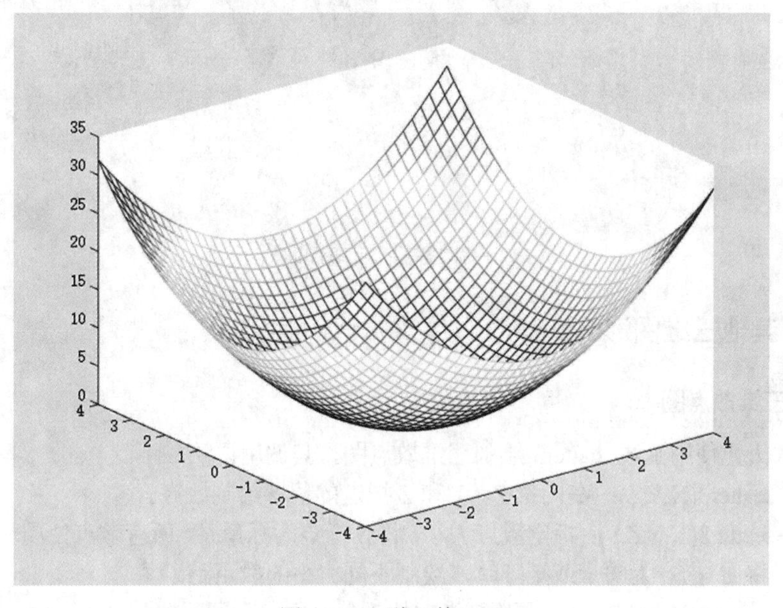

图 9-21 三维网格

2. 三维曲面图

函数 surf 用来绘制三维表面图形，其调用语法如下。

➢ surf(X, Y, Z)：创建一个三维曲面图，它是一个具有实色边和实色面的三维曲面。该函数将矩阵 Z 中的值绘制为由 X 和 Y 定义的 x-y 平面中的网格上方的高度。曲面的颜色根据 Z 指定的高度而变化。
➢ surf(Z)：创建一个曲面图，并将 Z 中元素的列索引和行索引用作 x 坐标和 y 坐标。

例 9-21　绘制三维曲面图。

Ex_9_21.m

```
[X, Y] = meshgrid(1:0.5:20,1:20);
Z = sin(X) + cos(Y);
surf(X, Y, Z)
```

以上代码的运行结果如图 9-22 所示。

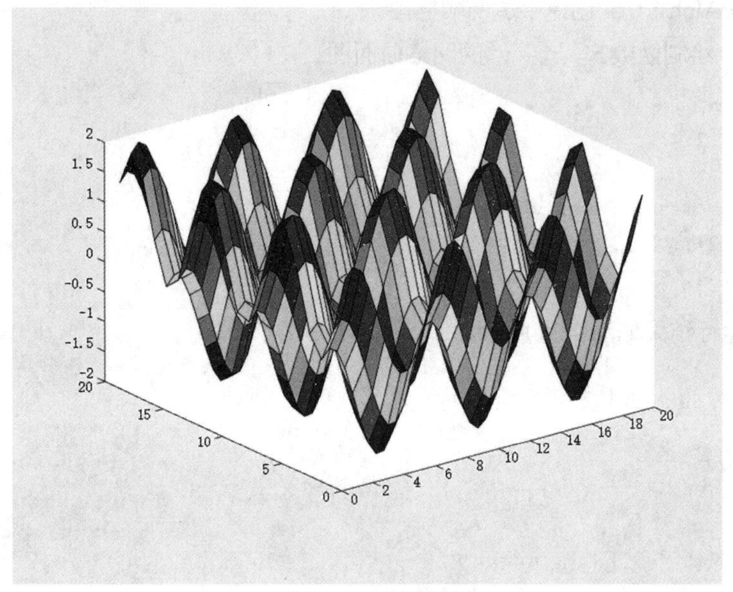

图 9-22　三维曲面

9.2.3　其他三维图形

1. 三维散点图

北太天元使用函数 scatter3 绘制三维散点图，其调用语法如下。

- scatter3(X,Y,Z)：在向量 *Z*，*Y* 和 *Z* 指定的位置绘制散点。
- scatter3(X,Y,Z,S)：指定散点大小，将 *S* 指定为标量时，所有散点使用相同的大小，将 S 指定为向量或矩阵时，绘制不同大小的散点。
- scatter3(X,Y,Z,S,C)：使用 *C* 指定的颜色绘制每个圆圈。

例 9-22　仿照例 9-19，绘制三维散点图。

Ex_9_22.m

```
t = 0:pi/50:10*pi;
x = sin(t);
y = cos(t);
z = t;
scatter3(x,y,z);
axis square;
```

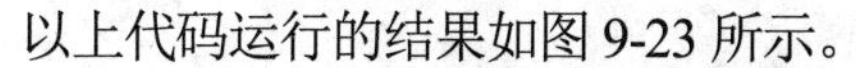

以上代码运行的结果如图9-23所示。

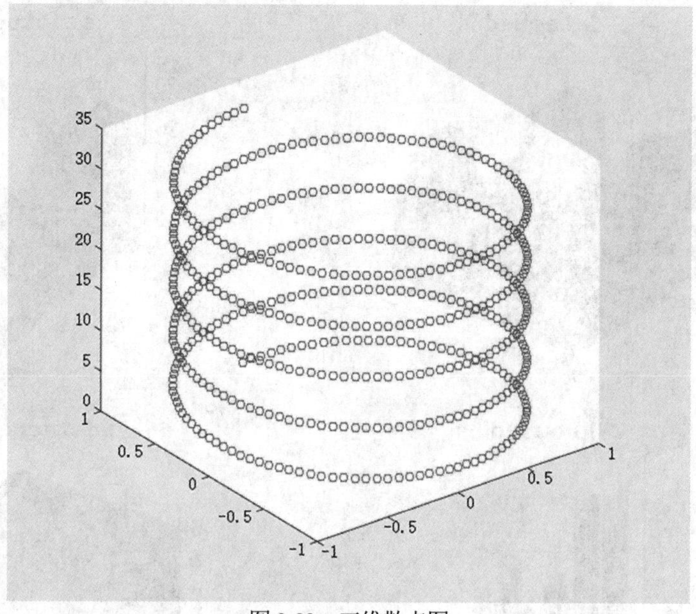

图9-23　三维散点图

2. 三维条形图

北太天元使用函数bar3和bar3h绘制三维条形图，后者是前者的水平版本。函数bar3的常用调用语法如下。

- bar3(z)：为 z 的元素创建一个三维条形图。每个条形对应于 z 中的一个元素。
- bar3(y,z)：在 y 中指定的 y 值处创建 z 中元素的条形图。如果 z 是矩阵，则 z 中位于同一行内的元素将出现在 y 轴上的相同位置。

例9-23　绘制三维条形图。

Ex_9_23.m

```
X = rand(5,5)*10;
ax1 = subplot(2,2,1);
ax2 = subplot(2,2,2);
ax3 = subplot(2,2,3);
ax4 = subplot(2,2,4);
bar3(ax1, X, 'detached');     % 在对应的 x 和 y 值位置显示每个条形
title(ax1, 'detached');
bar3(ax2, X, 'stacked');      % 将每组显示为以对应的 y 值为中心的相邻条形
title(ax2, 'stacked');
bar3(ax3, X, 'grouped');      % 将每组显示为一个多色条形。条形的长度是组中各元素之和
title(ax3, 'grouped');
bar3h(ax4, X, 'detached');  % 水平条形图
title(ax4, 'detached');
```

以上代码的运行结果如图9-24所示。

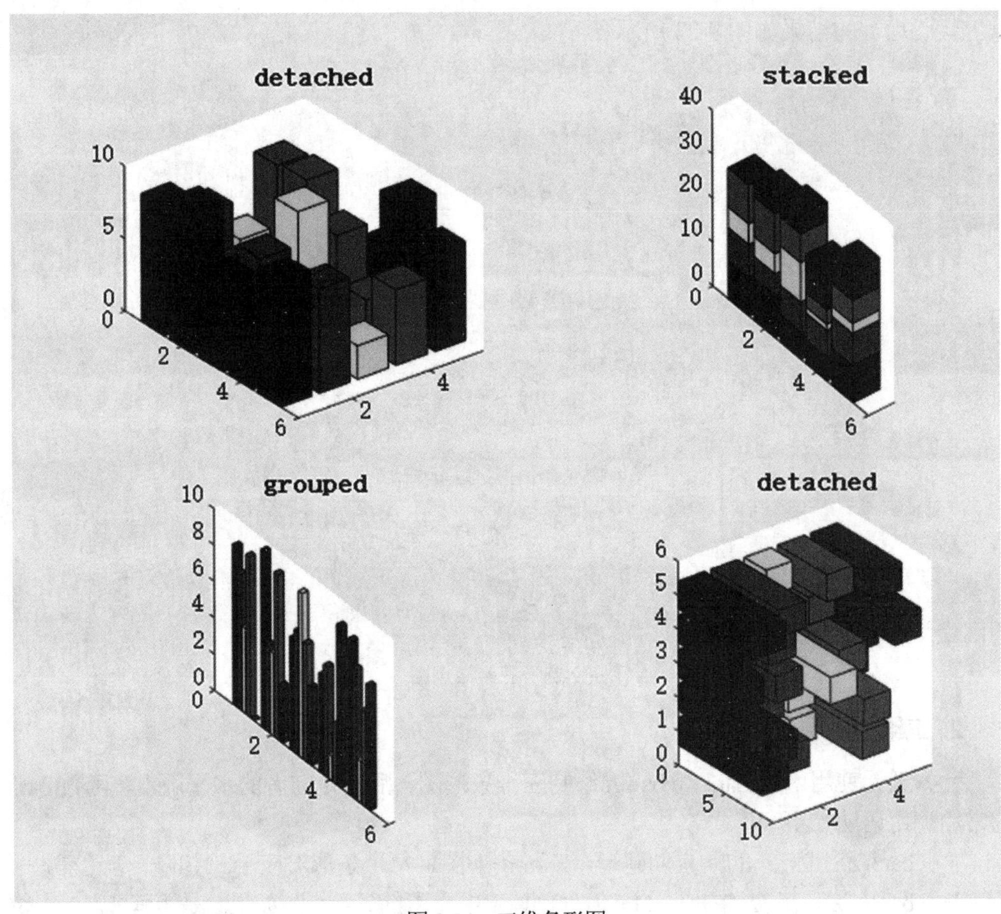

图 9-24　三维条形图

3. 三维等高线图

与二维情形类似，北太天元使用函数 contour3 绘制三维等高线图，其调用方式如下。

- contour3(Z)：创建一个包含矩阵 *Z* 的等值线的三维等高线图，其中 *Z* 包含 *x-y* 平面上的高度值。北太天元会自动选择要显示的等高线。*Z* 的列和行索引分别是平面中的 x 和 y 坐标。
- contour3(X,Y,Z)：指定 *Z* 中各值的 *x* 和 *y* 坐标。

例 9-24　绘制三维等高线图。

Ex_9_24.m

```
[X,Y] = meshgrid(-1:.1:1);
Z = exp(X.^2.+Y.^2);
contour3(X,Y,Z,10)                                          % 绘制等高线
hold on
surface(X,Y,Z,'EdgeColor',[.8 .8 .8],'FaceColor','none')  % 绘制表面图
colormap turbo                                              % 设置当前颜色图
```

以上代码运行的结果如图9-25所示。

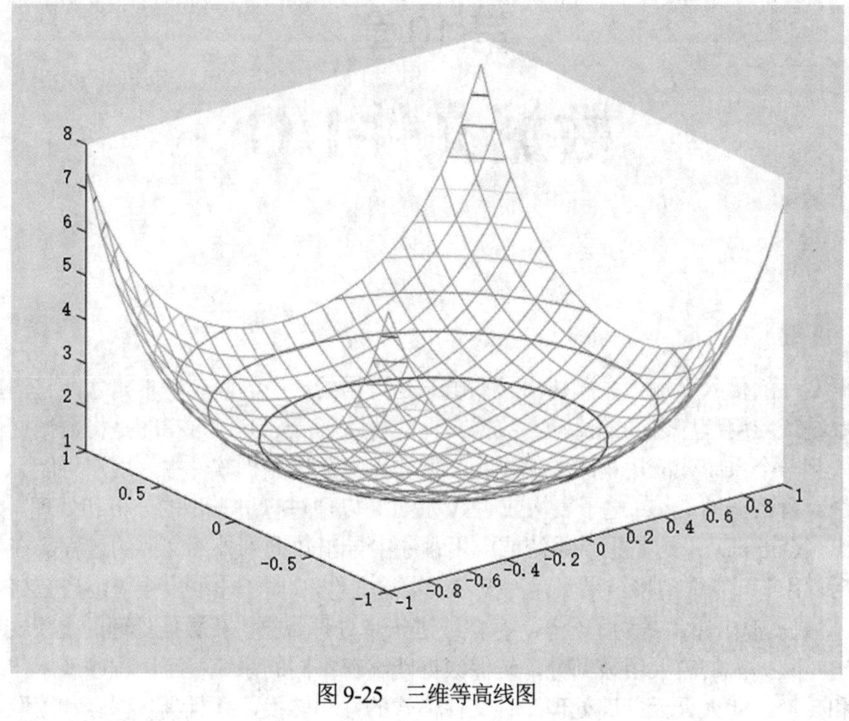

图9-25 三维等高线图

第 10 章

数据文件 I/O

数据文件的传入（输入）和传出（输出）是数据处理中的两个基本概念，它们描述了数据在系统或应用程序之间的流动。数据文件的传入（Input）：这指的是将数据文件从外部源导入到一个系统或应用程序中的过程。例如，在数据分析软件中，用户可能会上传或导入一个包含数据的 Excel 电子表格或 CSV 文件，以便进行进一步的分析和处理。数据文件的传出（Output）：这是指从系统或应用程序中导出数据到外部文件的过程。在数据分析完成后，用户可能希望将结果保存为报告或数据文件，如将分析结果导出为 TEXT、Excel 或 CSV 格式。输出通常是为了分享、存档或进一步处理数据。在数据处理的上下文中，传入和传出是数据流的重要组成部分，确保数据能够在不同的系统、应用程序或用户之间有效移动和转换。北太天元能够处理多种文件格式的互相转换，并且具备保存和读取数据计算结果的功能。它不仅支持直接操作访问磁盘文件，还提供了高级编程接口，方便进行复杂的编程任务。同时，北太天元也具备基础文件读写的能力，使得数据管理更加灵活。在北太天元内，用户可以利用多种文件输入输出函数，这些函数设计精良，能够有效支持各种文件操作需求。这些功能确保了无论是基础的文件处理还是复杂的数据交互，都能顺畅进行。借助北太天元，用户可以实现文件格式的转换、数据的保存与检索，从而提高工作效率和数据管理的灵活性。

§ 10.1 对文件名的处理

文件路径提供了文件在文件系统中的确切位置，显示清晰的文件路径和文件名可以方便用户管理系统中的文件。北太天元提供了方便用户操作处理文件的函数，例如路径的拆分、组合和提取，以及不同文件格式的读写等。接下来，我们将通过示例来展示这些函数的具体用法。

fileparts 可以将文件路径拆分为多个部分，并返回每个部分的信息。这个函数的调用方式如下。

- [FILEPATH,NAME,EXT]=fileparts(FILE)：返回指定文件的路径、文件名和文件扩展名。

FILE 是文件或文件夹的名称，可以包括路径和文件扩展名。FILE 必须为字符行向量、字符串、字符向量元胞数组。该函数将 FILE 中最后一个路径分隔符后的所有字符解释为文件名加扩展名。如果输入仅包含文件夹名称，请确保最右边的字符是路径分隔符(/或\)。否则，fileparts 会将文件的尾随部分解析为文件名而不是文件路径。fileparts 只解析文件名，它不会验证文件或文件夹是否存在。fileparts 依赖于平台，在 Microsoft Windows 系统上，可以使用斜杠"/"或反斜杠"\"作为路径分隔符，即使在同一路径中也是如此。在 Unix 和 MacOS 系统上，仅使用斜杠（/）作为分隔符。

例 10-1　fileparts 函数使用示例。

使用 fileparts 获取指定文件的路径、文件名和扩展名。

```
>> file='C:\Users\w\Desktop\csv_write.m'
file =
  1x30 char
    'C:\Users\w\Desktop\csv_write.m'
>> [filepath, name, ext] = fileparts(file)
filepath =
  1x18 char
    'C:\Users\w\Desktop'
name =
  1x9 char
    'csv_write'
ext =
  1x2 char
    '.m'
```

§ 10.2 北太天元支持的文件格式及操作函数

在进行科学计算的过程中，用户经常需要处理编辑分析大量的数据，这些数据通常是以各种文件的形式储存在磁盘上。在进行数据清理和分析前的重要一步是进行一系列的文件提取、读写的操作，当用户处理完毕所需数据后也需要将更新后的数据储存下来。为方便用户直观地了解北太天元所支持的各种文件格式，表 10-1 展示了北太天元兼容的文件格式和文件扩展名及其相关的操作函数。这些函数设计旨在帮助用户管理和处理多种文件类型，确保在不同操作中能够顺利执行。通过这些工具，用户可以实现对文件的读取、修改和保存，从而提升工作效率和文件管理的便捷性。

表 10-1　北太天元支持的文件格式

文件类型	文件格式	文件扩展名	应用函数及命令名
MAT 文件	北太天元保存文件	.mat	load, save
文本	文本格式	.txt	readmatrix, writematrix
	逗号分隔符的数据	.csv	csvread, readmatrix, writematrix
制表数据	微软 excel 工作表	.xls, .xlsx	readmatrix, writematrix

§ 10.3 如何使用导入 UI 界面

为了方便用户导入和导出文件，北太天元提供了从电脑加载文件并将数据保存到文件中的函数和工具（见表 10-1），但最直接的数据导入方式是利用北太天元内置的数据导入 UI 工具。用户只需指定需要导入的文件类型（如 MAT 或 CSV 文件），北太天元将自动识别并选择合适的方法，将数据载入北太天元的工作环境中。

操作步骤如下：

1. 启动北太天元，并选择“数据”选项。
2. 选择“导入数据”，将弹出数据导入界面对话框（见图 10-1）。
3. 从文件列表中选择目标文件，例如 data.csv，并点击“打开”按钮。
4. 查看文件数据（见图 10-2），并选择导入所需的数据。

如图 10-2 所示，用户可以选择导入数据的输出类型，包括数值矩阵、列向量、字符串矩阵及元胞数组。用户可以自定义导入数据的变量名，并根据实际需求选择替换或者忽略文件中的部分无效项或空单元格数据。

图 10-1　导入数据界面

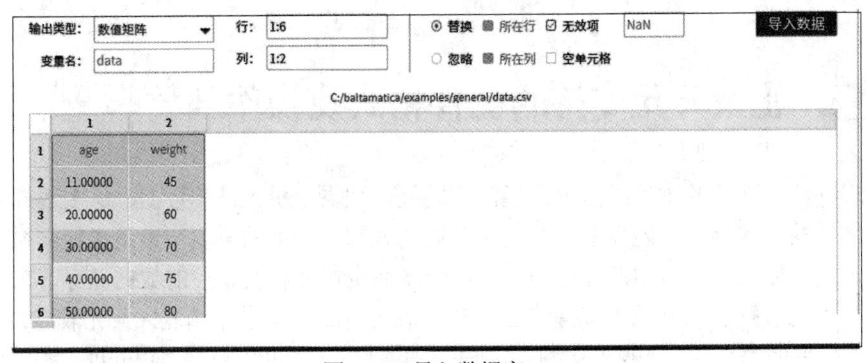

图 10-2　导入数据窗口

当用户利用上述导入模板来打开一个文本文件时，导入模板对话框的预览窗口将仅展示原始数据的一部分。用户可以通过观察该预览区域中的数据来确认文件内容是否为所需数据。这种预览功能允许用户在实际导入之前快速检查数据的格式和准确性，从而避免潜在的错误或数据不一致性。

例 10-2　文件导入使用实例。

文本文件 data.csv 记录了用户的年龄和体重。data.csv 的内容如下：

```
age,weight
11,45
20,60
```

```
30,70
40,75
50,80
```

进行图 10-1 和 10-2 所示的操作后，在图 10-2 中选择所需导入的数据。在本例中，选择以数值矩阵形式导入数据，并将变量命名为 data。随后可以在工作区查看这一变量（见图 10-3）。要详细查看变量内容，双击变量名称（见图 10-4）。

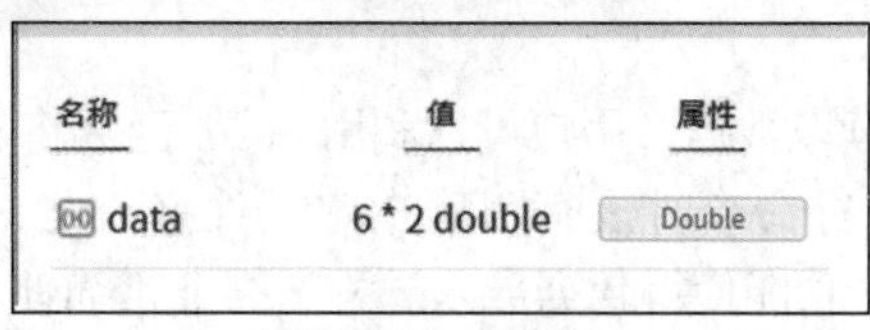

图 10-3　工作区

详细变量

打开变量　所选新建　行: 1　列: 1　插入　删除

data　6*2 double

	1	2	3	4	5	6	7	8
1	NaN	NaN						
2	11.000	45.000						
3	20.000	60.000						
4	30.000	70.000						
5	40.000	75.000						
6	50.000	80.000						

图 10-4　变量详细情况

此外，用户还可以在命令行窗口输入 whos 命令为了确保传入成功并查看工作区的所有变量。

```
>> whos
  Name  Size  Bytes  Class   Attributes

  data  6x2     96  double
```

§ 10.4　MAT 文件的读写

MAT 文件是美国 MathWorks 公司开发的 MATLAB 软件中用于存储数据的一种格式，它能够包含多种类型的数据，如数值、文本、图像等，并以二进制格式存储。在实际应用中，MAT 文件广泛应用于科学研究、数据分析、工程计算等领域，可以存储大型复杂的数据集，并提供高效的数据访问和处理。北太天元能够处理这类 MAT 文件，使用户能够管理和分析存储在这种格式中的数据。通过北太天元，用户可以导入、操作和分析 MAT 文件中的数据，充分利用该格式的存储优势。此外，北太天元还提供了丰富的工具和功能，以便用户能够对 MAT 文件进行各种数据处理任务，如数据提取和写入，从而提升数据分析的便捷性和准确性。

10.4.1 读取 MAT 文件

操作数据的第一步是读取数据，用户可以利用 load 函数将 MAT 或 CSV 文件从硬盘载入到工作区。如果在执行命令时没有明确指定文件名，北太天元会自动加载默认的 baltamatica.mat 文件。这个功能使得数据导入过程变得非常简便，不论是处理数据文件还是快速访问默认数据集。此外，系统还支持从不同的文件格式导入数据，使得用户可以灵活地选择适合的文件类型进行操作。

load 命令的调用语法如下。

- load(filename)：将 MAT 文件中的变量加载到工作区。filename 为字符向量或字符串标量。例如，将文件名指定为 myFile 或 myFile.mat。如果未指定文件名，默认读取当前路径下的 baltamatica.mat。
- load(filename,variables)：读取指定的变量。filename 和 variables 为字符向量或字符串标量。variables 可使用 '*' 通配符匹配模式。例如，load('data.mat','A*') 加载以 A 开头的所有变量。
- load(filename,'-mat')：将 filename 视为 MAT 文件，而不管文件扩展名如何。
- load(filename,'-mat',variables) ：加载 filename 文件中的指定变量。

例 10-3 将 A.mat 文件中的变量导入到结构体数组 s 中。

```
>> s=load("A.mat")
s =
  1x1 struct
    A1: [3x3 double]
    A2: "string"
    A3: [1x3 double]
    A4: [1x2 cell array]
```

10.4.2 写入 MAT 文件

当完成来一系列所需的数据操作后，用户想要把更新后的数据储存下来，便可以通过 save 函数将当前工作区的全部或者部分变量保存成二进制格式的文件。

save 命令的调用语法如下。

- save(filename)：将当前工作区中的所有变量存储在名为 filename 的二进制文件 MAT 文件中。
- filename 为字符向量或字符串标量。例如，将文件名指定为 myFile 或 myFile.mat。如果未指定文件名，则将数据保存到名为 baltamatica.mat 的文件中。如果 filename 不包含扩展名，则会默认补充 .mat 扩展名。如果文件名不包含完整路径，则保存在当前文件夹中。保存路径必须具有写入文件的权限。当第一个参数为 '-struct' 时，会将 '-struct' 后的第二个参数 (非以 '-' 开头的参数) 当作 filename，如 save('-struct',structname,filename,fieldnames)。

- save(filename,variables)：仅存储指定的变量。filename 和 variables 为字符向量或字符串标量。variables 可使用 '*' 通配符匹配模式。例如，save('data.mat','A*') 保存以 A 开头的所有变量。
- save(filename,'-struct',structname,fieldnames)：将标量结构体的字段存储为单个变量。如果使用了 fieldnames 参数，则 save 函数仅存储结构体中的 fieldnames 字段。fieldnames 与variables 具有相同的形式。不能在同一调用中指定 variables 和 '-struct' 来保存数据。

在保存北太天元中的结构体数组时，用户可以选择以下几种保存方式：

- 保存整个结构体数组到 MAT 文件中。
- 将结构体的各个域分别保存为独立变量到 MAT 文件中。
- 仅将指定的域作为独立变量保存到 MAT 文件中。

例 10-4 保存结构体数组实例。例如有如下的结构体数组 s1：

```
s1.a = 22.33; s1.b ="Steve"; s1.c = ' World!';
```

使用 save 命令，可将整个结构体数组保存为 struct_data.mat。

```
>> save('struct_data.mat', 's1');
>> whos
 Name  Size  Bytes  Class   Attributes

  s1    1x1    494  struct
```

调用 save 命令时加入 -struct 参数，可以将结构体各个域分别作为独立变量保存到 MAT 文件中。

```
>> save("struct_data.mat","-struct","s1","a","c")
>> clear
>> load("struct_data.mat")
>> whos
 Name  Size  Bytes  Class   Attributes

  c    1x7       7  char
  a    1x1       8  double
```

§ 10.5 TEXT 文件的读写

TEXT 文件，通常被称为 .txt 文本文件，是一种非常基础且广泛使用的文件格式，用于存储纯文本信息。北太天元配备了用于处理该类文本文件的读写操作的函数。通过这些函数，用户可以方便地读取文本文件中的数据或将数据写入新的文本文件。

10.5.1 TEXT 文本文件的读取

北太天元所提供的数据导入函数可以协助用户需要以命令代码的形式传入数据。用户在挑选特定的导入函数时，需要考虑文本文件内数据的布局结构，确保文本文件中的数据在行列上保持一致，并且通过特定的分隔符来区隔不同的数据元素。分隔符是一种特殊的字符或字符序列，用于在文本或数据流中区分不同的元素或字段。在不同的上下文中，分隔符的用途和形式可能有所不同，可以是空白、逗号、分号或其他用户自定义的符号。分隔符作为数据项之间的界限或标记，对于数据的准确性、可读性和处理效率至关重要，数据本身可以包含字母、数字或两者的组合，正确配置这些参数将确保数据能够准确无误地被导入。

北太天元提供了两种用于导入文本数据的函数，如表 10-2 所示。

表 10-2 导入文本数据函数

函数	数据类型	分隔符	返回值个数
csvread	数值数据	逗号	1
readmatrix	字母和数值	任何字符	多个

1. 导入数值 TEXT 数据

当用户面对的文件仅由数字组成时，可以采用先前提及的两种不同的数据导入方法。用户应根据文件中数据的分隔方式来决定使用哪一种函数。例如，如果文件的每一行都包含相同数量的数值项，那么推荐使用 readmatrix 指令来执行数据的导入操作。

readmatrix 命令的调用语法如下。

- A = readmatrix(filename)：通过从文件中读取列向数据来创建数组。filename 仅支持本地文件，可以是包含文件名和文件扩展名的绝对路径。也可以是当前目录的相对路径。
- A = readmatrix(___, Name, Value)：通过一个或多个名称-值对组参数指定其他选项。

TEXT 文本和电子表格对应的 Name-Value 说明：

"OutputType"

输出数组的数据类型。"OutputType" 可以是任何数字类型、"string" 或"char"。

"FileType"

"text"（.csv 或 .txt 文件）或 "spreadsheet"（.xls 或 .xlsx 文件，没有后缀名时默认为 .xls）。指定 FileType 为 'text' 时，会忽略 filename 的后缀名，按照文本格式读取。

"Range"

使用以下任何语法指定：

- 起始单元格：将数据的起始单元格指定为字符向量、字符串标量或二元素数值向量。
  - 字符向量或字符串标量，其中包含使用 Excel A1 表示法的列字母和行号。例如，A5 是第 A 列与第 5 行相交处的单元格的标识符。
  - 二元素数值向量，形式为 [row col]，表示起始行和列。根据起始单元格，导入函数通过从起始单元格开始导入，并在到达最后一个空行或页脚范围时结束，从而自动检测数据范 围。例如：'A5' 或 [5 1]。

- 矩形范围：由冒号分隔的起始单元格和结束单元格组成，例如"C2:N15"，或包含起始行、起始列、结束行、结束列的四元素数字向量，例如[2 3 15 13]。
- 行范围：包含起始行号和结束行号的字符串或字符向量，用冒号分隔。
- 列范围：包含起始列字母和结束列字母的字符串或字符向量，用冒号分隔。
- 行号：一个数字标量，指示找到数据的第一行。

"NumHeaderLines"

表格数据文件中标题行的行数。

"ExpectedNumVariables"

需要的变量数目。

仅用于文本的名称-值对：

"Delimiter"　　字段分隔符（默认为{" "、"\t"、","、";"、"|"}）。

"Whitespace"　　要视为空白的字符。

"TrimNonNumeric"　　删除非数值字符。

仅用于电子表格的名称-值对：

"Sheet"　　要从中读取数据的工作表

例 10-5 导入数值 TEXT 数据。

文件 testdatal.txt 包含了四行数据，各数据之间由空格进行分隔：

```
1 2 3
4 5 6
7 8 9
10 11 12
```

```
>> testdata1=readmatrix("testdata1.txt") %使用 readmatrix 导入数据
>> whos
Name      Size  Bytes  Class   Attributes

  testdata1  4x3     96  double
>> testdata1
testdata1 =
  4x3 double
  1 2 3
  4 5 6
  7 8 9
  10  11  12
```

这时 testdatal.txt 文件应该位于北太天元的工作目录下，如果该文件是位于北太天元的工作目录下面的 test 目录内，则应使用以下命令：

```
>> readmatrix("test\testdata1.txt")
```

用户能够自定义数据导入后在工作空间中保存的变量名，将数据载入工作空间，并将其存储在指定的变量中，例如变量 x，示例如下：

```
>> x=readmatrix("testdata1.txt")
x =
  1 2 3
  4 5 6
  7 8 9
  10  11  12
```

2. 导入有分隔符的数据条件

当数据文件采用除空白之外的其他字符作为分隔符时，用户拥有多种策略来实现数据的导入。首先用户需要识别数据文件中的分隔符类型，这可能包括但不限于逗号、分号、制表符等。一旦确定了分隔符，可以按照如下示例进行数据导入。

例 10-6 导入有分隔符的数据文件。

假设有一个名为 testdata2.txt 的数据文件，数据内容由分号分隔。

```
1.2; 2.5; 3.2; 4.6
5.4; 6.2; 7.1; 8.2
```

若要将此文件的全部内容读入工作区中的矩阵 *B*，需输入如下命令：

```
>> B=readmatrix("testdata2.txt","Delimiter","; ")
B =
    1.2000    2.5000    3.2000    4.6000
    5.4000    6.2000    7.1000    8.2000
```

通过上述示例，我们可以观察到，调用 readmatrix 函数时，必须在函数的第三个参数位置指定数据文件中使用的分隔符，而第二个参数应填写为 Delimiter 的名称。值得注意的是，即便数据文件中每行的最后一个数据项后没有跟随分号，readmatrix 函数也能够准确地解析数据；同样，如果分号之后有空白存在，readmatrix 也会自动忽略这些空白字符。因此，即便数据的格式不符合常规，如下所示，readmatrix 命令依然能够正常执行：

```
1.2; 2.5;             3.2;          4.6
5.4; 6.2; 7.1;              8.2
```

当文件中的分隔符是空格时，可以使用以下命令将数据读入矩阵 *A*：

```
A = readmatrix("testdata2.txt", "Delimiter", "")
```

如果文件中的相邻数据之间存在多个空格，readmatrix 函数则会将这些数据读为 NaN。

当分隔符是逗号时，可以使用 readmatrix 函数或 csvread 函数来导入文件。例如，文件 testdata3.txt 中的数据如下：

```
1.2, 2.5, 3.2, 4.6
5.4, 6.2, 7.1, 8.2
```

若要将此文件的全部内容读入工作区中的矩阵 *A*，需键入如下命令：

```
>> A=csvread ("testdata3.txt")
A =
```

```
1.2000    2.5000    3.2000    4.6000
5.4000    6.2000    7.1000    8.2000
```

函数 csvread 在处理空格和末尾数据后面的分隔符时的行为与 readmatrix 函数相同。然而，需要注意的是，csvread 函数仅支持逗号作为分隔符。

```
>> help csvread
csvread 只适合用来读取逗号分隔的纯数字文件。
M = csvread(FILENAME) ，直接读取 csv 文件的数据，并返回给 M
```

10.5.2 TEXT 文件的写入

数据写入通常指的是将数据从内存或处理过程传输到某种持久化存储介质或输出设备的过程，确保数据可以之后被安全地存储、传输和访问，通常导出形式为 txt 文本文件或 Excel 电子表格文件。在北太天元中，writematrix 命令可以将矩阵或数组以文本形式写入到一个文本文件中，通常这个文件会有一个.txt 扩展名。

writematrix 命令的调用语法如下。

- writematrix(A)：将同构数组 A 写入以逗号分隔的文本文件。文件名为 matrix.txt。如果 writematrix 无法根据数组名称构造文件名，那么它会写入 matrix.txt 文件中。A 中每个变量的每一列都将成为输出文件中的列。writematrix 函数会覆盖任何现有文件。
- writematrix(A,filename)：写入具有 filename 指定的名称和扩展名的文件。

```
writematrix 根据指定扩展名确定文件格式。扩展名必须是下列格式之一：
    - .txt 或 .csv（适用于带分隔符的文本文件）
    - .xlsx（适用于 Excel 电子表格文件）
```

- writematrix(___,Name,Value)：在包括上述语法中任意输入参数的同时，还可通过一个或多个 Name,Value 对组参数指定其他选项来将数组写入文件中。文本和电子表格对应的 Name-Value 说明。

```
    "FileType"     - "text"（.txt 文件）或 "spreadsheet"（.xlsx 文件）。
                   指定 FileType 为 'text' 时，会忽略 filename 的后缀名，
                   默认保存为文本格式。
                   指定 FileType 为 'spreadsheet' 时，仅支持 filename 后缀名为
                   '.xlsx' 的文件格式保存。
使用以下可选参数 Name/Value 控制数据写入分隔文本文件的方式：
    "Delimiter"     - 文件中使用的分隔符。可以是" "、"\t"、","、";"、"|"或其相应名称
     "space"、"tab"、"comma"、"semi"、"bar"。默认值为","。
    "WriteMode"     - 追加或覆盖现有文件
                  - "overwrite"     - 覆盖文件（如果存在）。这是默认选项。
                  - "append"       - 附加到文件的底部（如果存在）。
电子表格形式的文件：
    "Sheet"        - 要写入的工作表，指定工作表名称，或一个表示工作表索引的正整数。
    "Range"        - 字符向量或标量字符串
```

- 起始单元格：将数据的起始单元格指定为字符向量、字符串标量。例如：'A1'
- 矩形范围：由冒号分隔的起始单元格和结束单元格组成，例如"A2:C5"。
- 行范围：包含起始行号和结束行号的字符串或字符向量，用冒号分隔。例如"2:5"。
- 列范围：包含起始列字母和结束列字母的字符串或字符向量，用冒号分隔。例如"A:C"。

"WriteMode" - 附加到现有文件或 sheet、覆盖现有文件或 sheet。

- 'inplace'（默认值）- 仅更新输入数据占用的范围。写入函数不会更改输入数据所占范围之外的任何数据。
  如果没有指定工作表，则写入函数会写入第一个工作表。
- 'overwritesheet' - 清空指定的工作表，并将输入数据写入已清空的工作表。如果没有指定工作表，则写入函数会清空第一个工作表，并将输入数据写入其中。
- 'append' - 写入函数将输入数据追加到指定工作表的占用范围的底部。如果没有指定工作表，则写入函数会将输入数据追加到第一个工作表的占用范围的底部。
- 'replacefile' - 从文件中删除所有其他工作表，然后清空指定的工作表并将输入数据写入其中。如果未指定工作表，则写入函数会从文件中删除所有其他工作表，然后清空第个工作表并将输入数据写入其中。如果您指定的文件不存在，则写入函数会创建一个新文件，并将输入数据写入第一个工作表。

以下是一个简单的示例，演示如何使用 writematrix 命令将数组导出到文件：

例 10-7 用 writematrix 导出数组 A=(1 2 3 ; 4 5 6 ; 7 8 9)。

```
>> writematrix(A,"test.txt")       % 用 writematrix 命令导出数组
```

使用记事本可以看到文件 test.txt 中有以下内容：

```
1, 2, 3
4, 5, 6
7, 8, 9
```

§ 10.6 XLS/XLSX 文件的读写

XLS 和 XLSX 文件是由微软公司开发的电子表格文件格式，主要用于存储表格数据，如财务报表、统计数据等，在商业、教育和科研领域中非常流行和实用。用户可以使用北太天元的 readmatrix 函数从 Excel 文档中读取数据。

以下是一个简单的示例，演示 readmatrix 函数的基本用法。

例 10-8 调用 readmatrix 函数从 test1.xlsx 文档中导入数据到工作区。

```
>> A = readmatrix(test1.xlsx)
A =
    1   2
    3   4
```

```
    5    6
```

当用户想要将数据写入 Excel 文档中，可以使用 writematrix 函数，以下是一个简单的示例。

例 10-9 创建一个矩阵，并使用 writematrix 函数将其写入 Excel 文档中。

```
>> a=[1,2;3,4;5,6]
 a =
     1    2
     3    4
     5    6
>>writematrix(a,"test1.xlsx");
```

用 Excel 编辑器打开 test1.xlsx，输出结果如图 10-5 所示。

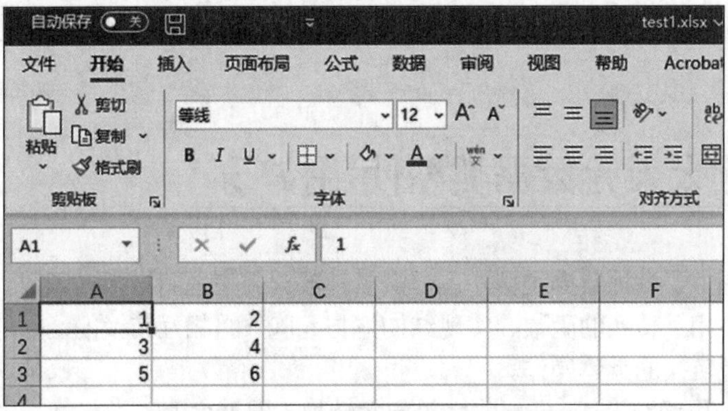

图 10-5 writematrix 输出结果

第 11 章

北太天元基础计算技巧

本章节将集中讨论用户在实践中可能遇到的一些典型问题，并提供相应的解决策略。同时，通过具体示例，我们将展示如何应用北太天元的基础功能和技巧，以提升读者解决问题的能力。

§ 11.1 北太天元数据类型使用技巧

北太天元提供了多种数据类型，也提供多种数据类型之间转换的函数。例如实现数值数组与字符向量相互转换的函数、实现结构体与元胞数组相互转换的函数等。本节举例说明一些数据类型转换的具体操作。

例 11-1 使用函数 str2double 将字符向量转换为双精度值。

```
>> str = '1'            % 生成测试数据
str =
'1'
>> num = str2double(str)        % 把字符向量 str 转换为双精度值
Num =
    1
```

例 11-2 使用 cell2struct 将元胞数组转换为结构体。

```
>> C = {1, 2, 3}
C =
    1x3 cell array
      {[1]}    {[2]}    {[3]}
>> F = {'x', 'y', 'z'}
F =
     1x3 cell array
      {'x'}    {'y'}    {'z'}
>> S = cell2struct(C, F, 2)
S =
     1x1 struct
```

```
        x: 1
        y: 2
        z: 3
```

例 11-3　使用 struct2cell 将结构体转换为元胞数组。

```
>> s = struct('x', 1, 'y', 2)
s =
   1x1 struct
   x: 1
   y: 2
>> c = struct2cell(s)
c =
     2x1 cell array
       {[1]}
       {[2]}
```

§ 11.2　北太天元数值计算技巧

例 11-4　求 $A = (1,2,\infty,4,\infty,6,7,8,\infty,10)$ 除 ∞ 以外的所有元素的和。

```
>> A = [1 2 inf 4 inf 6 7 8 inf 10];
>> A_Sum = sum(A(~isinf(A)))
A_Sum =
   38
```

使用 ~isinf(A) 找到数组 A 中非 ∞ 对应的索引值，从而由 A(~isinf(A)) 取出 A 中非 ∞ 元素组成新的向量，再进行求和运算，这样可以避免使用循环和条件判断语句降低效率。

例 11-5　对于 A=(2,3,1,2,6,7), B = (2, 3, 9, 6)，确定 A 的哪些元素不在 B 中。

```
>> A = [2 3 1 2 6 7];
>> B = [2 3 9 6];
>> C = setdiff(A, B)
C =
   1   7
```

例 11-6　在 $x = (0.12, 0.24, 0.36, 0.58, 0.66, 0.74, 0.81, 0.87, 0.91, 1.00)$ 中找出第一个和最后一个大于 0.8 的元素。

```
>> x = [0.12 0.24 0.36 0.58 0.66 0.74 0.81 0.87 0.91 1.00];
>> y = find(x > 0.8);
>> x(y(1)) % 第一个大于 0.8 的元素
ans =
  0.8100
>> x(y(end)) % 最后一个大于 0.8 的元素
ans =
  1
```

用 find 返回向量 x 中满足大于 0.8 的所有元素的索引值 y，取 $y(1)$ 第一个索引值，即对应于 x 中的第一个大于 0.8 的元素，取 $y(\mathrm{end})$ 最后一个索引值，即对应于 x 中的最后一个大于 0.8 的元素。

例 11-7 找出向量 $A=[1:2:15]$ 和 $B=[1:3:20]$ 中不同的元素。

```
>> A = [1:2:15]
A =
    1    3    5    7    9   11   13   15
>> B = [1:3:20]
B =
    1    4    7   10   13   16   19
>>  A1 = A(~ismember(A,B)) % ismember 判断数组元素是否为数组成员
A1 =
    3    5    9   11   15
>> B1 = B(~ismember(B,A))
B1 =
    4   10   16   19
```

ismember(A,B) 返回 A 中元素包含于 B 中对应的逻辑索引值，因此用 A(~ismember(A,B)) 则返回 A 中不同于 B 中的元素组成的向量，同样用 B(~ismember(B,A)) 返回的是 B 中不同于 A 中的元素组成的向量。

例 11-8 动态定义变量的名称。

在循环体中构建变量，比如在 i = 3 时定义 var3 = rand(3)。

```
>> for k = 1 : 3
    eval_cmd = sprintf('var%d=rand(%d);',k,k);  % 构建语法代码，存储在字符串变量中
    eval(eval_cmd);  % 用 eval 函数执行存储在字符串中的代码
end
>> whos
  Name      Size  Bytes  Class   Attributes

  ans       3x3      72  double
  var3      3x3      72  double
  var2      2x2      32  double
  eval_cmd  1x13     13  char
  k         1x1       8  double
  var1      1x1       8  double
```

§ 11.3 北太天元矩阵操作技巧

北太天元提供了一套丰富的矩阵操作工具，包括矩阵创建、合并、反转、插入元素、数据提取、压缩以及结构重组等矩阵操作相关的高级功能。这些功能不仅使得创建复杂的矩阵结构变得简单，还能对现有的矩阵进行精细地修改和扩展，从而进行有效的重构。

下面通过几个示例来帮助读者加深理解北太天元中矩阵的操作，从而可以更加灵活地使用北太天元。

例 11-9 矩阵的创建示例。

```
>> v = [1 2 3 4];
>> u = repelem(v,2)
u =
   1   1   2   2   3   3   4   4

>> x = repmat(v,2)
x =
   1   2   3   4   1   2   3   4
   1   2   3   4   1   2   3   4
```

repelem 和 repmat 函数分别实现了对矩阵元素和对矩阵的重复副本的创建，借助这两个函数可以方便地基于已有的矩阵创建新的矩阵。

例 11-10 矩阵的扩展示例。

```
>> A = magic(3)
ans =
   6   1   8
   7   5   3
   2   9   4

>> A(4,4) = 10          % 扩展到 4*4
A =
    6    1    8    0
    7    5    3    0
    2    9    4    0
    0    0    0   10

>> A(:,5) = 15             % 扩展到 4*5
A =
    6    1    8    0   15
    7    5    3    0   15
    2    9    4    0   15
    0    0    0   10   15
```

对矩阵的元素进行赋值操作时，当北太天元检测到要操作的点的位置不在现有矩阵的范围内时，会自动对矩阵进行扩展，使得要赋值的点恰好落在扩展后的矩阵边界上，并且扩展后的矩阵的行数和列数不小于扩展前的矩阵。除需要进行赋值操作的点外，扩展中新增的元素统一赋值为 0。

对矩阵的某一整行或者整列进行赋值时，如果等号右侧为单个元素，北太天元会自动将该元素扩展为与矩阵整行或整列维度相同的向量。

例 11-11 矩阵的串联操作。

```
>> A = magic(3)
A =
   6   1   8
   7   5   3
   2   9   4

>> B = ones(3)
B =
   1   1   1
   1   1   1
   1   1   1

>> C = cat(1,A,B)    % 垂直串联两个矩阵
C =
   6   1   8
   7   5   3
   2   9   4
   1   1   1
   1   1   1
   1   1   1

>> D = vertcat(A,B)    % 垂直串联两个矩阵
D =
   6   1   8
   7   5   3
   2   9   4
   1   1   1
   1   1   1
   1   1   1

>> D2 = [A; B]     % 垂直串联两个矩阵
D2 =
   6   1   8
   7   5   3
   2   9   4
   1   1   1
   1   1   1
   1   1   1

>> C1 = cat(2,A,B)   % 水平串联两个矩阵
C1 =
   6   1   8   1   1   1
   7   5   3   1   1   1
```

```
   2   9   4   1   1   1

>> D1 = horzcat(A,B)  % 水平串联两个矩阵
D1 =
   6   1   8   1   1   1
   7   5   3   1   1   1
   2   9   4   1   1   1

>> C2 = [A B]     % 水平串联两个矩阵
C2 =
   6   1   8   1   1   1
   7   5   3   1   1   1
   2   9   4   1   1   1
```

北太天元不仅提供了 cat、vertcat、horzcat 函数来实现矩阵的串联，并且也提供更简洁的 [] 来实现矩阵串联。

例 11-12 矩阵的重构示例。

```
>> A = reshape(1:12,3,4)         % 使用 reshape 将 1*12 的向量转换为 3*4 的矩阵
A =
    1    4    7   10
    2    5    8   11
    3    6    9   12

>> B = permute(A,[2,1])          % 交换矩阵 A 的行和列维度
B =
    1    2    3
    4    5    6
    7    8    9
   10   11   12

>> X = reshape(1:12,2,2,3)   % 使用 reshape 将 1*12 的向量转换为 2*2*3 的矩阵
X =
(:,:,1) =
    1    3
    2    4
(:,:,2) =
    5    7
    6    8
(:,:,3) =
    9   11
   10   12

>> Y = shiftdim(X,2)           % 使用 shiftdim 移动矩阵维度
Y =
```

```
(:,:,1) =
    1    2
    5    6
    9   10
(:,:,2) =
    3    4
    7    8
   11   12
```

例 11-13 矩阵的重新排列示例。

```
>> A = [8 0 -7 6 3 9 -10 4 2];
>> B = sort(A)      % 按升序对矩阵 A 的元素进行排序
B =
  -10   -7    0    2    3    4    6    8    9

>> C = flip(B)      % 沿向量的长度方向颠倒顺序重排
C =
    9    8    6    4    3    2    0   -7  -10
```

§ 11.4 北太天元文件读取操作技巧

例 11-14 导入带有多个标题行的数据文件。假设有 data.xlsx 数据文件，其内容如下表，读取其数据并剔除标题行。

记录表		
x	y	z
1	2	3
2	3	4
3	4	5
4	5	6

```
>> readmatrix('data.xlsx','NumHeaderLines',2)  % 忽略文件前 2 行标题
ans =
   1   2   3
   2   3   4
   3   4   5
   4   5   6
```

例 11-15 同类文件名的文件数据批量读取。

比如要批量读取 data1.txt, data2.txt,…，等类似文件名的文档内容，可以使用以下代码完成：

```
>> result = cell(1,10);
>> for k = 1:10
   filename=['data' num2str(k) '.txt'];
   result{k} = readmatrix(filename);
end
```

第 12 章
北太天元编程技巧

§ 12.1 北太天元编程风格

良好的编程风格有助于代码回顾及理解，使得程序更容易正确运行与维护，同时也反映了程序编写者的编写习惯。拥有一个良好的编码风格是非常有必要的，下面将该软件开发的编程规范提供给用户加以参考。

12.1.1 北太天元命名规则

1. 普通变量

普通变量的命名是程序编写中相当重要的一环，命名不规范会降低代码的可读性。变量名应反映它们的含义或用途，建议使用小驼峰法，由一个或多个单词连接在一起，第一个单词首字母小写，例如 myName，dataSize，rowNum 等。尽量避免使用诸如 a，b，c 之类无意义的变量名，避免使用关键字或者特殊意义的字作为变量名，比如 pi，e，inf，NaN 等。在循环中尽量避免使用 i，j 等作为循环变量名，建议使用 irow，jcol 等名称。这是因为 i，j 等在北太天元中表示虚数单位，在涉及到复数运算的程序可能会引发错误。如果使用了函数名作为变量名，会暂时使得该函数失效，在编写程序时需要注意。

2. 常量

严格意义上，北太天元中没有常量的概念，此处的常量应理解为创建后不发生改变的变量。建议全部使用大写字母并使用下划线分隔单词，例如 MAX_INPUT_SIZE，MIN_OUTPUT。一些数学常量可能由小写字母命名，如 inf，pi，NaN 等，但其在北太天元中的本质其实是函数。

3. 结构体

结构体的命名在基本遵循变量命名规范的基础上，有两点不同。第一，建议使用大驼峰法，由一个或多个单词联结在一起，第一个单词首字母大写，这样有助于区分普通变量和结构体。第二，结构体字段的命名应该是隐含的，即字段名称不要包含结构体名，避免重复。例如使用 Student 结构体来记录学生信息时，学生名称的字段名应为 Student.name，而不是 Student.studentName。

4. 函数

函数的命名建议使用小驼峰命名法，名称内容即为函数功能。此外函数命名还应遵循以下几点：

（1）主函数名称必须和文件名相同。

（2）避免使用下划线进行分割。

（3）在明确函数功能的前提下，函数名应尽量简洁。

（4）利用常见的前缀后缀进行修饰，增强理解。例如 set/get 做为设置和获取对象属性的前缀。

（5）和变量名不同的是，一般来说函数名是唯一的，避免重复命名（类的成员方法例外）。

（6）函数命名的一致性。

5. 一般命名原则

（1）避免将北太天元关键字（function，while，break, case 等）作为变量或函数名，北太天元中查询关键字的函数为 iskeyword。

（2）避免使用和内置函数名相同的变量或函数名，如 length，min，max，可以添加前缀或后缀修饰后再使用。检查内置函数名的函数为 exist。

（3）虽然北太天元语言支持中文命名，但所有的命名都应该尽量使用英文形式。

（4）避免模糊和缩写，除非缩写非常常见或容易理解。

（5）在整个代码中保持一致的命名风格，便于代码的理解和维护。

12.1.2 北太天元文件与程序结构

为了增加代码的可读性及可维护性，在编程中尽量使得其具备结构化。结构化体现在文件内部及文件之间。

1. M 文件

（1）模块化。

北太天元通过定义函数实现模块，其意义在于最大化设计重用，降低代码的耦合度，进而满足日益增长的个性化开发需求。模块化编程思想在编写大型程序时将会非常有用。

（2）功能单一性。

所有的函数或子函数都应该只把一件事情做好，不要包含多个相关性不大的功能。

（3）函数唯一性。

避免编写实现方式类似且功能相同的函数，这样会增加出现冗余代码的可能，且不利于代码的维护。

（4）简洁性。

当实现某个功能的函数超过 200 行后，建议考虑使用多个子函数或者多个文件来拆分该函数，这样会使代码的可读性更好。

（5）局部函数。

当一个函数只会被另一个固定的函数调用时，建议将其实现为局部函数。这样有利于减少代码间调用冲突，更利于维护。

2. 输入/输出

（1）善用输入输出模块。

输入的参数格式或内容有时会非常复杂，设置独立的输入模块会方便各种校验及预处理。应尽量规避将输入/输出部分的代码与计算功能的代码耦合在一起（单个函数的预处理的时候除外）。

（2）格式化输出。

如果程序的输出目标是供人们阅读，那么应该采用详尽且描述性的语言来表达。如果输出是为了供其他程序使用，那么应该优先考虑输出的格式易于解析。如果同时存在这两种需求，那么首先应确保输出格式的解析性，以满足程序调用的需求，然后可以额外提供一个版本，用以满足人工阅读的需要。

12.1.3 北太天元基本语句

1. 局部变量

（1）变量作为代码中的基本单元，应避免中途改变其类型或含义（例如同一个变量名在开始时为矩阵，结束时却为结构体）。

（2）值相同但意义不同的变量最好使用不同的名称定义。

（3）避免使用多个变量表示同一概念，减少混乱定义产生的错误。

（4）在必要时为变量增加文字注释说明，增加代码可读性。

（5）相同类型的变量的声明定义可以在同一行或同一个语句中进行。

2. 全局变量

尽量避免使用全局变量。全局变量可以在任何地方被修改，使得跟踪代码的变化变得困难，降低了可读性和可维护性。全局变量违反了模块化和封装的原则，增加了不同模块之间的耦合，使得代码重用性和测试性变差。

3. 条件语句

（1）确保条件语句中的代码块使用一致的缩进，通常为 4 个空格，可以使用 Tab 键快速缩进。

（2）条件表达式不宜过长。对于复杂表达式，则考虑引入临时逻辑变量，将其拆分为多个子表达式。此外，尽量使用带短路规则的 && 和 || 运算符进行逻辑运算，避免使用 & 和 |。

（3）使用 'elseif' 而不是嵌套的 'if'，且尽量包含 'else' 分支，以此处理所有未满足的条件，确保代码的健壮性。

（4）使用过多的嵌套会使代码难以阅读和理解，尽量简化逻辑，减少嵌套层次。

4. 循环语句

（1）确保循环语句中的代码块使用一致的缩进，通常为 4 个空格，可以使用 Tab 键快速缩进。同时，使用缩进时应注意循环起始标识（例如：for，while）和循环结束标识 end 的一一对应。

（2）在循环之前初始化循环结果变量。将初始化放置在循环之前避免了在循环中动态调整数组大小，使变量变化更清晰，提高了循环速度，有助于避免执行循环时出现错误。这种初始化被称为预分配。

（3）过多的循环会影响代码的执行效率，在北太天元编程中处理矩阵和数组非常高效，应多注意使用向量化编程代替显式循环。

（4）在循环中应尽量减少 break 和 continue 的使用，只有在证明它比结构化方案具有更高可读性时才使用。

5. 小结

（1）变量应当具备唯一性和明确的命名，避免复用和意义混淆，并通过注释增强可读性。

（2）尽量避免使用全局变量，以防其修改难以跟踪，从而降低代码的可读性和可维护性，并影响模块化和封装原则。

（3）确保条件语句的缩进一致，简化条件表达式，使用短路逻辑运算符，尽量避免嵌套，并添加 'else' 分支以增强代码健壮性。

（4）在循环前初始化变量，减少显式循环，避免使用 break 和 continue，确保循环结构清晰，提高代码效率和可读性。

12.1.4 北太天元排版与注释

1. 排版

（1）每一行代码字符数不超过 100。当语句长度超过 100 列的限制的时候，应该切分行。

（2）基本缩排应该是 4 个空格。

（3）一般情形，尽量一行代码只有一条完整的语句。

（4）短的单个 if，for，while 语句可以写在一行（建议换行缩排处理）。例如：

```
if (a == 1), disp(a); end
while(a++ < 10), disp(a); end
for k = 1:10, disp(k); end
```

（5）善用空格。

使用空白空格可增加代码的可读性，例如在 +，-，=，>，<，& 等运算符的前后各添加一个空格。

2. 注释

精炼准确的注释信息，可以为代码阅读与理解提供很大的便利，建议在关键的信息处为代码添加注释。

（1）确保注释的准确性，尤其在修改代码时，注意要同时修改原有的注释信息，因为错误的注释可能会给代码阅读增加很大的困扰。

（2）确保注释的简洁性，注释主要围绕 3W（what，why，how）进行，尽量简短。

（3）函数头部的注释要保证能够被 help 命令查询，help 命令后跟脚本函数时，会读取文件起始第一块注释内容。

（4）函数头部的注释一般由 3 部分组成：①函数名称及函数功能概述，②函数详情（包含注意事项、特殊说明等），③使用示例。如：

```
% optimget 获取优化 OPTIONS 里面的参数的值。
%   VAL = optimget(OPTIONS,'NAME') 返回优化参数结构体 OPTIONS 中指定参数的值
%
% 使用示例：
%   val = optimget(opts,'TolX');
%   val = optimget(opts,'TolX',1e-4) 如果在 opts 没有参数 TolX 明确的值的话就返回 val
    = 1e-4
%   另外请参考 optimset.
```

§ 12.2 北太天元编程注意事项

1. 避免使用具有特殊含义的单词作为自定义变量的名称

在北太天元中，字母 i 和 j 表示复数的虚数单位。用户在使用字母 i 和 j 作为循环语句的条件控制变量或自定义变量时，要格外注意后续复数的书写形式，比如 i = 1，a = 1+2*i，a 将不再表示为一个复数，需要使用 a =1+2i 来消除歧义。此外，北太天元的部分内置函数可能会与用户自定义变量重名，如 e，beta，gamma，bar 等。开发者在定义这些变量时，需要注意其相应的内置函数含义已经被覆盖。

2. 字符串的表示

单个字符串可以使用字符向量或者 string 类型标量表示，字符串数组建议用字符向量元胞数组或 string 数组来表示。

3. 北太天元名称查找顺序

当北太天元遇到一个名称 foo 时，它将按照以下顺序进行查找：

（1）检测 foo 是否是一个变量名，不是则执行下一步检测；

（2）检测 foo 是否是一个局部函数，不是则执行下一步检测；

（3）检测 foo 是否是当前目录下的 M 文件，不是则执行下一步检测；

（4）检测 foo 是否是北太天元搜索路径下的 M 文件或者北太天元内置函数，不是则执行下一步检测；

（5）如果经过以上步骤还是找不到 foo 的话，那么北太天元将给出错误信息。

4. 添加搜索路径目录

可以通过以下两种方法将路径添加到搜索路径：

（1）使用 addpath 函数指令；

（2）使用菜单栏的[管理][路径管理]进行添加。

5. 避免浮点数之间的直接比较

使用浮点数的比较功能应该注意其截断误差。例如：

```
>> a = 3; b = 4; c = 5;
>> c^2 == (a^2+b^2)
ans =
  1x1 logical
   1
>> d = 0.1;
>> (c*d)^2 == (a*d)^2+(b*d)^2
ans =
  1x1 logical
   0
```

注意到两个示例中 == 算符判断的结果不同，这是因为计算机无法精确表示所有的浮点数，大部分浮点数在存储时会存在截断误差。如下示例，将等号左右两边做减法并不会得到 0 值，因此不建议使用 == 算符判断两个浮点数是否相等。

```
>> format shorte          %采用短格式科学记数法进行输出
>> (c*d)^2 - ((a*d)^2 + (b*d)^2)
ans =
  -5.5511e-17
```

可以借助 abs 函数（求绝对值）以及 eps（浮点相对精度）来实现浮点数是否相等的判断功能，例如：

```
>> abs((c*d)^2 - (a*d)^2-(b*d)^2) < eps
ans =
  1x1 logical
   1
```

§ 12.3 提高北太天元运行效率

在编程中，采用同样的算法、结构和流程，但具体代码不一样时，执行效率可能会天差地别。本节简要介绍如何提升执行效率的问题。

12.3.1 基本方法

1. 在不需要输出的语句后添加分号

不加分号的语句，执行时会默认输出其结果，这将会大大增加程序的执行时间。

2. 规避使用多重循环

北太天元语言是一种解释性高级编程语言，适合向量化编程，并且它的循环语句执行速度跟其他语言相比要慢一些。所以用户尽量规避使用多重循环嵌套的写法，建议使用向量化操作代替多重循环嵌套，必要时可以利用数学知识对代码功能进行等价变换。

3. 预先分配内存

当某个变量的数据类型或维数被改变时，就会增加语句的执行负担，加大运行时长。尤其是在循环结构中进行某变量维度的改变时，运行速度的降低会更加明显。这是因为每次改变变量的数据类型或维数时，都需要根据该变量对内存进行重新分配，重新分配内存也需要时间。循环次数越多，累计重新分配内存消耗的时间就越多，导致运行速度降低。所以在能够提前确定变量的数据类型和维数时，应该预先分配好内存，可以使用 zeros，spalloc 等函数来为变量分配内存。

4. 复数的形式

复数的表达尽量采用 2+2i 的形式，而不采用 2+2*i 的形式。因为后者涉及到乘法操作，执行效率要低于前者。

5. 修改循环体算法

有时改善循环体的算法会大大提升程序的执行效率。

6. 尽量使用内置函数

北太天元语言是一种解释型的语言，所以在调用非内置函数时会存在额外的开销，当我们需要较高的执行效率时，尽量直接调用北太天元的内置函数或直接写表达式。

7. 数据类型

在条件允许的情况下，尽量使用数值矩阵，规避使用元胞数组。

12.3.2 提高运行效率的示例

本节通过示例来说明相同功能，不同实现所产生的执行效率差距，读者可以使用 tic 及 toc 统计代码的执行时间来对比。

例 12-1 获取矩阵 x 与矩阵 y 的平均相对误差：

Ex_12_1_1.m

```
x = rand(10,20);
y = rand(10,20);
[m,n] = size(x);
tic
for a = 1 : m
    sumTemp = 0;
    for b = 1 : n
        sumTemp = sumTemp + abs((x(a,b) - y(a,b)) / x(a,b));
    end
    averageError(a) = sumTemp / n;
end
toc
```

运行结果：时间经过了 0.025931 秒。

改写循环体为如下代码：

Ex_12_1_2.m

```
tic
sumTemp = sum(abs((x-y)./x),2);
averageError = sumTemp./n;
toc
```

运行结果：时间经过了 0.000985 秒。

例 12-2 以 A 中元素的值是否满足某个条件作为索引，对 B 中对应元素赋值为 1。

生成测试数据：

```
>>a = randn(200,200);
>>b = zeros(size(a));
```

然后比较以下 3 种方法的效率差别。

方法 1

Ex_12_2_1.m

```
tic
 [M,N] = find(a > 0.5);
 for k = 1 : length(N)
    b(M(k),N(k)) = 1.0;
 end
toc
```

运行结果：时间经过了 0.712982 秒。

方法 2

Ex_12_2_2.m

```
tic
M = find(a > 0.5);
b(M) = 1.0;
toc
```

运行结果：时间经过了 0.000362 秒。

方法 3

Ex_12_2_3.m

```
tic
M = logical(a > 0.5);
b(M) = 1;
toc
```

运行结果：时间经过了 0.000299 秒。

对比以上 3 种方法，方法 1 用时最长，是因为其使用了 for 循环，方法 3 优于方法 2 是由于 logical 函数的执行效率优于 find 函数。

例 12-3 给定一个矩阵 A，计算所有列向量之间的欧几里得距离。结果储存在另一个

矩阵 B 中，其中 $B(i,j)$ 表示 A 的第 i 列和第 j 列的距离。

方法 1

直接利用 norm 函数对距离进行遍历即可。

Ex_12_3_1.m

```
A = randn(500, 200); % 总共 200 个向量，每个向量维数为 500
B = zeros(200);
tic;
for m=1:199
  for n=(m+1):200
    B(m,n) = norm(A(:,m) - A(:,n), 2);
  end
end
toc;
```

运行结果：时间经过了 2.090053 秒。

方法 2

在方法 1 的代码中，其实第二个循环可以批量地进行，而不是利用循环来做。只需要想办法返回一个矩阵每一列的范数即可，这可以使用 vecnorm 函数。

Ex_12_3_2.m

```
tic;
for m=1:199
 B(m,(m+1):end) = vecnorm(A(:,m) - A(:,(m+1):end));
end
toc
```

运行结果：时间经过了 0.066068 秒。

方法 3

可以利用数学恒等变形，把第一层循环也去掉。注意到 a_i 和 a_j 距离平方等于

$$\|a_i\|^2 - 2a_i^{\mathrm{T}}a_j + \|a_j\|^2$$

中间的交叉项恰好是矩阵 $A^{\mathrm{T}}A$ 的第 (i,j) 元，因此可以直接利用矩阵乘法完成计算。

Ex_12_3_3.m

```
tic;
AtA = A' * A;
d = vecnorm(A) .^ 2; % d 是行向量
B = sqrt(d - 2*AtA + d'); % 这里利用了矩阵分量运算自动展开的规则
toc;
```

运行结果：时间经过了 0.003121 秒。

对比以上 3 种方法，方法 1 用时最长，是因为其使用了双重 for 循环，方法 2 优于方法 1，是使用向量化的操作完全规避了第二层循环，方法 3 优于方法 2，是由于直接从数学的角度修改运算方式，完全规避了 for 循环的使用。

第 13 章 北太天元插件开发

§ 13.1 插件简介及应用背景

北太天元为开发者提供了底层数据的访问接口，这使得开发者能够使用 C/C++ 等底层语言编写可与北太天元交互的可执行程序。使用开发者工具（SDK）可以使得开发工作变得更加灵活，用底层语言编写的程序在运行时也会有更高的效率。

北太天元提供的开发者工具有两种主要的使用场景：插件开发和 BEX 文件生成。在后续版本中还会引入更加通用的场景。

§ 13.2 插件机制

13.2.1 插件的开发模式与管理机制

北太天元提供的 SDK 允许用户和开发者基于软件主体开发不同类型的扩展功能。开发者可通过 SDK 直接访问北太天元的底层数据，也可以自定义新的数据类型，将自己的 C/C++ 程序整合到软件中直接调用。

用户和开发者还可以利用 SDK 将现有的 C/C++ 代码编译为北太天元可调用的函数模块（BEX 函数），其使用方式与内置函数和脚本相同。例如：用户将 C 代码 create.c 编译为 BEX 文件 create.bexa64（Linux 平台），那么软件中就可以使用名称 create 来调用相应 BEX 函数。

北太天元可以在运行时对插件进行动态管理，随时对插件进行安装、载入与卸载，且不需要每次对软件进行重启操作。插件之间的依赖机制由内置的插件管理器自动完成。

13.2.2 插件的基本框架

SDK 现已有 200 余个接口函数，支持不同类型的矩阵、字符串、结构体、元胞数组等底层数据的访问以及各类常用软件内核操作的调用。此外，SDK 提供包装编译器 bex，用户可使用 bex 快速编译出适用于北太天元的扩展模块，如图 13-1 所示。

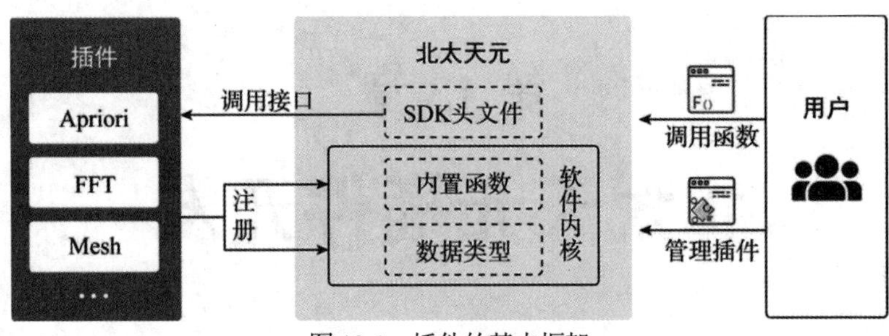

图 13-1 插件的基本框架

§ 13.3 插件开发

13.3.1 开发环境构建

插件开发需要编写 C/C++代码，如果插件工程中只需要使用简单的代码即可以实现功能，则可以使用文本编辑器来进行编写，如果插件工程比较复杂，代码文件较多并且目录结构复杂，则推荐使用 IDE 来进行辅助开发和项目管理。

编写好的 C/C++代码需要使用 GNU 编译器（GCC）进行编译，最终生成二进制库文件。Windows 平台下 GCC 环境需要下载安装 MinGW，也可以使用在北太天元社区提供的 MSYS2 压缩包，这里更推荐后者。社区上的 MSYS2 压缩包是免安装的 MSYS2 环境，里面已经安装 MinGW，并已配置开发插件需要的相关库文件，解压后可以直接运行 mingw64.exe 来进行编译相关操作。Ubuntu 版本上可以使用 Ubuntu 自带的 GCC 进行编译，但是需要注意，在 Ubuntu 不同版本之间的 GCC 版本是不一样的，这样就会造成编译生成的插件库文件不是互通的。在某个版本的系统上编译的插件文件在另一个 Ubuntu 系统下的北太天元是无法使用的。

下一步，需要获取北太天元 SDK 与开发手册。二者都随北太天元共同发布，开发文档位于软件安装目录的 SDK 文件夹下。

另外，推荐用户使用 CMAKE 来管理插件工程中的库依赖问题和实现跨平台编译，即 Windows 和 Ubuntu 平台下共用一份代码。社区的 MSYS2 环境中也已经安装了 CMAKE，Ubuntu 系统可以使用相关命令安装 CMAKE。

综上所述，开发北太天元插件需要获取 GCC 环境，选择 IDE，安装 CMAKE（可选），之后就可以进行插件开发了。

13.3.2 插件开发示例

本小节介绍如何在北太天元上使用 C 语言编写并构建最简单的 helloworld 插件，以此为例说明如何在插件中实现函数并注册到北太天元内核。对于更复杂的插件功能，建议访问北太天元社区了解更多相关内容。

1. 使用 SDK 头文件

首先创建一个名为 hello.c 的源文件，然后在源文件中引入 SDK 头文件：

```
#include "bex/bex.h"
```

该头文件包含了插件开发使用的所有接口，需要在插件的主文件中引用。注意，如果使用 C++语言开发，建议引用 bex/bex.hpp 文件，该文件额外包含了 SDK 中使用 C++编写的接口。

2. 编写插件函数

插件函数需要有如下签名：

```
void plugin_fun(int nlhs, bxArray * plhs[], int nrhs, const bxArray * prhs[]);
```

其中 bxArray* 指向北太天元内部的数组类型，调用插件函数时，所有变量都是通过 bxArray*类型传递的。该函数的 4 个参数有如下含义。

- nlhs：输出参数（等号左边）个数。
- plhs：bxArray* 数组，长度为 max(1, nlhs)。通过访问 plhs 数组分量可以为输出参数进行赋值。注：即使在命令行进行无输出参数调用，plhs 数组也至少包含 1 个元素，此时向该元素赋值会以 ans 变量的形式返回。
- nrhs：输入参数（等号右边）个数。
- prhs：const bxArray* 数组，长度为 nrhs 指定。通过访问 prhs 数组分量可以读取输入参数的值。

例如在北太天元命令行中使用如下语句调用插件函数：

```
>> [x, y] = plugin_fun(a, b, c);
```

那么传入到插件函数中 nlhs 和 nrhs 分别为 2 和 3，prhs 数组长度为 3，包含输入变量的指针，plhs 数组长度为 2，其每个元素将在插件函数的定义中被赋值。

接下来在插件中定义函数 hello，向北太天元命令行打印文本 hello world 以及第一个输入参数的内容（为字符串），返回打印的字节数。

```
void hello(int nlhs, bxArray *plhs[], int nrhs, const bxArray *prhs[]) {
    if (nlhs < 1){
        bxErrMsgTxt("需要一个输出。");
    }
    if (nrhs != 1){
        bxErrMsgTxt("需要一个输入。");
    }
    // 检查并获取输入
    const char *s = bxGetString(prhs[0], 0);
    if (!s){
        bxErrMsgTxt("输入必须为非空字符串数组。");
    }
    int printNum = bxPrintf("hello world, %s!\n", s);
```

```
    plhs[0] = bxCreateDoubleScalar(printNum);
}
```

该函数主要使用 SDK 的接口来获取北太天元的数据信息，例如 bxGetString(prhs[0], 0) 将第一个输入参数视为字符串数组，并获取第一个元素的数据地址（由第二个参数 0 指定）。示例中的另一些接口的作用是与北太天元交互，例如 bxErrMsgTxt 函数的作用是在命令行显示错误信息并终止插件函数执行。

在编写插件函数过程中，对输入参数进行检查是十分必要的。例如 hello 函数起始位置有参数数量的检查，使用 bxGetString 之后有检查返回值合法性等。北太天元插件的正确性完全由插件开发者保证，编写不当的插件可能会导致函数执行异常，输出与期望不符，甚至软件异常退出。

此外，开发者可以编写插件函数帮助，以便用户快速学习函数用法。帮助文本一般以静态常量的方式存放于源文件中：

```
static char const * const hello_help = "hello(s) 向命令行打印 hello world, <s>!"
```

3. 注册插件函数

插件函数编写好后，还需要将其注册到北太天元以便在命令行中调用。北太天元注册插件函数的方式为在插件中实现 bxPluginFunctions 函数，返回插件函数列表：

```
bexfun_info_t bxPluginFunctions(){
   static bexfun_info_t flist[] = {
      {"hello", hello, hello_help},
      {"", NULL, NULL},
   };
   return flist;
}
```

插件函数列表中，每个元素以{函数名，函数指针，函数帮助}三元组的形式定义。我们约定列表最后一个函数指针需使用 NULL，以便北太天元确定列表结尾。至此，插件的内容已经编写完毕。

4. 编译并调用插件

将上述内容保存在 hello.c 文件中，并在北太天元命令行编译该插件：

```
 >> bex -plugin hello.c
bex：选择 gcc 进行编译。
    bex：编译成功。
```

其中 bex 是北太天元提供的编译命令，-plugin 表示编译为插件，我们将在第 13.4.2 节详解介绍该命令的用法。编译成功后会在当前目录下看到插件库文件，以 Windows 平台为例，插件库名为 main.dll。

若要调用插件，首先需要将插件库复制到北太天元安装目录的 plugins 子目录下。在 plugins 子目录新建名为 hello 的目录（相当于插件名），然后将 main.dll 文件复制到 hello

下。在北太天元中使用 load_plugin 函数即可载入插件。

```
>> load_plugin('hello');
>> hello("北太天元")
hello world, 北太天元!
ans =
      27
```

13.3.3 插件目录结构

上一小节中，我们将编译好的插件文件存放在软件 plugins 目录下。为了向用户提供关于插件的图标、插件的作者、插件的版本等信息，还需要补充一些文件。这一节将介绍标准的插件目录应该包含的具体内容。

所有插件都应存放在软件安装路径的 plugins 目录中，该目录下每个子目录中含有一个完整的插件。例如一个名为 foo 的插件，应该包含有如下的文件：

```
plugins/foo
```

- main.[dll|so|dylib]：库的主要文件，必须包含（后缀和系统相关）。
- config.json：插件配置信息文件，可选，建议包含。若存在，北太天元在载入时会读取相关内容。
- main.ico：插件图标文件，可选。若存在，则会以此为图标在图形界面中表示该插件。开发者也可以指定 config.json 的 icon 字段来指定别的文件名（配置文件优先级较高）。图标尺寸建议长宽比为 1:1，文件大小在 200K 以内。
- scripts/：目录，可选，包含插件提供的辅助脚本。若存在，北太天元在载入插件时会自动将该目录添加到脚本搜索路径，卸载时自动将该目录从搜索路径中移除。
- 其他文件。

需要注意，若插件使用了第三方动态库，建议也将第三方动态库打包放到和 main 库相同的目录下，在 Linux 等系统中还需要设置运行时库的路径。

13.3.4 插件高级功能

第 13.3.2 小节的示例介绍了在插件内定义并导出插件函数。实际上，插件还提供重载运算符、内置函数、注册自定义类型等高级功能。本节将对插件高级功能进行概括性介绍，开发细节请参考北太天元 SDK 文档。

1. 重载内置函数

插件可以重载北太天元内置函数，如 disp、zeros 等。通过使用函数重载，开发者可以对内置函数进行扩展。北太天元可以自动根据函数输入参数来判断应该使用的重载函数。

2. 重载运算符

插件可重载北太天元内置的运算符，如：四则运算符等。通过使用运算符重载，开发者可以很容易为自定义数据类型定义运算。例如：对用户自定义的插件变量 A 和 B，软件可以执行 $C=A+B$ 的运算。

3. 注册并托管自定义类型

插件可将自定义的类型（如 C++中的 class，C 语言中的 struct）作为不透明对象托管至北太天元，以便插件中的数据能够在不同函数接口之间传递。注意，北太天元无法得知自定义类型的信息，一般情况下开发者需要提供配套的插件函数与自定义类型交互。

§ 13.4 BEX 文件生成和 bex 编译器

13.4.1 BEX 文件

用户可以使用一种更简单的方式在北太天元中运行 C/C++函数，使用这个功能需要借助 BEX 文件。BEX 文件中的函数本质上和插件函数相同，但使用前无须手动进行载入。北太天元会自动载入处于搜索路径以及当前工作目录中的 BEX 文件。

BEX 文件的后缀和系统相关，不同系统的 BEX 文件不能混用。

目前支持的有：

- Windows 64 位：.bexw64。
- Linux 64 位：.bexa64。

下面是一个简单的例子，使用北太天元的 C 接口生成一个指定大小的矩阵。假设源文件名为 create.c。

```
#include "bex/bex.h"

/**
* @brief A = create(m, n);
* 使用 C 语言接口创建一个 m x n 的 double 类型矩阵。
*/

void bexFunction(int nlhs, bxArray *plhs[], int nrhs, const bxArray *prhs
[]) {
    if (nlhs != 1){
      bxErrMsgTxt("one output argument needed.");
       return;
    }

    if (nrhs != 2){
       bxErrMsgTxt("two input arguments are needed.");
       return;
    }

    baSize m = *bxGetDoubles(prhs[0]);
    baSize n = *bxGetDoubles(prhs[1]);
```

```
    plhs[0] = bxCreateDoubleMatrix(m, n, bxREAL);
    return;
}
```

编译命令（在北太天元命令行执行）：

```
bex create.c
```

即可在当前目录生成编译好的BEX文件。以Linux为例，生成的文件为create.bexa64。随后可以像使用普通函数一样调用create函数（即函数名同文件名）：

```
A = create(3, 2)
```

注 考虑到执行效率，BEX文件被北太天元载入后，会一直存在于系统内存中。若需要暂时将BEX从内存中卸载，可以使用 `clear <name>`。例如：

```
clear create
```

下一次调用create时，北太天元会自动从原位置重新加载 BEX 文件。

13.4.2 bex编译器

bex编译器用于辅助进行BEX文件和插件的编译。其好处在于开发者只需要在系统中安装底层编译器，无须在编译时手动输入和北太天元相关的编译选项。目前bex编译器仅支持GCC，环境搭建可以参考13.3.1小节。注意，在使用bex编译器之前，需要确保gcc命令处于环境变量PATH所包含的路径中。

bex编译器提供两种使用方式：命令行模式和函数模式。

（1）命令行模式：北太天元提供独立程序 bex，在不启动北太天元的情况下可直接在系统命令行中调用。例如：

```
bex create.c
```

即可将create.c编译成BEX文件。若要编译插件请给定-plugin选项，例如：

```
bex -plugin main.cpp
```

bex会自动根据输入的文件识别应该调用哪一种语言的编译器。

（2）函数模式：可以在北太天元命令行中直接调用 bex 函数。例如：

```
bex bex_create.c
bex -plugin main.cpp
```

更详细的使用方法可以使用bex -h进行查看。

附录

全国大学生建模大赛应用案例

2018年（A题） 高温作业专用服装设计

在高温环境下工作时，人们需要穿着专用服装以避免灼伤。专用服装通常由三层织物材料构成，记为Ⅰ、Ⅱ、Ⅲ层，其中Ⅰ层与外界环境接触，Ⅲ层与皮肤之间还存在空隙，将此空隙记为Ⅳ层。

为设计专用服装，将体内温度控制在37ºC的假人放置在实验室的高温环境中，测量假人皮肤外侧的温度。为了降低研发成本、缩短研发周期，请你们利用数学模型来确定假人皮肤外侧的温度变化情况，并解决以下问题：

（1）专用服装材料的某些参数值由附件1给出，对环境温度为75ºC、Ⅱ层厚度为6 mm、Ⅳ层厚度为5 mm、工作时间为90分钟的情形开展实验，测量得到假人皮肤外侧的温度（见附件2）。建立数学模型，计算温度分布，并生成温度分布的Excel文件（文件名为problem1.xlsx）。

（2）当环境温度为65ºC、Ⅳ层的厚度为5.5 mm时，确定Ⅱ层的最优厚度，确保工作60分钟时，假人皮肤外侧温度不超过47ºC，且超过44ºC的时间不超过5分钟。

（3）当环境温度为80ºC时，确定Ⅱ层和Ⅳ层的最优厚度，确保工作30分钟时，假人皮肤外侧温度不超过47ºC，且超过44ºC的时间不超过5分钟。

题目解析：

本题是对高温环境中，专用服装的温度变化建立数学模型。要求根据提供的材料参数值和对应厚度，以及某次的实验数据对温度的变化进行数学建模。确定模型后，在确定温度下，改变其中一些材料的数值，计算出其他数值的结果。

整体变化与温度有关，因此使用热传导方程建立温度分布模型。根据Fourier定律和Newton冷却定律，推导得到热传导方程。由于不同层的介质不同，先建立二层耦合的温度分布模型，再将二层耦合扩展为四层耦合，确定完整的温度分布模型。

改变一些参数，求其他参数的过程，相当于求解建立的模型。但微分方程难以求得解析解，因此，选用有限差分法来求得数值解。具体做法为，先对求解区域进行网格剖分，再对方程离散化处理，建立隐式向后差分格式。接着将差分格式整理为代数方程组，最后，求解代数方程组，得到每一时间层上的温度分布情况。将模型数据绘制为三维图，如图 A-1 所示。

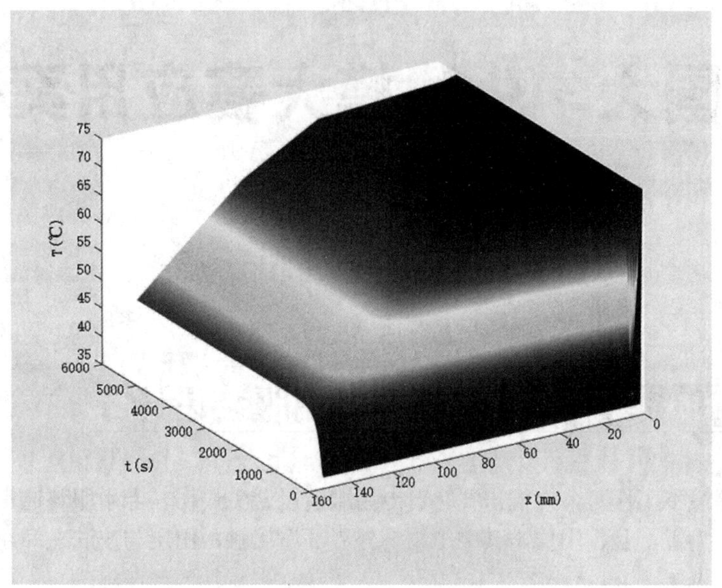

图 A-1　模型数据三维展示图

在不同介质的临界处的温度变化如图 A-2 所示。

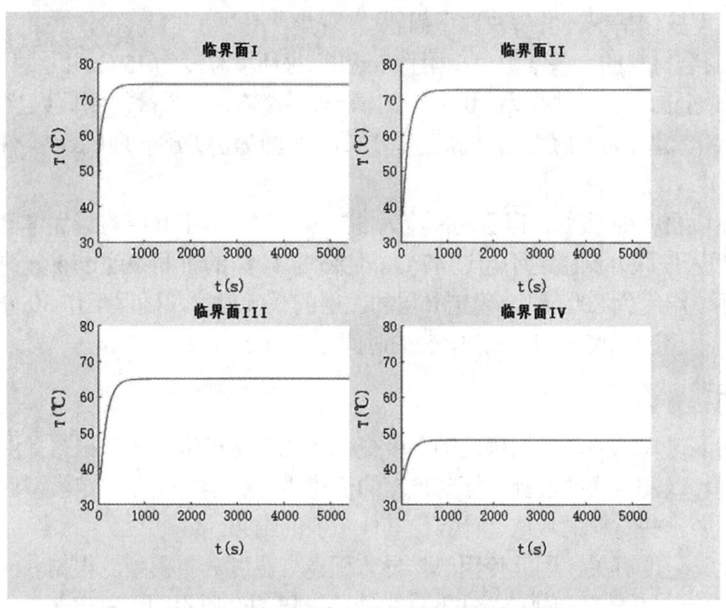

图 A-2　在不同介质的临界处的温度变化

使用追赶法求解方程组，得到 65ºC 时第Ⅱ层材料的最优厚度为 19.3mm。同样方法求解方程组，得到 80ºC 时第Ⅱ层和Ⅳ层的厚度分别为 21.8mm 和 6.3mm。

2019 年（C 题） 机场的出租车问题

大多数乘客下飞机后要去市区（或周边）的目的地，出租车是主要的交通工具之一。国内多数机场都是将送客（出发）与接客（到达）通道分开的。送客到机场的出租车司机都将有两个方案：

方案一：前往到达区排队等待载客返回市区。出租车必须到指定的“蓄车池”排队等候，依“先来后到”排队进场载客，等待时间长短取决于排队出租车和乘客的数量多少，需要付出一定的时间成本。

方案二：直接放空返回市区拉客。出租车司机会付出空载费用和可能损失潜在的载客收益。在某时间段抵达的航班数量和“蓄车池”里已有的车辆数是司机可观测到的确定信息。

通常司机的决策与其个人的经验判断有关，比如在某个季节与某时间段抵达航班的多少和可能乘客数量的多寡等。如果乘客在下飞机后想“打车”，就要到指定的“乘车区”排队，按先后顺序乘车。机场出租车管理人员负责“分批定量”放行出租车进入“乘车区”，同时安排一定数量的乘客上车。在实际中，还有很多影响出租车司机决策的确定和不确定因素，其关联关系各异，影响效果也不尽相同。请你们团队结合实际情况，建立数学模型研究下列问题：

分析研究与出租车司机决策相关因素的影响机理，综合考虑机场乘客数量的变化规律和出租车司机的收益，建立出租车司机选择决策模型，并给出司机的选择策略。

题目解析：

本题是对实际生活中的决策问题建立数学模型，并未给出数据，要求根据实际情况进行数学建模。从出租车司机的角度出发，决策到达机场后是进入“蓄车池”等待载客还是直接空载返回市区。需要考虑影响司机做出决策的因素，并研究因素对司机决策过程的作用机理。

根据实际生活中的情景，将影响因素分为确定因素和随机因素。确定因素为司机到达机场时间点及关注时间段、时间段内航班总数、“蓄车池”内出租车数、出租车空载率及机场通行能力、机场至市中心距离。随机因素为航班载客数、乘客乘车里程。同时为了方便分析，设定模型的情况：

- 假定到达机场的出租车司机都将返回市中心；
- 假定乘客选择出租车的概率恒定；
- 假定出租车和乘客都遵守先进先出的排队规则；
- 假定在忙期时“蓄车池”内的出租车数目稳定。

确定因素根据收集到的首都国际机场的信息得出，随机因素基于特殊概率分布给出。以此为依据，模拟不同情况下出租车司机的决策结果。

收益的计算使用收入减去支出。收入主要依据现行的计价规则，北京出租车的起步价为 13 元，采用分段分时计价。支出主要体现在时间成本和油耗成本上。时间成本指在从事某项活动或进行某项决策时所耗费的时间，以及这段时间内无法进行其他活动所带来的机会成本。换句话说，时间成本代表了为完成一项任务所花费的时间，以及因此失去的其他潜在收益。在本问题中，司机选择在机场等候的时间成本就是在等待时间内搭载乘客的收益，空载司机的时间成本是与载客的司机之间的收入差。

根据上述因素及假设，确定等待载客方案和空载方案的收益。根据现实情况，模拟不同情况下，司机到达机场可能有的收益，根据收益进行决策。下面是一组模拟数据的结果。假设司机到达机场的时间点是上午 10 点，并观测到 9 点至 10 点航班数为 4，10 点至 11 点航班数为 6，有 50 辆出租车在“蓄车池”排队等待。依据首都国际机场的信息所得的确定因素和当前观测数据代入决策模型，进行 100 次随机模拟，查看不同方案的收益。得到的结果如图 A-3 所示。

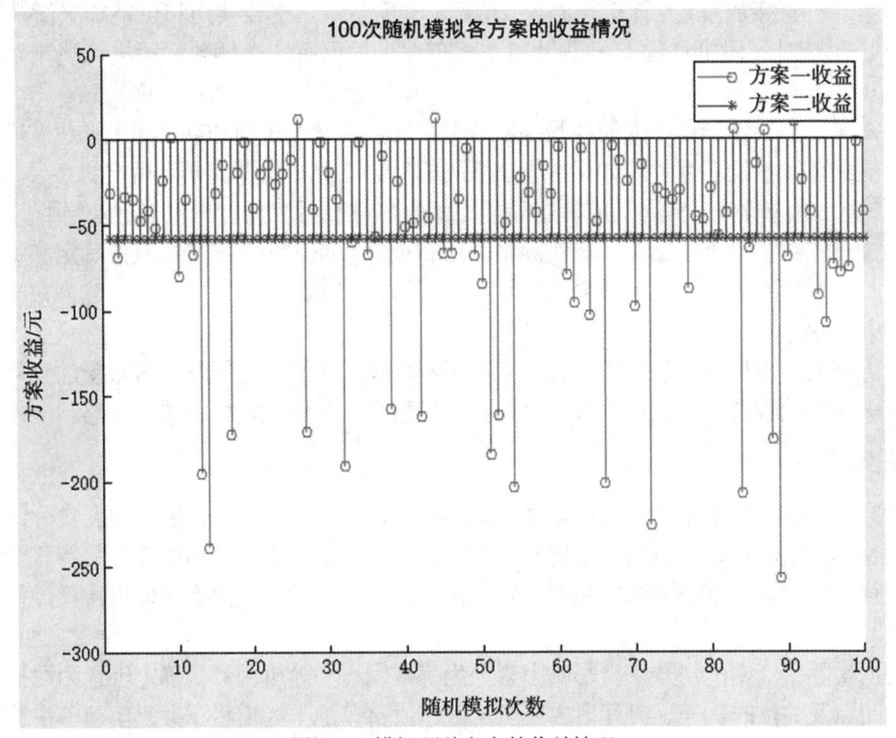

图 A-3 模拟两种方案的收益情况

改变司机到达时观测到的数据，假设司机还是早上 10 点到达。但是观测到 9 点至 10 点航班数为 2，10 点至 11 点航班数为 3，在“蓄车池”排队等待的出租车已有 60 辆。将上述数据代入决策模型，得到的结果如图 A-4 所示。

由图 A-4 可以看出，在航班数减少，且排队的出租车增多后，绝大部分的方案一的收益都更低。此时，司机基本会选择方案二空载返回，也更符合实际情况。

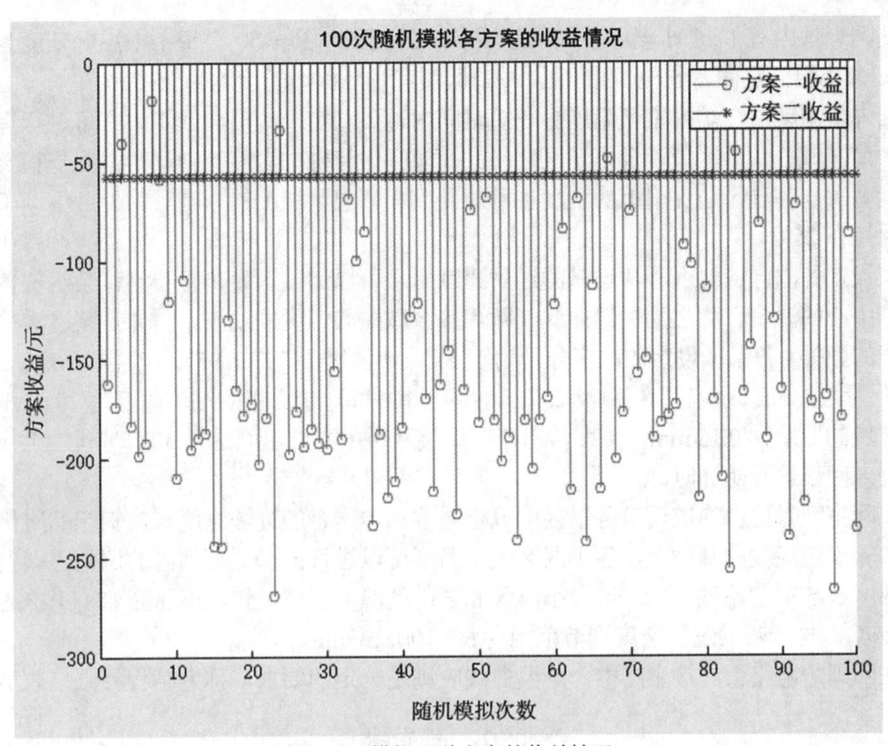

图 A-4 模拟两种方案的收益情况

2020 年（A 题） 炉温曲线

在集成电路板等电子产品生产中，需要将安装有各种电子元件的印刷电路板放置在回焊炉中，通过加热，将电子元件自动焊接到电路板上。在这个生产过程中，让回焊炉的各部分保持工艺要求的温度，对产品质量至关重要。目前，这方面的许多工作是通过实验测试来进行控制和调整的。本题旨在通过机理模型来进行分析研究。

回焊炉内部设置若干个小温区，它们从功能上可分成 4 个大温区：预热区、恒温区、回流区、冷却区（图 A-5）。电路板两侧搭在传送带上匀速进入炉内进行加热焊接。

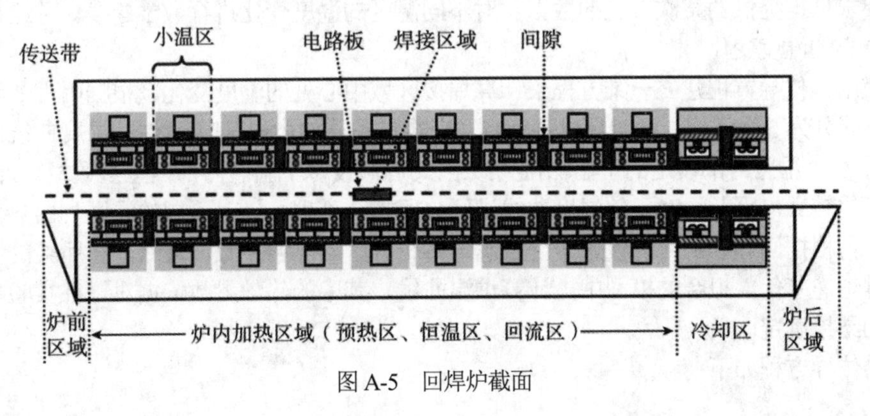

图 A-5 回焊炉截面

某回焊炉内有 11 个小温区及炉前区域和炉后区域（图 A-5），每个小温区长度为 30.5 cm，相邻小温区之间有 5 cm 的间隙，炉前区域和炉后区域长度均为 25 cm。

回焊炉启动后，炉内空气温度会在短时间内达到稳定，此后，回焊炉方可进行焊接工作。炉前区域、炉后区域以及小温区之间的间隙不做特殊的温度控制，其温度与相邻温区的温度有关，各温区边界附近的温度也可能受到相邻温区温度的影响。另外，生产车间的温度保持在 25℃。

在设定各温区的温度和传送带的过炉速度后，可以通过温度传感器测试某些位置上焊接区域中心的温度，称之为炉温曲线（即焊接区域中心温度曲线）。附件是某次实验中炉温曲线的数据，各温区设定的温度分别为 175℃（小温区 1~5）、195℃（小温区 6）、235℃（小温区 7）、255℃（小温区 8~9）及 25℃（小温区 10~11）；传送带的过炉速度为 70 cm/min；焊接区域的厚度为 0.15 mm。温度传感器在焊接区域中心的温度达到 30℃时开始工作，电路板进入回焊炉开始计时。

实际生产时可以通过调节各温区的设定温度和传送带的过炉速度来控制产品质量。在上述实验设定温度的基础上，各小温区设定温度可以进行±10℃范围内的调整。调整时要求小温区 1~5 中的温度保持一致，小温区 8~9 中的温度保持一致，小温区 10~11 中的温度保持 25℃。传送带的过炉速度调节范围为 65~100 cm/min。

在回焊炉电路板焊接生产中，炉温曲线应满足一定的要求，称为制程界限（表 A-1）。

表 A-1　制程界限

界限名称	最低值	最高值	单位
温度上升斜率	0	3	℃/s
温度下降斜率	−3	0	℃/s
温度上升过程中在 150℃~190℃的时间	60	120	s
温度大于 217℃的时间	40	90	s
峰值温度	240	250	℃

题目解析：

本题是对集成电路制作过程中，自动化的焊接的回焊炉使用机理模型来进行分析研究。题目要求根据提供的某次实验的数据，对不同温区的温度变化进行数学建模。并给出焊接区域中心的温度变化。

使用热传导方程建立一维方程来计算焊接区域中心处的温度变化。根据附件所给的数据，将其分为 5 个温区。同时可以观察到，在经过不同的大温区时,元件的温度曲线出现明显转折,且大温区内部设定的炉温保持一致,因此可假设每个温区内部模型参数相等,但在边界处变化较大，因此，对元件温度曲线进行分段拟合处理。针对不同的温区列出热传导方程组，再根据回焊炉的分区设置，分段确定各个温区的热学参数。最终，将所给的温度数据和过炉速度代入拟合的模型中，计算炉温曲线。其中的热学参数依据对以往实验数据拟合出的结果确定。

热传导方程如下：

$$\frac{\partial T}{\partial t}=\frac{k}{c\rho}\frac{\partial^2 T}{\partial x^2}$$

对不同温区建立热传导方程，并添加边界条件的考虑，最终得到如下一维介质热传导方程组：

$$\begin{cases} T=T(x,t) \\ \dfrac{\partial T}{\partial t}-\alpha_i\dfrac{\partial^2 T}{\partial x^2}=0 & (i=1,2,\cdots,5) \\ -k_i\left.\dfrac{\partial T}{\partial x}\right|_{x=-\frac{d}{2}}+h_i\left.T\right|_{x=-\frac{d}{2}}=h_iT_i & (i=1,2,\cdots,5) \\ k_i\left.\dfrac{\partial T}{\partial x}\right|_{x=\frac{d}{2}}+h_i\left.T\right|_{x=\frac{d}{2}}=h_iT_i & (i=1,2,\cdots,5) \end{cases}$$

直接建立的热传导方程比较复杂，难以得到解析解，因此使用数值解法获取其解析解。方程本身属于偏微分方程，可以采用有限差分法进行求解。最终，对实验数据的建模结果和误差结果如下。

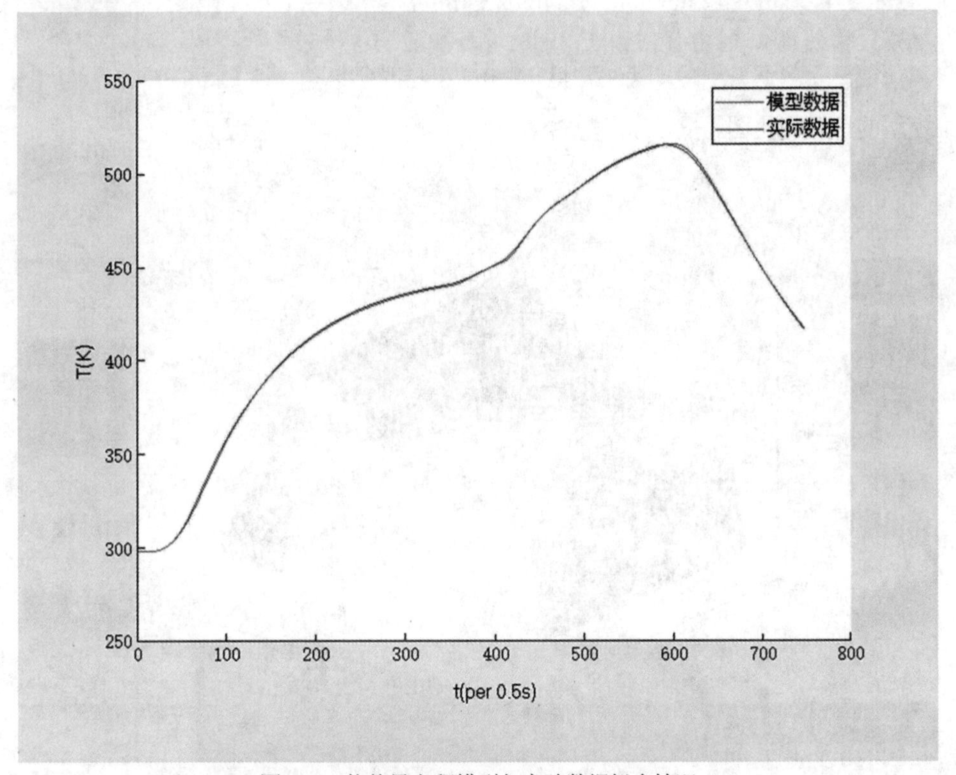

图 A-6 热传导方程模型与实验数据拟合情况

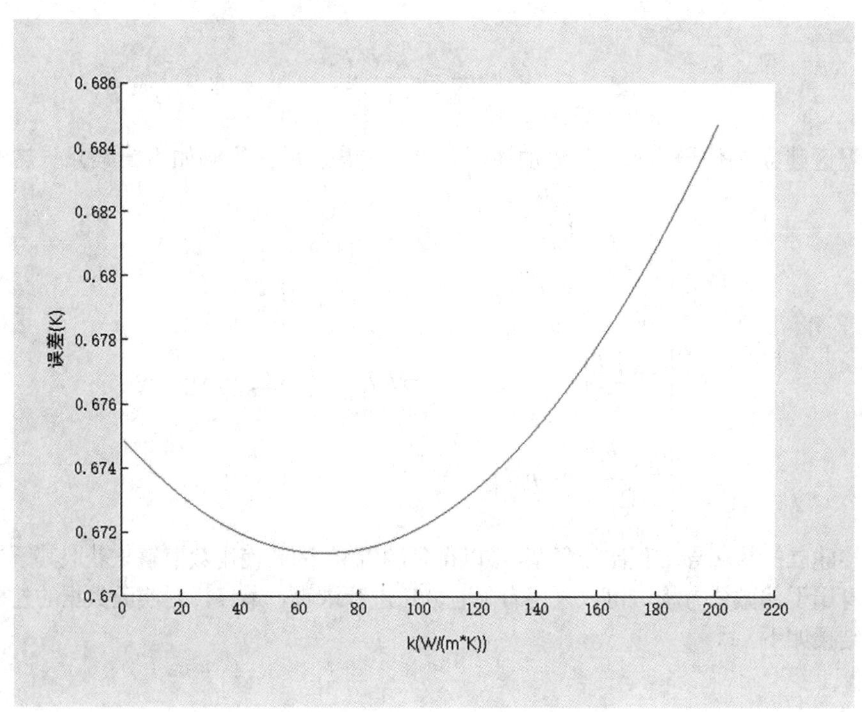

图 A-7　拟合结果与实际数据的误差

三维模型的炉温变化图。

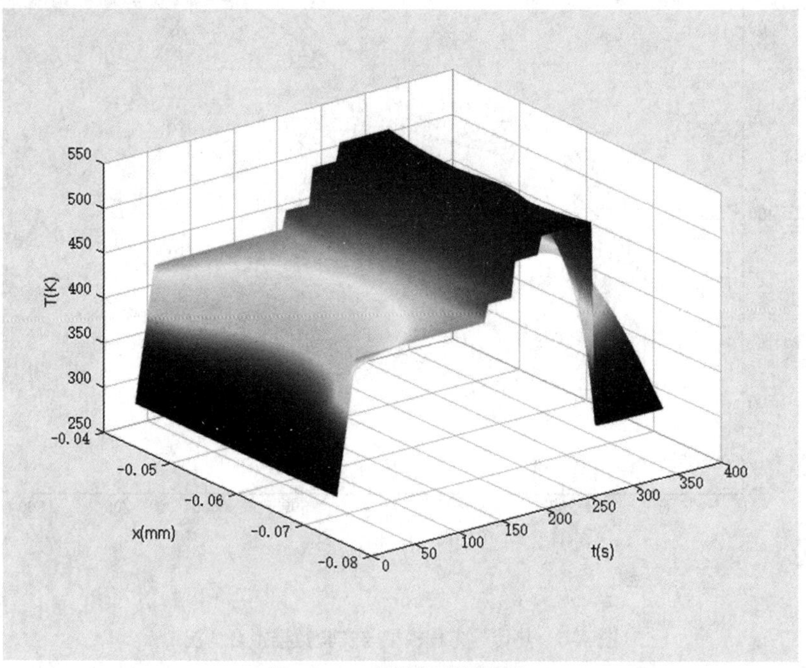

图 A-8　三维炉温模拟图像

2021年（D题） 连铸切割的在线优化

（仅展示部分内容）

问题描述：连铸是将钢水变成钢坯的生产过程，具体流程如下（图 A-9）：钢水连续地从中间包浇入结晶器，并按一定的速度从结晶器向下拉出，进入二冷段。钢水经过结晶器时，与结晶器表面接触的地方形成固态的坯壳。在二冷段，坯壳逐渐增厚并最终凝固形成钢坯。随后，按照一定的尺寸要求对钢坯进行切割。

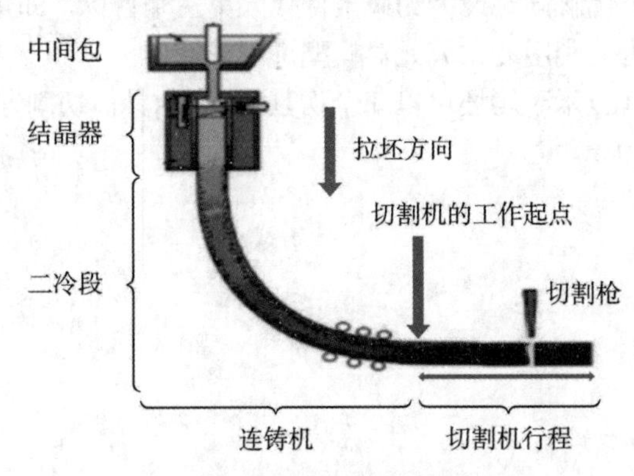

图 A-9 连铸工艺的示意图

在连铸停浇时，会产生尾坯，尾坯的长度与中间包中剩余的钢水量及其他因素有关。因此，尾坯的切割也是连铸切割的组成部分。切割机在切割钢坯时，有一个固定的工作起点，钢坯的切割必须从工作起点开始。在切割过程中，切割机器在钢坯上与钢坯同步移动，保证切割线与拉坯的方向垂直。在切割结束后，再返回到工作起点，等待下一次切割。

在切割方案中，优先考虑切割损失，要求切割损失尽量小，这里将切割损失定义为报废钢坯的长度；其次考虑用户要求，在相同的切割损失下，切割出的钢坯尽量满足用户的目标值。

问题一：

在满足基本要求和正常要求的条件下，依据尾坯长度制定出最优的切割方案。假定用户目标值为 9.5 m，目标范围为 9.0~10.0 m，对以下尾坯长度：109.0、93.4、80.9、72.0、62.7、52.5、44.9、42.7、31.6、22.7、14.5 和 13.7（单位：m），按“尾坯长度、切割方案、切割损失”等内容列表给出具体的最优切割方案。

问题二（1）：

在结晶器出现异常时，给出实时的最优切割方案：在钢坯第 1 次出现报废段时，给出此段钢坯的切割方案；

假设结晶器出现异常的时刻在 0.0、45.6、98.6、131.5、190.8、233.3、266.0、270.7 和 327.9（单位：min），用户目标值是 9.5 m，目标范围是 9.0~10.0 m。在满足基本要求和正常要求的条件下，按“初始切割方案、调整后的切割方案、切割损失”等内容列表给出这些时刻具体的最优切割方案。

问题一解题思路：

从题目中可知，该问题为最优规划问题，其目标有三：切割损失尽量小、满足 9.5 米切割长度的钢胚尽量多、满足切割长度目标范围的钢胚尽量多。对此需建立多目标规划模型进行求解。可以先将切割损失尽量小作为目标，对应的长度要求作为约束条件求解最优。其结果作为新的约束条件，将满足 9.5 米切割长度的钢胚尽量多作为第二个目标进行求解最优值，最后将这两个最优解同时设为约束条件代入第三个目标，即可得到该模型的最优解。以尾坯长度 109 m 为例利用北太天元对模型进行求解：

图 A-10 显示长度为 109 米时尾坯可以完全切割，x1 表示具体切割方案为 10 根×10 m、1 根×9 m。切割损失为 0 m。

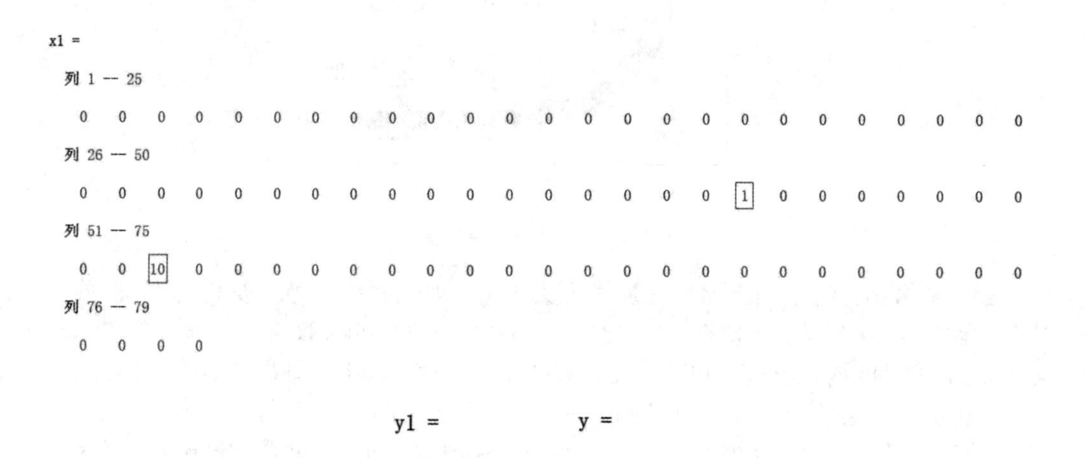
```
x1 =

  列 1 -- 25

    0    0    0    0    0    0    0    0    0    0    0    0    0    0    0    0    0    0    0    0    0    0    0    0

  列 26 -- 50

    0    0    0    0    0    0    0    0    0    0    0    0    0    0    0    0    1    0    0    0    0    0    0    0

  列 51 -- 75

    0    0   10    0    0    0    0    0    0    0    0    0    0    0    0    0    0    0    0    0    0    0    0    0

  列 76 -- 79

    0    0    0    0


                         y1 =              y =

                          0                12
```

图 A-10　多目标规划北太天元计算结果

问题二（1）解题思路：

在此题中，根据工艺参数（试题附录）要求可知，第一次出现报废段时，钢胚长度为 45.6m（包含 0.8m 报废段）。考虑将该报废段舍弃，只针对剩下的 44.8 米钢坯，给出具体切割方案。针对钢坯第 1 次出现报废段，利用北太天元，对多目标规划模型进行求解。

图 A-11 显示出钢坯第 1 次出现报废段时所产生的 44.8 m 钢坯的情况。具体切割方案为 4.8 m×1 根、10 m×4 根，切割损失为 4.8 m，满足用户要求的数量有 4 根。

```
x1 =

  列 1 -- 31

   1   0   0   0   0   0   0   0   0   0   0   0   0   0   0   0   0   0   0   0   0   0   0   0   0   0   0   0   0   0   0

  列 32 -- 62

   0   0   0   0   0   0   0   0   0   0   0   0   0   0   0   0   0   0   0   0   0   4   0   0   0   0   0   0   0   0   0

  列 63 -- 79

   0   0   0   0   0   0   0   0   0   0   0   0   0   0   0   0   0

y1 =

   4.8000

x =

  列 1 -- 31

   1   0   0   0   0   0   0   0   0   0   0   0   0   0   0   0   0   0   0   0   0   0   0   0   0   0   0   0   0   0   0

  列 32 -- 62

   0   0   0   0   0   0   0   0   0   0   0   0   0   0   0   0   0   0   0   0   0   4   0   0   0   0   0   0   0   0   0

  列 63 -- 79

   0   0   0   0   0   0   0   0   0   0   0   0   0   0   0   0   0

y =

   4
```

图 A-11　多目标规划北太天元计算结果

2022 年（A 题）　波浪能最大输出功率设计

（展示部分内容）

随着经济和社会的发展，人类面临能源需求和环境污染的双重挑战，发展可再生能源产业已成为世界各国的共识。波浪能作为一种重要的海洋可再生能源，分布广泛，储量丰富，具有可观的应用前景。波浪能装置的能量转换效率是波浪能规模化利用的关键问题之一。

图 A-12 为一种波浪能装置示意图，由浮子、振子、中轴以及能量输出系统（PTO，包括弹簧和阻尼器）构成，其中振子、中轴及 PTO 被密封在浮子内部；浮子由质量均匀分布的圆柱壳体和圆锥壳体组成；两壳体连接部分有一个隔层，作为安装中轴的支撑面；振子是穿在中轴上的圆柱体，通过 PTO 系统与中轴底座连接。在波浪的作用下，浮子运动并带动振子运动，通过两者的相对运动驱动阻尼器做功，并将所做的功作为能量输出。考虑海水是无粘及无旋的，浮子在线性周期微幅波作用下会受到波浪激励力（矩）、附加惯性力（矩）、兴波阻尼力（矩）和静水恢复力（矩）。在分析下面问题时，忽略中轴、底座、隔层及 PTO 的质量和各种摩擦。

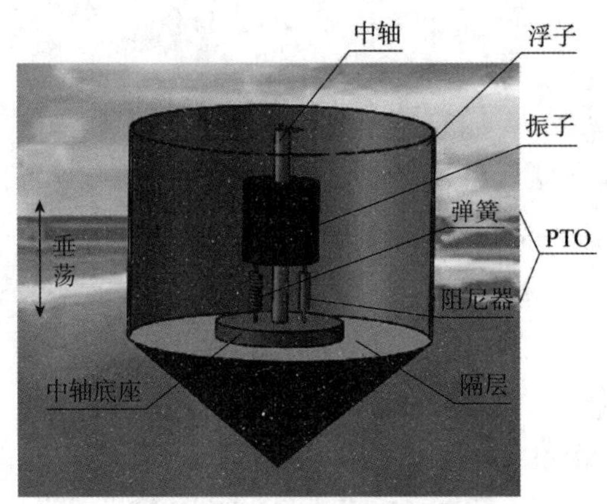

图 A-12　波浪能装置示意图

问题一（1）：

如图 A-12 所示，中轴底座固定于隔层的中心位置，弹簧和直线阻尼器一端固定在振子上，一端固定在中轴底座上，振子沿中轴做往复运动。直线阻尼器的阻尼力与浮子和振子的相对速度成正比，比例系数为直线阻尼器的阻尼系数。考虑浮子在波浪中只做垂荡运动，建立浮子与振子的运动模型。初始时刻浮子和振子平衡于静水中，利用附件提供的参数值（其中波浪频率取 1.4005 s^{-1}，这里及以下出现的频率均指圆频率，角度均采用弧度制），计算浮子和振子在波浪激励力 $f\cos wt$（f 为波浪激励力振幅，w 为波浪频率）作用下前 40 个波浪周期内时间间隔为0.2 s的垂荡位移和速度，直线阻尼器的阻尼系数为1×10^4 N·s/m。

问题二：

仍考虑浮子在波浪中只做垂荡运动，分别对以下两种情况建立确定直线阻尼器的最优阻尼系数的数学模型，使得 PTO 系统的平均输出功率最大：（1）阻尼系数为常量，阻尼系数在区间$[0, 1\times10^5]$内取值；（2）阻尼系数与浮子和振子的相对速度的绝对值的幂成正比，比例系数在区间$[0, 1\times10^5]$内取值，幂指数在区间[0, 1]内取值。利用附件提供的参数值（波浪频率取 2.2143 s^{-1}）分别计算两种情况的最大输出功率及相应的最优阻尼系数。

问题一（1）解题思路：

由于浮子在波浪中只做垂荡运动，且中轴与底座固定连接故不考虑纵向力。当 t=0 时，装置处于平衡状态；t>0 时，浮子受力并带动振子开始运动，一段时间后达到稳态。依据题目所给条件对装置内各部分进行受力分析，建立关于浮子和振子的动力学微分方程，求解该方程就可得到振幅与时间的关系，即浮子与振子随时间的运动情况。

ode45 是北太天元中一种专门用于求解微分方程的功能函数，是一种中阶、自适应步长、用以求解非刚性常微分方程的方式。针对构建的动力学方程使用北太天元进行求解。

浮子与振子随时间的运动情况如图 A-13 所示。

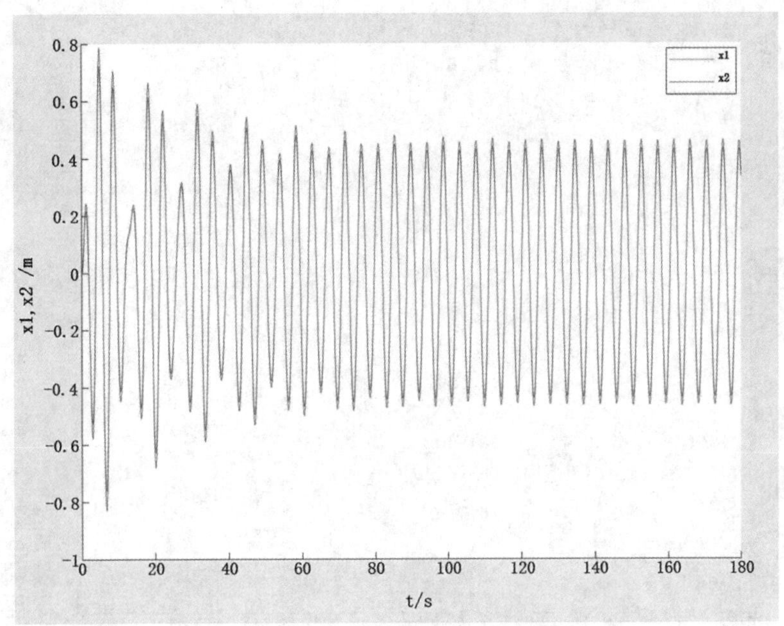

图 A-13 浮子和阵子位移随时间的变化曲线

问题二解题思路：

针对该问题，首先确定该模型应在系统呈现稳态时进行建立。当阻尼系数确定时，由第一问可知，系统稳态后浮子和振子的运动频率同海浪相等，从而得到二者的相对速度。再通过 PTO 系统平均输出功率的表达式即可得到输出功率最大时阻尼系数的值。当阻尼系数和相对速度绝对值的幂成正比时，难以得到其解析解，因此采用 trapz 梯形数值积分法进行数值求解。

第一小问模型的数值求解（阻尼系数为某一定值时）

数值解采取 trapz 梯形法执行数值积分运算，通过将一个区域分为包含多个更容易计算的区域的梯形，对区间计算近似值。考虑到波浪能装置在初始状态后一段时间内未达到垂荡稳定状态，因此在采样区间应当从某一适当的时刻开始。取积分区间为 0~400 s，采样区间为 200~400 s，步长为 0.2 s。得到η_i (直线阻尼器阻尼系数)在[0, 1×10^5]的范围内时 PTO 关于η 的函数关系，如图 A-14 所示。

观察图像可知，PTO 的峰值出现在η 位于[3×10^4, 4×10^4]的区间，在此区间作图 A-15 得：

对峰值采样，得到最大功率为 229.49 W，此时的阻尼系数为 3.72×10^4 N·s/m。

第二小问模型的求解（阻尼系数正比于浮子和振子相对速度绝对值的幂）

使用与第一小问中相同的方式建立模型并进行数值求解（模型不一致）。取积分区间为 0~400 s，采样区间为 200~400 s，步长为 0.2 s 用北太天元进行二层遍历，做出 PTO 关于比例系数η 和幂指数α 的函数。经可视化后，得到η 在[0, 1×10^5]，α 在[0, 1]的范围内时 PTO 关于两的函数关系如图 A-16 所示。

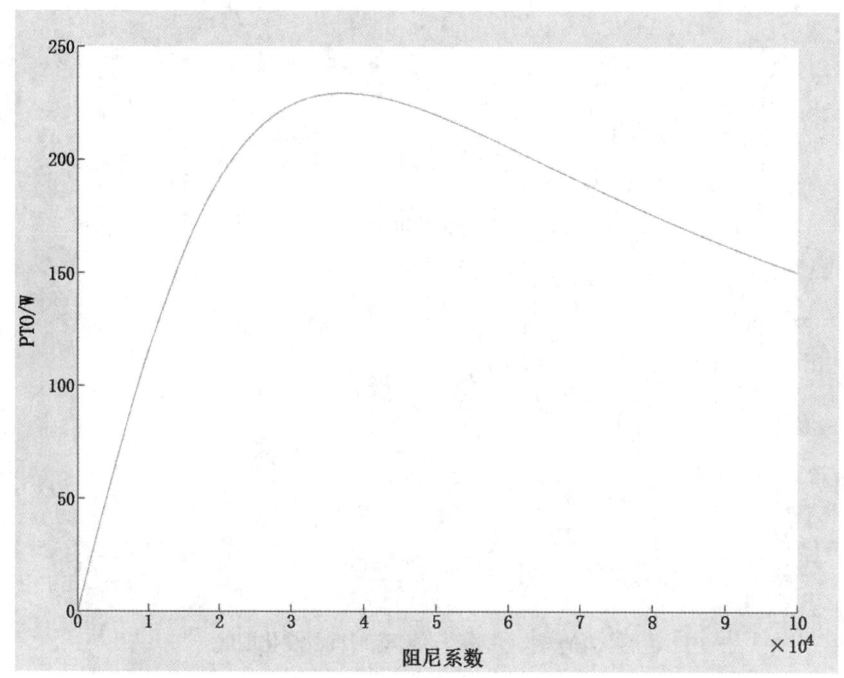

图 A-14　PTO 关于 η 的函数图

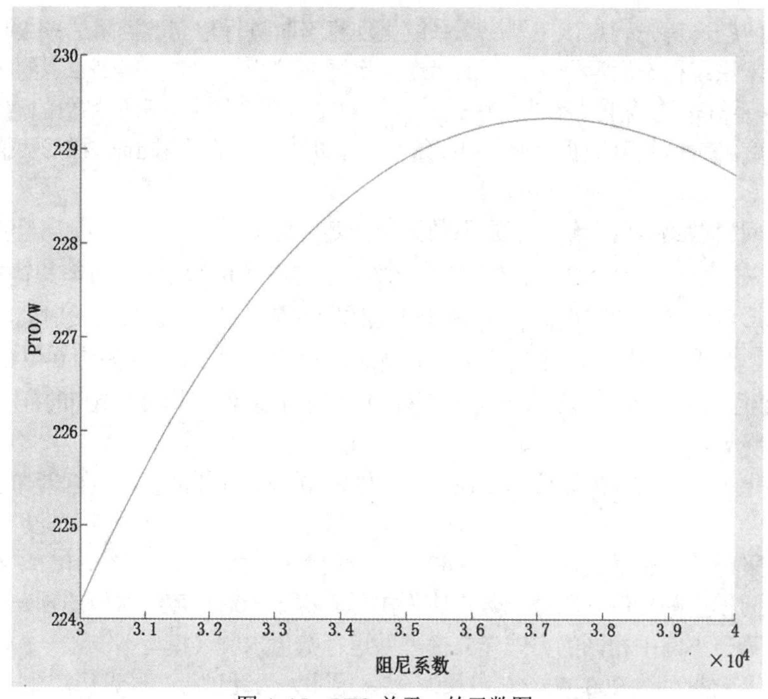

图 A-15　PTO 关于 η 的函数图

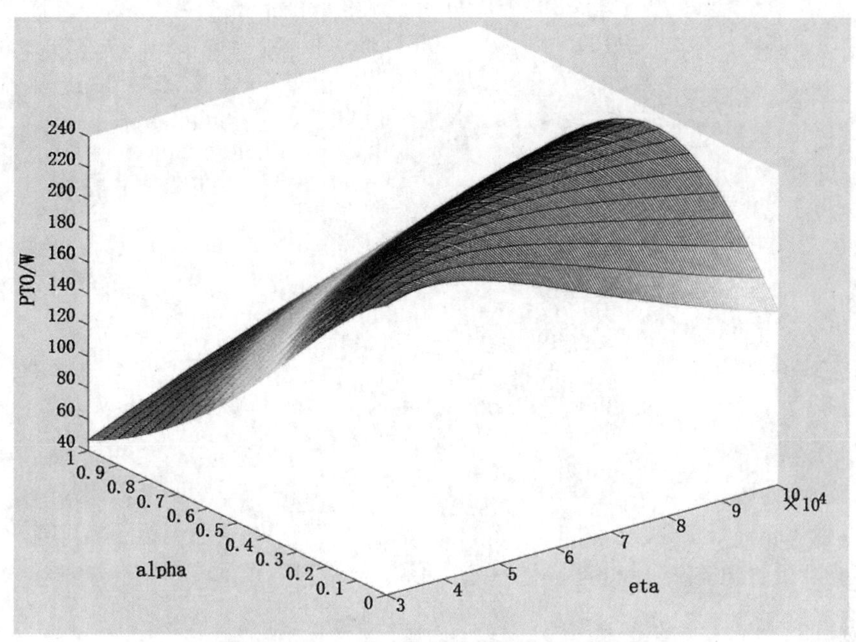

图 A-16 PTO 关于比例系数和幂指数的函数

观察图像可知，得到 η 在$[2\times10^4, 1\times10^5]$，$\alpha$ 在[0.3, 0.5]的范围内时 PTO 取得峰值。